前端程序员面试算法宝典

猿媛之家　组编
平　文　楚　秦　等编著

机械工业出版社

本书是一本讲解前端程序员面试笔试真题的书籍，在写法上，除了讲解如何解答算法问题以外，还引入了示例辅以说明，让读者能够更容易理解。

本书将程序员面试笔试过程中各类算法类真题一网打尽，在题目的广度上，通过各种渠道，搜集了近 3 年来典型 IT 企业面试笔试算法高频题目，所选择题目均为企业招聘使用题目。在题目的深度上，本书由浅入深，详细分析每一个题目，并提炼归纳。同时，引入例子与源代码、时间复杂度与空间复杂度的分析，而这些内容是其他同类书籍所没有的。本书根据真题所属知识点进行分门别类，结构合理、条理清晰，对于读者进行学习与检索意义重大。

本书是一本计算机相关专业毕业生面试笔试的求职用书，也可以作为本科生、研究生学习数据结构与算法的辅导书籍，同时也适合期望在计算机软硬件行业大显身手的计算机爱好者阅读。

图书在版编目（CIP）数据

前端程序员面试算法宝典 / 猿媛之家组编；平文等编著. —北京：机械工业出版社，2018.12

ISBN 978-7-111-62539-1

Ⅰ. ①前…　Ⅱ. ①猿…　②平…　Ⅲ. ①程序设计—资格考试—自学参考资料　Ⅳ. ①TP311.1

中国版本图书馆 CIP 数据核字（2019）第 072576 号

机械工业出版社（北京市百万庄大街 22 号　邮政编码 100037）

策划编辑：时　静　尚　晨　　责任编辑：尚　晨

责任校对：张艳霞　　责任印制：张　博

北京铭成印刷有限公司印刷

2019 年 6 月第 1 版 • 第 1 次印刷

184mm×260mm • 16 印张 • 395 千字

0001－3000 册

标准书号：ISBN 978-7-111-62539-1

定价：59.00 元

凡购本书，如有缺页、倒页、脱页，由本社发行部调换

电话服务

服务咨询热线：（010）88361066

读者购书热线：（010）68326294

网络服务

机 工 官 网：www.cmpbook.com

机 工 官 博：weibo.com/cmp1952

金 书 网：www.golden-book.com

教育服务网：www.cmpedu.com

前　言

计算机技术博大精深，日新月异，Hadoop、GPU 计算、移动互联网、模式匹配、图像识别、神经网络、蚁群算法、大数据、机器学习、人工智能、深度学习等新技术让人眼花缭乱，稍有懈怠，就会被时代所抛弃。于是，很多 IT 从业者就开始困惑了，不知道从何学起，到底什么才是计算机技术的基石。其实，其本质还是最基础的数据结构与算法知识：Hash、动态规划、分治、排序、查找等，所以，无论是世界级的大型企业还是几个人的小公司，在面试求职者的时候，往往会考察这些最基础的知识，无论你的研究方向是什么，这些基础知识还是应该熟练掌握的。

本书正是从这些基础知识点出发，讲解了求职过程中常见的数据结构与算法的真题，从而让求职者能轻松应付算法类的笔试面试题目。在写作风格上，推陈出新，对于算法的讲解，不仅使用图文并茂的方式，而且还辅以示例的讲解，目的就是为了使读者更容易理解。为了能够写出精品书籍，我们对每一个技术问题，都反复推敲，与算法精英一起反复论证可行性；对文字，我们咬文嚼字，字斟句酌，所有这些付出，只为让读者能够在读完本书后有所收获。

虽然市面上同类型书籍很多，也都写的不错，但是，我们相信，我们能够写出更适合读者需求的高质量精品书籍。为了能够在有限的篇幅里面尽可能地展现“干货”，我们在题目的选择上也下了很多功夫：首先，通过搜集近 3 年以来典型 IT 企业的面试笔试算法真题，包括已经出版的其他著作、技术博客、在线编码平台、刷题网站等，保证所选样本足够大。其次，选择题目的时候，尽可能不选择那种一眼就能知道结果的简单题，也没有选择那种怪题、偏题和很难的题，选题原则是难度适中或者看上去简单但实际容易出错的题目。通过我们的努力，力求所选出来的算法真题能够最大限度地帮助读者。在真题的解析上，采用层层递进的写法，先易后难，层层深入，将问题抽丝剥茧，使得读者能够跟随我们的思路，一步步找到问题的最优解。

写作的过程是一个自我提高、自我认识的过程，很多知识，只有深入理解与剖析后，才能领悟其中的精髓，掌握其中的技巧，程序员求职算法也不例外。本书不仅具备了其他书籍分析透彻，代码清晰合理的优点，还具备以下几个方面的优势：

第一，算法书籍分多种语言版本实现：C/C++、Java、C#、Python、PHP、Javascript、Kotlin、Go 等，这样，不管读者侧重于哪一种语言，都能够有适合自己的书。本书中如果没有特别强调，代码实现均默认使用 Javascript 语言。

第二，每个题目除了循序渐进的分析以外，还对方法进行了详细阐述，针对不同方法的时间复杂度与空间复杂度，都进行了详细地分析，除此之外，为了更具说服力，每一种方法几乎都对应有示例（代码可以从 https://github.com/pwstrick/FEG-Code 下载）讲解辅以说明。

第三，除了对题目的讲解，还有部分触类旁通的题目供读者练习。本书不可能将所有的程序员求职类的数据结构与算法类题目囊括，但是，本书会尽可能地将一些常见的求职类算法题、具有代表性的算法题重点讲解，将其他一些题目以练习题的形式展现在读者面前，以供读者思考与学习。

本书中有部分思想来源于网络上的无名英雄，无法追踪到最原始的出处，在此对这些幕后英雄致以最崇高的敬意。没有学不好的学生，只有教不好的老师，我们希望无论是什么层次的学生，都能毫无障碍地看懂书中所讲内容。如果读者存在求职困惑或是对本书中的内容存在异议，都可以通过 yuancoder@foxmail.com联系作者。

猿媛之家

目　　录

面试笔试经验技巧篇

面试笔试真题解析篇

面试笔试经验技巧篇

想找到一份程序员的工作，一点技术都没有显然是不行的，但是只有技术也是不够的。面试笔试经验技巧篇主要针对程序员面试、笔试中遇到的13个常见问题进行深度解析，并且结合实际情景，给出了一个较为合理的参考答案以供读者学习与应用，掌握这13个问题的解答精髓，对于求职者大有裨益。

经验技巧 1 如何巧妙地回答面试官的问题

所谓“来者不善，善者不来”，程序员面试中，求职者不可避免地需要回答面试官各种“刁钻”、犀利的问题，回答面试官的问题千万不能简单地回答“是”或者“不是”，而应该具体分析“是”或者“不是”的理由。

回答面试官的问题是一门很深的学问。那么，面对面试官提出的各类问题，如何才能条理清晰地回答呢？如何才能让自己的回答不至于撞上枪口呢？如何才能让自己的答案令面试官满意呢？

谈话是一门艺术，回答问题也是一门艺术。同样的话，不同的回答方式，往往也会产生出不同的效果，甚至是截然相反的效果。在此，编者提出以下几点建议，供读者参考。

首先，回答问题务必谦虚谨慎。既不能让面试官觉得自己很自卑、唯唯诺诺，也不能让面试官觉得自己清高自负，而应该通过问题的回答表现出自己自信从容、不卑不亢的一面。例如，当面试官提出“你在项目中起到了什么作用”的问题时，如果求职者回答：我完成了团队中最难的工作，此时就会给面试官一种居功自傲的感觉，而如果回答：我完成了文件系统的构建工作，这个工作被认为是整个项目中最具有挑战性的一部分内容，因为它几乎无法重用以前的框架，需要重新设计。这种回答不仅不傲慢，反而有理有据，更能打动面试官。

其次，回答面试官的问题时，不要什么都说，要适当地留有悬念。人一般都有猎奇的心理，面试官自然也不例外。而且，人们往往对好奇的事情更有兴趣、更加偏爱，也更加记忆深刻。所以，在回答面试官问题时，切记说关键点而非细节，说重点而非和盘托出，通过关键点，吸引面试官的注意力，等待他们继续“刨根问底”。例如，当面试官对你的简历中一个算法问题有兴趣，希望了解时，可以如下回答：我设计的这种查找算法，对于 80%或以上的情况，都可以将时间复杂度从 O(n)降低到 O(log n)，如果您有兴趣，我可以详细给您分析具体的细节。

最后，回答问题要条理清晰、简单明了，最好使用“三段式”方式。所谓“三段式”，有点类似于中学作文中的写作风格，包括“场景/任务”“行动”和“结果”三部分内容。以面试官提的问题“你在团队建设中，遇到的最大挑战是什么”为例，第一步，分析场景/任务：在我参与的一个 ERP 项目中，我们团队一共四个人，除了我以外的其他三个人中，两个人能力很强，人也比较好相处，但有一个人却不太好相处，每次我们小组讨论问题时，他都不太爱说话，分配给他的任务也很难完成。第二步，分析行动：为了提高团队的综合实力，我决定找个时间和他单独谈一谈。于是我利用周末时间，约他一起吃饭，吃饭的时候顺便讨论了一下我们的项目，我询问了一些项目中他遇到的问题，通过他的回答，我发现他并不懒，也不糊涂，只是对项目不太了解，缺乏经验，缺乏自信而已，所以越来越孤立，越来越不愿意讨论问题。为了解决这个问题，我尝试着把问题细化到他可以完成的程度，从而建立起他的自信心。第三步，分析结果：他是小组中水平最弱的人，但是，慢慢地，他的技术变得越来越厉害了，也能够按时完成安排给他的工作了，人也越来越自信了，也越来越喜欢参与我们的讨论，并发表自己的看法，我们也都愿意与他一起合作了。“三段式”回答的一个最明显的好处就是条理清晰，既有描述，也有结果，有根有据，让面试官一目了然。

回答问题的技巧，是一门大学问。求职者可以在平时的生活中加以练习，提高自己与人沟通的技能，等到面试时，自然就得心应手了。

经验技巧 2 如何回答技术性的问题

程序员面试中，面试官会经常询问一些技术性的问题，有的问题可能比较简单，都是历年的面试、笔试真题，求职者在平时的复习中会经常遇到。但有的题目可能比较难，来源于 Google、Microsoft 等大企业的题库或是企业自己为了招聘需要设计的题库，求职者可能从来没见过或者不能完整地、独立地想到解决方案，而这些题目往往又是企业比较关注的。

如何能够回答好这些技术性的问题呢？编者建议：会做的一定要拿满分，不会做的一定要拿部分分。即对于简单的题目，求职者要努力做到完全正确，毕竟这些题目，只要复习得当，完全回答正确一点问题都没有（编者认识的一个朋友曾把《编程之美》《编程珠玑》《程序员面试笔试宝典》上面的技术性题目与答案全都背熟，找工作时遇到该类问题解决得非常轻松）；对于难度比较大的题目，不要惊慌，也不要害怕，即使无法完全做出来，也要努力思考问题，哪怕是半成品也要写出来，至少要把自己的思路表达给面试官，让面试官知道你的想法，而不是完全回答不会或者放弃，因为面试官很多时候除了关注求职者的独立思考问题的能力以外，还会关注求职者技术能力的可塑性，观察求职者是否能够在别人的引导下去正确地解决问题。所以，对于不会的问题，面试官很有可能会循序渐进地启发求职者去思考，通过这个过程，让面试官更加了解求职者。

一般而言，在回答技术性问题时，求职者大可不必胆战心惊，除非是没学过的新知识，否则，一般都可以采用以下六个步骤来分析解决。

（1）勇于提问

面试官提出的问题，有时候可能过于抽象，让求职者不知所措，或者无从下手，因此，对于面试中的疑惑，求职者要勇敢地提出来，多向面试官提问，把不明确或二义性的情况都问清楚。不用担心你的问题会让面试官烦恼，影响面试成绩，相反还对面试结果产生积极的影响：一方面，提问可以让面试官知道求职者在思考，也可以给面试官一个心思缜密的好印象；另一方面，方便后续自己对问题的解答。

例如，面试官提出一个问题：设计一个高效的排序算法。求职者可能没有头绪，排序对象是链表还是数组？数据类型是整型、浮点型、字符型还是结构体类型？数据基本有序还是杂乱无序？数据量有多大，1000 以内还是百万以上？此时，求职者大可以将自己的疑问提出来，问题清楚了，解决方案也自然就出来了。

（2）高效设计

对于技术性问题，如何才能打动面试官？完成基本功能是必需的，仅此而已吗？显然不是，完成基本功能最多只能算及格水平，要想达到优秀水平，至少还应该考虑更多的内容，以排序算法为例：时间是否高效？空间是否高效？数据量不大时也许没有问题，如果是海量数据呢？是否考虑了相关环节，如数据的“增删改查”？是否考虑了代码的可扩展性、安全性、完整性以及鲁棒性。如果是网站设计，是否考虑了大规模数据访问的情况？是否需要考虑分布式系统架构？是否考虑了开源框架的使用？

（3）伪代码先行

有时候实际代码会比较复杂，上手就写很有可能会漏洞百出、条理混乱，所以求职者可以首先征求面试官的同意，在编写实际代码前，写一个伪代码或者画好流程图，这样做往往会让思路更加清晰明了。

（4）控制节奏

如果是算法设计题，面试官都会给求职者一个时间限制用以完成设计，一般为 20 分钟。完成得太慢，会给面试官留下能力不行的印象，但完成得太快，如果不能保证百分百正确，也会给面试官留下毛手毛脚的印象。速度快当然是好事情，但只有速度，没有质量，速度快根本不会给面试加分。所以，编者建议，回答问题的节奏最好不要太慢，也不要太快，如果实在是完成得比较快，也不要急于提交给面试官，最好能够利用剩余的时间，认真检查一些边界情况、异常情况及极限情况等，看是否也能满足要求。

（5）规范编码

回答技术性问题时，多数都是纸上写代码，离开了编译器的帮助，求职者要想让面试官对自己的代码一看即懂，除了字迹要工整外，最好是能够严格遵循编码规范：函数变量命名、换行缩进、语句嵌套和代码布局等。同时，代码设计应该具有完整性，保证代码能够完成基本功能、输入边界值能够得到正确的输出、对各种不合规范的非法输入能够做出合理的错误处理，否则写出的代码即使无比高效，面试官也不一定看得懂或者看起来非常费劲，这些对面试成功都是非常不利的。

（6）精心测试

任何软件都有 bug，但不能因为如此就纵容自己的代码，允许错误百出。尤其是在面试过程中，实现功能也许并不十分困难，困难的是在有限的时间内设计出的算法，各种异常是否都得到了有效的处理，各种边界值是否都在算法设计的范围内。

测试代码是让代码变得完备的高效方式之一，也是一名优秀程序员必备的素质之一。所以，在编写代码前，求职者最好能够了解一些基本的测试知识，做一些基本的单元测试、功能测试、边界测试以及异常测试。

在回答技术性问题时，千万别一句话都不说，面试官面试的时间是有限的，他们希望在有限的时间内尽可能地多了解求职者，如果求职者坐在那里一句话不说，不仅会让面试官觉得求职者技术水平不行，思考问题能力以及沟通能力可能都存在问题。

其实，在面试时，求职者往往会存在一种思想误区，把技术性面试的结果看得太重要了。面试过程中的技术性问题，结果固然重要，但也并非最重要的内容，因为面试官看重的不仅仅是最终的结果，还包括求职者在解决问题的过程中体现出来的逻辑思维能力以及分析问题的能力。所以，求职者在与面试官的“博弈”中，要适当地提问，通过提问获取面试官的反馈信息，并抓住这些有用的信息进行辅助思考，进而提高面试的成功率。

经验技巧 3　如何回答非技术性问题

评价一个人的能力，除了专业能力，还有一些非专业能力，如智力、沟通能力和反应能力等，所以在 IT 企业招聘过程的笔试、面试环节中，并非所有的内容都是 C/C++/Java、数据结构与算法及操作系统等专业知识，也包括其他一些非技术类的知识，如智力题、推理题和作文题等。技术水平测试可以考查一个求职者的专业素养，而非技术类测试则更强调求职者的综合素质，包括数学分析能力、反应能力、临场应变能力、思维灵活性、文字表达能力和性格特征等内容。考查的形式多种多样，部分与公务员考查相似，主要包括行政职业能力测验（简称“行测”）（占大多数）、性格测试（大部分都有）、应用文和开放问题等内容。

每个人都有自己的答题技巧，答题方式也各不相同，以下是一些相对比较好的答题技巧（以行测为例）：

1）合理有效的时间管理。由于题目的难易不同，答题要分清轻重缓急，最好的做法是不按顺序答题。“行测”中有各种题型，如数量关系、图形推理、应用题、资料分析和文字逻辑等，不同的人擅长的题型是不一样的，因此应该首先回答自己最擅长的问题。例如，如果对数字比较敏感，那么就先答数量关系。

2）注意时间的把握。由于题量一般都比较大，可以先按照总时间/题数来计算每道题的平均答题时间，如 10s，如果看到某一道题 5s 后还没思路，则马上做后面的题。在做行测题目时，以在最短的时间内拿到最多分为目标。

3）平时多关注图表类题目，培养迅速抓住图表中各个数字要素间相互逻辑关系的能力。

4）做题要集中精力、全神贯注，才能将自己的水平最大限度地发挥出来。

5）学会关键字查找，通过关键字查找，能够提高做题效率。

6）提高估算能力，有很多时候，估算能够极大地提高做题速度，同时保证正确率。

除了行测以外，一些企业非常相信个人性格对入职匹配的影响，所以都会引入相关的性格测试题用于测试求职者的性格特性，看其是否适合所投递的职位。大多数情况下，只要按照自己的真实想法选择就行了，因为测试是为了得出正确的结果，所以大多测试题前后都有相互验证的题目。如果求职者自作聪明，则很可能导致测试前后不符，这样很容易让企业发现求职者是个不诚实的人，从而首先予以筛除。

经验技巧 4 如何回答快速估算类问题

有些大企业的面试官，总喜欢出一些快速估算类问题，对他们而言，这些问题只是手段，不是目的，能够得到一个满意的结果固然是他们所需要的，但更重要的是通过这些题目可以考查求职者的快速反应能力以及逻辑思维能力。由于求职者平时准备的时候可能对此类问题有所遗漏，一时很难想到解决的方案。而且，这些题目乍一看确实是毫无头绪，无从下手，其实求职者只要冷静下来，稍加分析，就能找到答案。因为此类题目比较灵活，属于开放性试题，一般没有标准答案，只要弄清楚回答要点，分析合理到位，具有说服力，能够自圆其说，就是正确答案。

例如，面试官可能会问这样一个问题：“请估算一下一家商场在促销时一天的营业额？”求职者又不是统计局官员，如何能够得出一个准确的数据呢？求职者又不是商场负责人，如何能够得出一个准确的数据呢？即使求职者是商场的负责人，也不可能弄得清清楚楚明明白白吧？

难道此题就无解了吗？其实不然，本题只要能够分析出一个概数就行了，不一定要精确数据，而分析概数的前提就是做出各种假设。以该问题为例，可以尝试从以下思路入手：从商场规模、商铺规模入手，通过每平方米的租金，估算出商场的日租金，再根据商铺的成本构成，得到全商场日均交易额，再考虑促销时的销售额与平时销售额的倍数关系，乘以倍数，即可得到促销时一天的营业额。具体而言，包括以下估计数值：

1）以一家较大规模商场为例，商场一般按 6 层计算，每层长约 100m，宽约 100m，合计 $60000m^2$ 的面积。

2）商铺规模占商场规模的一半左右，合计 $30000m^2$。

3）商铺租金约为 40 元/ m^2，估算出年租金为 40×30000×365 元=4.38 亿元。

4）对商户而言，租金一般占销售额 20%，则年销售额为 4.38 亿元×5=21.9 亿元。计算平均日销售额为 21.9 亿元/365=600 万元。

5）促销时的日销售额一般是平时的 10 倍，所以约为 600 万元×10=6000 万元。

此类题目涉及面比较广，如估算一下北京小吃店的数量？估算一下中国在过去一年方便面的市场销售额是多少？估算一下长江的水的质量？估算一下一个行进在小雨中的人 5 分钟内身上淋到的雨的质量？估算一下东方明珠电视塔的质量？估算一下中国一年一共用掉了多少块尿布？估算一下杭州的轮胎数量？但一般都是即兴发挥，不是哪道题记住答案就可以应付得了的。遇到此类问题，一步步抽丝剥茧，才是解决之道。

经验技巧 5　如何回答算法设计问题

程序员面试中的很多算法设计问题，都是历年来各家企业的"炒现饭"，不管求职者以前对算法知识掌握得是否扎实，理解得是否深入，只要面试前买本《程序员面试笔试宝典》，应付此类题目完全没有问题。但遗憾的是，很多世界级知名企业也深知这一点，如果纯粹是出一些毫无技术含量的题目，对于考前"突击手"而言，可能会占尽便宜，但对于那些技术好的人而言是非常不公平的。所以，为了把优秀的求职者与一般的求职者更好地区分开来，面试题会年年推陈出新，越来越倾向于出一些有技术含量的"新"题，这些题目以及答案，不再是以前的问题了，而是经过精心设计的好题。

在程序员面试中，算法的地位就如同是 GRE 或托福考试在出国留学中的地位一样，必须但不是最重要的，它只是众多考核方面中的一个方面而已。虽然如此，但并非说就不用去准备算法知识了，因为算法知识回答得好，必然会成为面试的加分项，对于求职成功，有百利而无一害。那么如何应对此类题目呢？很显然，编者不可能将此类题目都在《程序员面试笔试宝典》中一一解答，一是由于内容过多，篇幅有限，二是也没必要，今年考过了，以后一般就不会再考了，不然还是没有区分度。编者认为，靠死记硬背肯定是行不通的，解答此类算法设计问题，需要求职者具有扎实的基本功和良好的运用能力，因为这些能力需要求职者"十年磨一剑"，但"授之以鱼不如授之以渔"编者可以提供一些比较好的答题方法和解题思路，以供求职者在面试时应对此类算法设计问题。

（1）归纳法

此方法通过写出问题的一些特定的例子，分析总结其中的规律。具体而言，就是通过列举少量的特殊情况，经过分析，最后找出一般的关系。例如，某人有一对兔子饲养在围墙中，如果它们每个月生一对兔子，且新生的兔子在第二个月后也是每个月生一对兔子，问一年后围墙中共有多少对兔子。

使用归纳法解答此题，首先想到的就是第一个月有多少对兔子。第一个月最初的一对兔子生下一对兔子，此时围墙内共有两对兔子。第二个月仍是最初的一对兔子生下一对兔子，共有 3 对兔子。到第三个月除最初的兔子新生一对兔子外，第一个月生的兔子也开始生兔子，因此共有 5 对兔子。通过举例，可以看出，从第二个月开始，每一个月兔子总数都是前两个月兔子总数之和，Un+1=Un+Un-1。一年后，围墙中的兔子总数为 377 对。

此种方法比较抽象，也不可能对所有的情况进行列举，所以得出的结论只是一种猜测，还需要进行证明。

（2）相似法

如果面试官提出的问题与求职者以前用某个算法解决过的问题相似，此时就可以触类旁通，尝试改进原有算法来解决这个新问题。而通常情况下，此种方法都会比较奏效。

例如，实现字符串的逆序打印，也许求职者从来就没遇到过此问题，但将字符串逆序肯定在求职准备的过程中是见过的。将字符串逆序的算法稍加处理，即可实现字符串的逆序打印。

（3）简化法

此方法首先将问题简单化，如改变数据类型、空间大小等，然后尝试着将简化后的问题解决，一旦有了一个算法或者思路可以解决这个问题，再将问题还原，尝试着用此类方法解决原有问题。

例如，在海量日志数据中提取出某日访问×××网站次数最多的那个 IP。由于数据量巨大，直接进行排序显然不可行，但如果数据规模不大时，采用直接排序是一种好的解决方法。那么如何将问题规模缩小呢？这时可以使用 Hash 法，Hash 往往可以缩小问题规模，然后在简化过的数据里面使用常规排序算法即可找出此问题的答案。

（4）递归法

为了降低问题的复杂度，很多时候都会将问题逐层分解，最后归结为一些最简单的问题，这就是递归。此种方法，首先要能够解决最基本的情况，然后以此为基础，解决接下来的问题。

例如，在寻求全排列时，可能会感觉无从下手，但仔细推敲，会发现后一种排列组合往往是在前一种排列组合的基础上进行的重新排列。只要知道了前一种排列组合的各类组合情况，只需将最后一个元素插入到前面各种组合的排列里面，就实现了目标：即先截去字符串 s[1…n]中的最后一个字母，生成所有 s[1…n-1]的全排列，然后再将最后一个字母插入到每一个可插入的位置。

（5）分治法

任何一个可以用计算机求解的问题所需的计算时间都与其规模有关。问题的规模越小，越容易直接求解，解题所需的计算时间也越少。而分治法正是充分考虑到这一内容，将一个难以直接解决的大问题，分割成一些规模较小的相同问题，以便各个击破，分而治之。分治法一般包含以下三个步骤：

1）将问题的实例划分为几个较小的实例，最好具有相等的规模。

2）对这些较小的实例求解，而最常见的方法一般是递归。

3）如果有必要，合并这些较小问题的解，以得到原始问题的解。

分治法是程序员面试常考的算法之一，一般适用于二分查找、大整数相乘、求最大子数组和、找出伪币、金块问题、矩阵乘法、残缺棋盘、归并排序、快速排序、距离最近的点对、导线与开关等。

（6）Hash 法

很多面试、笔试题目，都要求求职者给出的算法尽可能高效。什么样的算法是高效的？一般而言，时间复杂度越低的算法越高效。而要想达到时间复杂度的高效，很多时候就必须在空间上有所牺牲，用空间来换时间。而用空间换时间最有效的方式就是 Hash 法、大数组和位图法。当然，有时面试官也会对空间大小进行限制，那么此时求职者只能再去思考其他的方法了。

其实，凡是涉及大规模数据处理的算法设计中，Hash 法就是最好的方法之一。

（7）轮询法

在设计每道面试、笔试题时，往往会有一个载体，这个载体便是数据结构，如数组、链表、二叉树或图等，当载体确定后，可用的算法自然而然地就会显现出来。可问题是很多时候并不确定这个载体是什么，当无法确定这个载体时，一般也就很难想到合适的方法了。

编者建议，此时，求职者可以采用最原始的思考问题的方法——轮询法。常考的数据结构与算法一共就几种（见表 0-1），即使不完全一样，也是由此衍生出来的或者相似的。

表 0-1　最常考的数据结构与算法知识点

数据结构	算　法	概　念
链表	广度（深度）优先搜索	位操作
数组	递归	设计模式
二叉树	二分查找	内存管理（堆、栈等）
树	排序（归并排序、快速排序等）	—
堆（大顶堆、小顶堆）	树的插入/删除/查找/遍历等	—
栈	图论	—
队列	Hash 法	—
向量	分治法	—
Hash 表	动态规划	—

此种方法看似笨拙，却很实用，只要求职者对常见的数据结构与算法烂熟于心，一点都没有问题。

为了更好地理解这些方法，求职者可以在平时的准备过程中，应用此类方法去答题，做题多了，自然对各种方法也就熟能生巧了，面试时再遇到此类问题，也就能够得心应手了。当然，千万不要相信能够在一夜之间练成“绝世神功”。算法设计的功底就是平时一点一滴的付出和思维的磨炼。方法与技巧只能锦上添花，却不会让自己变得从容自信，真正的功力还是需要一个长期的积累过程的。

经验技巧 6　如何回答系统设计题

应届生在面试时，偶尔也会遇到一些系统设计题，而这些题目往往只是测试求职者的知识面，或者测试求职者对系统架构方面的了解，一般不会涉及具体的编码工作。虽然如此，对于此类问题，很多人还是感觉难以应对，也不知道从何处答题。

如何应对此类题目呢？在正式介绍基础知识之前，首先列举几个常见的系统设计相关的面试、笔试题。

题目 1：设计一个 DNS 的 Cache 结构，要求能够满足 5000 次/s 以上的查询，满足 IP 数据的快速插入，查询的速度要快（题目还给出了一系列的数据，比如站点数总共为 5000 万、IP 地址有 1000 万等）。

题目 2：有 N 台机器，M 个文件，文件可以以任意方式存放到任意机器上，文件可任意分割成若干块。假设这 N 台机器的宕机率小于 33%，要想在宕机时可以从其他未宕机的机器中完整导出这 M 个文件，求最好的存放与分割策略。

题目 3：假设有 30 台服务器，每台服务器上面都存有上百亿条数据（有可能重复），如何找出这 30 台机器中，根据某关键字重复出现次数最多的前 100 条？要求使用 Hadoop 来实现。

题目 4：设计一个系统，要求写速度尽可能快，并说明设计原理。

题目 5：设计一个高并发系统，说明架构和关键技术要点。

题目 6：有 25TB 的 log(query->queryinfo)，log 在不断地增长，设计一个方案，给出一个 query 能快速返回 queryinfo。

以上所有问题中凡是不涉及高并发的，基本可以采用 Google 的三个技术解决，即 GFS、MapReduce 和 Bigtable，这三个技术被称为“Google 三驾马车”。Google 只公开了论文而未开源代码，开源界对此非常有兴趣，仿照这三篇论文实现了一系列软件，如 Hadoop、HBase、HDFS 及 Cassandra 等。

在 Google 这些技术还未出现之前，企业界在设计大规模分布式系统时，采用的架构往往是 DataBase+Sharding+Cache，现在很多网站（比如淘宝网、新浪微博）仍采用这种架构。在这种架构中，仍有很多问题值得去探讨，如采用哪种数据库，是 SQL 界的 MySQL 还是 NoSQL 界的 Redis/TFS，两者有何优劣？采用什么方式 sharding（数据分片），是水平分片还是垂直分片？据网上资料显示，淘宝网、新浪微博图片存储中曾采用的架构是 Redis/MySQL/TFS+Sharding+Cache，该架构解释如下：前端 Cache 是为了提高响应速度，后端数据库则用于数据永久存储，防止数据丢失，而 Sharding 是为了在多台机器间分摊负载。最前端由大块的 Cache 组成，要保证至少 99%（淘宝网图片存储模块是真实的）的访问数据落在 Cache 中，这样可以保证用户访问速度，减少后端数据库的压力。此外，为了保证前端 Cache 中的数据与后端数据库中的数据一致，需要有一个中间件异步更新（为什么使用异步？理由是，同步代价太高）数据。新浪有个开源软件叫 Memcachedb（整合了 Berkeley DB 和 Memcached），正是用于完成此功能。另外，为了分摊负载压力和海量数据，会将用户微博信息经过分片后存放到不同节点上（称为“Sharding”）。

这种架构优点非常明显——简单，在数据量和用户量较小时完全可以胜任。但缺点是扩展性和容错性太差，维护成本非常高，尤其是数据量和用户量暴增之后，系统不能通过简单地增加机器解决该问题。

鉴于此，新的架构应运而生。新的架构仍然采用 Google 公司的架构模式与设计思想，以下将分别就此内容进行分析。

GFS：它是一个可扩展的分布式文件系统，用于大型的、分布式的、对大量数据进行访问的应用。它运行于廉价的普通硬件上，提供容错功能。现在开源界有 HDFS（Hadoop Distributed File System），该文件系统虽然弥补了数据库+Sharding 的很多缺点，但自身仍存在一些问题，比如由于采用 master/slave 架构，因此存在单点故障问题；元数据信息全部存放在 master 端的内存中，因而不适合存储小文件，或者说如果存储大量小文件，那么存储的总数据量不会太大。

MapReduce：它是针对分布式并行计算的一套编程模型。其最大的优点是，编程接口简单，自动备份（数据默认情况下会自动备三份），自动容错和隐藏跨机器间的通信。在 Hadoop 中，MapReduce 作为分布计算框架，而 HDFS 作为底层的分布式存储系统，但 MapReduce 不是与 HDFS 耦合在一起的，完全可以使用自己的分布式文件系统替换 HDFS。当前 MapReduce 有很多开源实现，如 Java 实现 Hadoop MapReduce、C++实现 Sector/sphere 等，甚至有些数据库厂商将 MapReduce 集成到数据库中了。

BigTable 俗称"大表"，是用来存储结构化数据的。编者认为，BigTable 开源实现最多，包括 HBase、Cassandra 和 levelDB 等，使用也非常广泛。

除了 Google 的这"三驾马车"以外，还有其他一些技术可供学习与使用。

Dynamo：它是亚马逊的 key-value 模式的存储平台，可用性和扩展性都很好，采用 DHT（Distributed Hash Table）对数据分片，解决单点故障问题，在 Cassandra 中也借鉴了该技术，在 BT 和电驴这两种下载引擎中，也采用了类似算法。

虚拟节点技术：该技术常用于分布式数据分片中。具体应用场景：有一大块数据（可能 TB 级或者 PB 级），需按照某个字段（key）分片存储到几十（或者更多）台机器上，同时想尽量负载均衡且容易扩展。传统做法是：Hash(key) mod N，这种方法最大的缺点是不容易扩展，即增加或者减少机器均会导致数据全部重分布，代价太大。于是新技术诞生了，其中一种是上面提到的 DHT，现在已经被很多大型系统采用，还有一种是对"Hash(key) mod N"的改进：假设要将数据分布到 20 台机器上，传统做法是 Hash(key) mod 20，而改进后，N 取值要远大于 20，比如是 20000000，然后采用额外一张表记录每个节点存储的 key 的模值，比如：

node1：0～1000000

node2：1000001～2000000

……

这样，当添加一个新的节点时，只需将每个节点上部分数据移动给新节点，同时修改一下该表即可。

Thrift：Thrift 是一个跨语言的 RPC 框架，分别解释"RPC"和"跨语言"如下：RPC 是远程过程调用，其使用方式与调用一个普通函数一样，但执行体发生在远程机器上；跨语言是指不同语言之间进行通信，比如 C/S 架构中，Server 端采用 C++编写，Client 端采用 PHP 编写，怎样让两者之间通信，Thrift 是一种很好的方式。

本篇最前面的几道题均可以映射到以上几个系统的某个模块中。

1）关于高并发系统设计，主要有以下几个关键技术点：缓存、索引、数据分片及锁粒度尽可能小。

2）题目 2 涉及现在通用的分布式文件系统的副本存放策略。一般是将大文件切分成小的 block（如 64MB）后，以 block 为单位存放三份到不同的节点上，这三份数据的位置需根据网络拓扑结构配置，一般而言，如果不考虑跨数据中心，可以这样存放：两个副本存放在同一个机架的不同节点上，而另外一个副本存放在另一个机架上，这样从效率和可靠性上，都是最优的（这个 Google 公布的文档中有专门的证明，有兴趣的读者可参阅一下）。如果考虑跨数据中心，可将两份存在一个数据中心的不同机架上，另一份放到另一个数据中心。

3）题目 4 涉及 BigTable 的模型。主要思想：将随机写转化为顺序写，进而大大提高写速度。具体方法：由于磁盘物理结构的独特设计，其并发的随机写（主要是因为磁盘寻道时间长）非常慢，考虑到这一点，在 BigTable 模型中，首先会将并发写的大批数据放到一个内存表（称为“memtable”）中，当该表大到一定程度后，会顺序写到一个磁盘表（称为“SSTable”）中，这种写是顺序写，效率极高。此时，随机读可不可以这样优化？答案是：看情况。通常而言，如果读并发度不高，则不可以这么做，因为如果将多个读重新排列组合后再执行，系统的响应时间太慢，用户可能接受不了，而如果读并发度极高，也许可以采用类似机制。

经验技巧 7　如何解决求职中的时间冲突问题

对求职者而言，求职季就是一个赶场季，一天少则几家、十几家企业入校招聘，多则几十家、上百家企业招兵买马。企业多，选择项自然也多，这固然是一件好事情，但由于招聘企业实在是太多，自然而然会导致另外一个问题的发生：同一天企业扎堆，且都是自己心仪或欣赏的大企业。如果不能够提前掌握企业的宣讲时间、地点，是很容易迟到或错过的。但有时候即使掌握了宣讲时间、笔试和面试时间，还是会因为时间冲突而必须有所取舍。

到底该如何取舍呢？该如何应对这种时间冲突的问题呢？在此，编者将自己的一些想法和经验分享出来，供读者参考。

1）如果多家心仪企业的校园宣讲时间发生冲突（前提是只宣讲、不笔试，否则请看后面的建议），此时最好的解决方法是和同学或朋友商量好，各去一家，然后大家进行信息共享。

2）如果多家心仪企业的笔试时间发生冲突，此时只能选择其一，毕竟企业的笔试时间都是考虑到了成百上千人的安排，需要提前安排考场、考务人员和阅卷人员等，不可能为了某一个人而轻易改变。所以；最好选择自己更有兴趣的企业参加笔试。

3）如果多家心仪企业的面试时间发生冲突，不要轻易放弃。对面试官而言，面试任何人都是一样的，因为面试官谁都不认识，而面试时间也是灵活性比较大的，一般可以通过电话协商。求职者可以与相关工作人员（一般是企业的 HR）进行沟通，以正当理由（如学校的事宜、导师的事宜或家庭的事宜等，前提是必须能够说服人，不要给出的理由连自己都说服不了）让其调整时间，一般都能协调下来。但为了保证协调的成功率，一般要接到面试通知后第一时间联系相关工作人员变更时间，这样他们协调起来也更方便。

以上这些建议在应用时，很多情况下也做不到全盘兼顾，当必须进行多选一的时候，求职者就要对此进行评估了，评估的项目包括对企业的中意程度、获得录取的概率及去工作的可能性等。评估的结果往往具有很强的参考性，求职者依据评估结果做出的选择一般也会比较合理。

经验技巧 8 如果面试问题曾经遇见过，是否要告知面试官

面试中，大多数题目都不是凭空想象出来的，而是有章可循，只要求职者肯花时间，耐得住寂寞，复习得当，基本上在面试前都会见过相同的或者类似的问题（当然，很多知名企业每年都会推陈出新，这些题目是很难完全复习到位的）。所以，在面试中，求职者曾经遇见过面试官提出的问题也就不足为奇了。那么，一旦出现这种情况，求职者是否要如实告诉面试官呢？

选择不告诉面试官的理由比较充分：首先，面试的题目 60%～70%都是已见题型，见过或者见过类似的不足为奇，难道要一一告知面试官吗？如果那样，估计就没有几个题不用告知面试官了。其次，即使曾经见过该问题了，也是自己辛勤耕耘、努力奋斗的结果，很多人复习不用功或者方法不到位，也许从来就没见过，而这些题也许正好是拉开求职者差距的分水岭，是面试官用来区分求职者实力的内容。最后，一旦告知面试官，面试官很有可能会不断地加大面试题的难度，对求职者的面试可能没有好处。

同样，选择告诉面试官的理由也比较充分：第一，如实告诉面试官，不仅可以彰显出求职者个人的诚实品德，还可以给面试官留下良好的印象，能够在面试中加分。第二，有些问题，即使求职者曾经复习过，但也无法保证完全回答正确，如果向面试官如实相告，没准还可以规避这一问题，避免错误的发生。第三，求职者如果见过该问题，也能轻松应答，题目简单倒也无所谓，一旦题目难度比较大，求职者却对面试官有所隐瞒，就极有可能给面试官造成一种求职者水平很强的假象，进而导致面试官的判断出现偏差，后续的面试有可能向着不利于求职者的方向发展。

其实，仁者见仁，智者见智，这个问题并没有固定的答案，需要根据实际情况来决定。针对此问题，一般而言，如果面试官不主动询问求职者，求职者也不用主动告知面试官真相。但如果求职者觉得告知面试官真相对自己更有利的时候，也可以主动告知。

经验技巧 9 在被企业拒绝后是否可以再申请

很多企业为了能够在一年一度的招聘季节中，提前将优秀的程序员锁定到自己的麾下，往往会先下手为强。他们通常采取的措施有两种：一是招聘实习生；二是多轮招聘。很多人可能会担心，万一面试时发挥不好，没被企业选中，会不会被企业接入黑名单，从此与这家企业无缘了。

一般而言，企业是不会“记仇”的，尤其是知名的大企业，对此都会有明确表示。如果在企业的实习生招聘或在企业以前的招聘中未被录取，一般是不会被拉入企业的“黑名单”。在下一次招聘中，和其他求职者，具有相同的竞争机会（有些企业可能会要求求职者等待半年到一年时间才能应聘该企业，但上一次求职的不好表现不会被计入此次招聘中）。

录取被拒绝了，也许是在考验，也许是在等待，也许真的是拒绝。但无论出于什么原因，此时此刻都不要对自己丧失信心。所以，即使被企业拒绝了也不是什么大事，以后还是有机

会的，有志者自有千计万计，无志者只感千难万难，关键是看求职者愿意成为什么样的人。

经验技巧 10　如何应对自己不会回答的问题

在面试的过程中，对面试官提出的问题求职者并不是都能回答出来，计算机技术博大精深，很少有人能对计算机技术的各个分支学科了如指掌。而且抛开技术层面的问题，在面试那种紧张的环境中，回答不上来的情况也容易出现。面试过程中遇到自己不会回答的问题时，错误的做法是保持沉默或者支支吾吾、不懂装懂，硬着头皮胡乱说一通，这样会使面试气氛很尴尬，很难再往下继续进行。

其实面试遇到不会的问题是一件很正常的事情，没有人是万事通，即使对自己的专业有相当的研究与认识，也可能会在面试中遇到感觉没有任何印象、不知道如何回答的问题。在面试中遇到实在不懂或不会回答的问题，正确的做法是本着实事求是的原则，态度诚恳，告诉面试官不知道答案。例如，“对不起，不好意思，这个问题我回答不出来，我能向您请教吗？”

征求面试官的意见时可以说说自己的个人想法，如果面试官同意听了，就将自己的想法说出来，回答时要谦逊有礼，切不可说起没完。然后应该虚心地向面试官请教，表现出强烈的学习欲望。

所以，遇到自己不会的问题时，正确的做法是，“知之为知之，不知为不知”，不懂就是不懂，不会就是不会，一定要实事求是，坦然面对。最后也能给面试官留下诚实、坦率的好印象。

经验技巧 11　如何应对面试官的“激将法”

“激将法”是面试官用以淘汰求职者的一种惯用方法，它是指面试官采用怀疑、尖锐或咄咄逼人的交流方式来对求职者进行提问的方法。例如，“我觉得你比较缺乏工作经验”“我们需要活泼开朗的人，你恐怕不合适”“你的教育背景与我们的需求不太适合”“你的成绩太差”“你的英语没过六级”“你的专业和我们不对口”“为什么你还没找到工作”或“你竟然有好多门课不及格”等。很多求职者遇到这样的问题，会很快产生是来面试而不是来受侮辱的想法，往往会被“激怒”，于是奋起反抗。千万要记住，面试的目的是要获得工作，而不是要与面试官争高低，也许争辩取胜了，却失去了一次工作机会。所以对于此类问题求职者应该巧妙地去回答，一方面化解不友好的气氛，另一方面得到面试官的认可。

具体而言，受到这种“激将法”时，求职者首先应该保持清醒的头脑，企业让求职者来参加面试，说明已经通过了他们第一轮的筛选，至少从简历上看，已经表明求职者符合求职岗位的需要，企业对求职者还是感兴趣的。其次，做到不卑不亢，不要被面试官的思路带走，要时刻保持自己的思路和步调。此时可以换一种方式，如介绍自己的经历、工作和优势，来表现自己的抗压能力。

针对面试官提出的非名校毕业的问题，比较巧妙的回答是：比尔·盖茨也并非毕业于哈佛大学，但他一样成了世界首富，成为举世瞩目的人物。针对缺乏工作经验的问题，可以回答：每个人都是从没经验变为有经验的，如果有幸最终能够成为贵公司的一员，我将很快成为一个经验丰富的人。针对专业不对口的问题，可以回答：专业人才难得，复合型人才更难得，在某些方面，外行的灵感往往超过内行，他们一般没有思维定式，没有条条框框。面试官还可能提问：你的学历对我们来讲太高了。此时也可以很巧妙地回答：今天我带来的三张学历证书，您可以从中挑选一张您认为合适的，其他两张，您就不用管了。针对性格内向的问题，可以回答：内向的人往往具有专心致志、锲而不舍的品质，而且我善于倾听，我觉得应该把发言机会更多地留给别人。

面对面试官的“挑衅”行为，如果求职者回答得结结巴巴，或者无言以对，抑或怒形于色、据理力争，那就掉进了对方所设的陷阱。所以当求职者碰到此种情况时，最重要的一点就是保持头脑冷静，不要过分较真，以一颗平常心对待。

经验技巧 12 如何处理与面试官持不同观点这个问题

在面试的过程中，求职者所持有的观点不可能与面试官一模一样，在对某个问题的看法上，很有可能两个人相去甚远。当与面试官持不同观点时，有的求职者自作聪明，立马就反驳面试官，例如，“不见得吧!”“我看未必”“不会”“完全不是这么回事!”或“这样的说法未必全对”等，其实，虽然也许确实不像面试官所说的，但是太过直接的反驳往往会导致面试官心理的不悦，最终的结果很可能是“逞一时之快，失一份工作”。

就算与面试官持不一样的观点，也应该委婉地表达自己的真实想法，因为我们不清楚面试官的度量，碰到心胸宽广的面试官还好，万一碰到了“小心眼”的面试官，他和你较真起来，吃亏的还是自己。

所以回答此类问题的最好方法往往是应该先赞同面试官的观点，给对方一个台阶下，然后再说明自己的观点，用“同时”“而且”过渡，千万不要说“但是”，一旦说了“但是”“却”就容易把自己放在面试官的对立面去。

经验技巧 13 什么是职场暗语

随着求职大势的变迁发展，以往常规的面试套路因为过于单调、简明，已经被众多“面试达人”们挖掘出了各种“破解秘诀”，形成了类似“求职宝典”的各类“面经”。面试官们也纷纷升级面试模式，为求职者们制作了更为隐蔽、间接、含混的面试题目，让那些早已流传开来的“面试攻略”毫无用武之地，一些蕴涵丰富信息但以更新面目出现的问话屡屡“秒杀”求职者，让求职者一头雾水，掉进了陷阱里面还以为“吃到肉”了。例如，“面试官从头到尾都表现出对我很感兴趣的样子，营造出马上就要录用我的氛围，为什么我最后还是落选?”“为什么 HR 会问我一些与专业、能力根本无关的奇怪问题，我感觉回答得也还行，为什么最后还是被拒绝了？”其实，这都是没有听懂面试“暗语”，没有听出面试官“弦外之音”的表现。“暗语”已经成为一种测试求职者心理素质、挖掘求职者内心真实想法的有效手段。理解这些面试中的暗语，对于求职者而言，不可或缺。

以下是一些常见的面试暗语，求职者一定要弄清楚其中蕴含的深意，不然可能“躺着也中枪”，最后只能铩羽而归。

（1）请把简历先放在这，有消息我们会通知你的

面试官说出这句话，则表明他对你已经“兴趣不大”，为什么一定要等到有消息了再通知

呢？难道现在不可以吗？所以，作为求职者，此时一定不要自作聪明、一厢情愿地等待着他们有消息通知，因为他们一般不会有消息了。

（2）我不是人力资源的，你别拘束，咱们就当是聊天，随便聊聊

一般来说，能当面试官的人都是久经沙场的老将，都不太好对付。表面上彬彬有礼，看上去很和气的样子，说起话来可能偶尔还带点小结巴，但没准儿巴不得下个套把面试者套进去。所以，作为求职者，千万不能被眼前的这种“假象”所迷惑，而应该时刻保持高度警觉，面试官不经意间问出来的问题，看似随意，很可能是他最想知道的。所以千万不要把面试过程当作聊天，当作朋友之间的侃大山，不要把面试官提出的问题当作是普通问题，而应该对每一个问题都仔细思考，认真回答，切忌不经过大脑的随意接话和回答。

（3）是否可以谈谈你的要求和打算

面试官在翻阅了求职者的简历后，说出这句话，很有可能是对求职者有兴趣，此时求职者应该尽量全方位地表现个人水平与才能，但也不能引起对方的反感。

（4）面试时只是“例行公事”式的问答

如果面试时只是“例行公事”式的问答，没有什么激情或者主观性的赞许，此时希望就很渺茫了。但如果面试官对你的专长问得很细，而且表现出一种极大的关注与热情，那么此时希望会很大。作为求职者，一定要抓住机会，将自己最好的一面展示在面试官面前。

（5）你好，请坐

简单的一句话，从面试官口中说出来其含义就大不同了。一般而言，面试官说出此话，求职者回答“你好”或“您好”不重要，重要的是求职者是否“礼貌回应”和“坐不坐”。有的求职者的回应是“你好”或“您好”后直接落座，也有求职者回答“你好，谢谢”或“您好，谢谢”后落座，还有求职者一声不吭就坐下去，极个别求职者回答“谢谢”但不坐下来。前两种方法都可接受，后两者都不可接受。通过问候语，可以体现一个人的基本修养，直接影响在面试官心目中的第一印象。

（6）面试官向求职者探过身去

在面试的过程中，面试官会有一些肢体语言，了解这些肢体语言对于了解面试官的心理情况以及面试的进展情况非常重要。例如，当面试官向求职者探过身去时，一般表明面试官对求职者很感兴趣；当面试官打呵欠或者目光呆滞、游移不定，甚至打开手机看时间或打电话、接电话时，一般表明面试官此时有了厌烦的情绪；而当面试官收拾文件或从椅子上站起来，一般表明此时面试官打算结束面试。针对面试官的肢体语言，求职者也应该迎合他们：当面试官很感兴趣时，应该继续陈述自己的观点；当面试官厌烦时，此时最好停下来，询问面试官是否愿意再继续听下去；当面试官打算结束面试，领会其用意，并准备好收场白，尽快地结束面试。

（7）你从哪里知道我们的招聘信息的

面试官提出这种问题，一方面是在评估招聘渠道的有效性，另一方面是想知道求职者是否有熟人介绍。一般而言，熟人介绍总体上会有加分，但是也不全是如此。如果是一个在单位里表现不佳或者其推荐的历史记录不良的熟人介绍，则会起到相反的效果，而大多数面试官主要是为了评估自己企业发布招聘广告的有效性。

（8）你念书的时间还是比较富足的

表面上看，这是对他人的高学历表示赞赏，但同时也是一语双关，如果“高学历”的同

时还搭配上一个“高年龄”，就一定要提防面试官的质疑：比如有些人因为上学晚或者工作了以后再回校读的研究生，毕业年龄明显高出平均年龄。此时一定要向面试官解释清楚，否则面试官如果自己揣摩，往往会向不利于求职者的方向思考。例如，求职者年龄大的原因是高考复读过、考研用了两年甚至更长时间或者是先工作后读研等，如果面试官有了这种想法，最终的求职结果也就很难说了。

（9）你有男/女朋友吗？对异地恋爱怎么看待

一般而言，面试官都会询问求职者的婚恋状况，一方面是对求职者个人问题的关心，另一方面，对于女性而言，绝大多数面试官不是刺探隐私，很有可能是在试探求职者是否近期要结婚生子，将会给企业带来什么程度的负担。“能不能接受异地恋”，很有可能是考察求职者是否能够安心在一个地方工作，或者是暗示该岗位可能需要长期出差，试探求职者如何在感情和工作上做出抉择。与此类似的问题还有：如果求职者已婚，面试官会问是否生育，如果已育可能还会问小孩谁带。所以，如果面试官有这一层面的意思，尽量要当场表态，避免将来的麻烦。

（10）你还应聘过其他什么企业

面试官提出这种问题是在考核求职者的职业生涯规划，同时评估下被其他企业录用或淘汰的可能性。当面试官对求职者提出此种问题，表明面试官对求职者是基本肯定的，只是还不能下决定是否最终录用。如果求职者还应聘过其他企业，请最好选择相关联的岗位或行业回答。一般而言，如果应聘过其他企业，一定要说自己拿到了其他企业的录用通知，如果其他的行业影响力高于现在面试的企业，无疑可以加大求职者自身的筹码，有时甚至可以因此拿到该企业的顶级录用通知，如果行业影响力低于现在面试的企业，如果回答没有拿到录用通知，则会给面试官一种误导：连这家企业都没有给录用通知，我们如果给录用通知了，岂不是说明不如这家企业。

（11）这是我的名片，你随时可以联系我

在面试结束时，面试官起身将求职者送到门口，并主动与求职者握手，提供给求职者名片或者自己的个人电话，希望日后多加联系。此时，求职者一定要明白，面试官已经对自己非常肯定了，这是被录用的信息，因为很少有面试官会放下身段，对一个已经没有录用可能的求职者还如此“厚爱”。很多面试官在整个面试过程中会一直塑造出一种即将录用求职者的假象。例如，“你如果来到我们公司，有可能会比较忙”等模棱两可的表述，但如果面试官亲手将名片呈交，言谈中也流露出兴奋、积极的意向和表情，一般是表明了一种接纳求职者的态度。

（12）你担任职务很多，时间安排得过来吗

对于有些职位，如销售岗位等，学校的积极分子往往更具优势，但在应聘研发类岗位时，却并不一定占优势。面试官提出此类问题，其实就是对一些在学校当“领导”的学生的一种反感，大量的社交活动很有可能占据学业时间，从而导致专业基础不牢固等。所以，针对上述问题，求职者在回答时，一定要告诉面试官，自己参与组织的“课外活动”并没有影响到自己的专业技能。

（13）面试结束后，面试官说“我们有消息会通知你的”

一般而言，面试官让求职者等通知，有多种可能性：①无录取意向；②面试官不是负责人，还需要请示领导；③公司对求职者不是特别满意，希望再多面试一些人，如果有比求职

者更好的就不用求职者了，没有的话会录取；④公司需要对面试过并留下来的人进行重新选择，可能会安排二次面试。所以，当面试官说这话时，表明此时成功的可能性不大，至少这一次不能给予肯定的回复，相反如果对方热情地和求职者握手言别，再加一句“欢迎你应聘本公司”，此时一般就有录用的可能了。

（14）我们会在几天后联系你

一般而言，面试官说出这句话，表明了面试官对求职者还是很感兴趣的，尤其是当面试官仔细询问求职者所能接受的薪资情况等相关情况后，否则他们会尽快结束面谈，而不是多此一举。

（15）面试官认为该结束面试时的暗语

一般而言，求职者自我介绍之后，面试官会相应地提出各类问题，然后转向谈工作。面试官先会把工作内容和职责介绍一番，接着让求职者谈谈今后工作的打算和设想，然后双方会谈及福利待遇问题，这些都是高潮话题，谈完之后求职者就应该主动做出告辞的姿态，不要盲目拖延时间。

面试官认为该结束面试时，往往会说以下暗示的话语来提醒求职者：

1）我很感激你对我们公司这项工作的关注。

2）真难为你了，跑了这么多路，多谢了。

3）谢谢你对我们招聘工作的关心，我们一旦做出决定就会立即通知你。

4）你的情况我们已经了解。你知道，在做出最后决定之前我们还要面试几位申请人。

此时，求职者应该主动站起身来，露出微笑，和面试官握手告辞，并且谢谢他，然后有礼貌地退出面试室。适时离场还包括不要在面试官结束谈话之前表现出浮躁不安、急欲离去或另去赴约的样子，过早地想离场会使面试官认为求职者应聘没有诚意或做事情没有耐心。

（16）如果让你调到其他岗位，你愿意吗

有些企业招收岗位和人员较多，在面试中，当听到面试官说出此话时，言外之意是该岗位也许已经“人满为患”或“名花有主”了，但企业对求职者兴趣不减，还是很希望求职者能成为企业的一员。面对这种提问，求职者应该迅速做出反应，如果认为对方是个不错的企业，求职者对新的岗位又有一定的把握，也可以先进单位再选岗位；如果对方企业情况一般，新岗位又不太适合自己，最好当面回答不行。

（17）你能来实习吗

对于实习这种敏感的问题，面试官一般是不会轻易提及的，除非是确实对求职者很感兴趣，相中求职者了。当求职者遇到这种情况时，一定要清楚面试官的意图，他希望求职者能够表态，如果确实可以去实习，一定及时地在面试官面前表达出来，这无疑可以给予自己更多的机会。

（18）你什么时候能到岗

当面试官问及到岗的时间时，表明面试官已经同意给录用通知了，此时只是为了确定求职者是否能够及时到岗并开始工作。如果确有难题千万不要遮遮掩掩，含糊其辞，说清楚情况，诚实守信。

针对面试中存在的这种暗语，求职者在面试过程中，一定不要“很傻很天真”，要多留心，多推敲面试官的深意，仔细想想其中的“潜台词”，从而将面试官的那点“小伎俩”看透。

面试笔试真题解析篇

面试笔试真题解析篇主要针对近 3 年以来近百家顶级 IT 企业的面试笔试算法真题而设计，这些企业涉及业务包括系统软件、搜索引擎、电子商务、手机 APP、安全关键软件等，面试笔试真题难易适中，覆盖面广，非常具有代表性与参考性。本篇对这些真题进行了合理地划分与归类（包括逻辑推理、链表、栈、队列、二叉树、数组、字符串、海量数据处理等内容），并且对其进行了详细分析与讲解，针对真题中涉及的部分重难点问题，本篇都进行了适当地扩展与延伸，力求对知识点的讲解清晰而不紊乱，全面而不啰嗦，使得读者能够通过本书不仅获取到求职的知识，同时更有针对性地进行求职准备，最终能够收获一份满意的工作。

第 1 章　经典算法题

在前端程序员面试时，经常会考查一些非常经典的算法题，主要是为了考查面试者的逻辑思维能力以及对编程语言掌握的熟悉程度。

1.1 有多少苹果用来分赃

难度系数：★★★☆☆　　　　**被考查系数：★★★☆☆**

题目描述：

有 5 个人偷了一堆苹果，准备在第二天分赃。晚上，有一人出来，把所有菜果分成 5 份，但是多了一个，他顺手把这个苹果扔给树上的猴，自己先拿 1/5 藏了起来。结果其他四人也都是这么想的，都如第一个人一样把苹果分成 5 份，把多的那一个扔给了猴子，偷走了 1/5。第二天，大家分赃，也是分成 5 份多一个扔给猴子。最后一人分了一份。问：共有多少苹果？

分析与解答：

设总的苹果数量为 s，上一个人对苹果划分时剩余的苹果为 y，s/5 为藏起来的一份，1 为扔给猴子的一个苹果，则有公式 y=s−s/5−1。从这个公式开始，第一个人分的苹果总数 s 为最初的苹果总数，从第二个人开始分赃直到结束分赃时，这个 s 都为上一个人分完苹果剩余的苹果数。根据这个式子，通过循环找出最后符合这个公式的解，从而得到苹果总数。实现代码为

```
for (var s = 5; ; s++) {
  if (s % 5 == 1) {
    //第一个人拿走五分之一，剩 l
    l = s - Math.round(s / 5) - 1;
    if (l % 5 == 1) {
      //第一个人拿走五分之一，剩 q
      q = l - Math.round(l / 5) - 1;
      if (q % 5 == 1) {
        //第一个人拿走五分之一，剩 w
        w = q - Math.round(q / 5) - 1;
        if (w % 5 == 1) {
          //第一个人拿走五分之一，剩 x
          x = w - Math.round(w / 5) - 1;
          if (x % 5 == 1) {
            //第一个人拿走五分之一，剩 y
            y = x - Math.round(x / 5) - 1;
            if (y % 5 == 1) {
              console.log(s);
              break;
```

```
                    }
                }
            }
        }
    }
  }
}
```

程序的运行结果为

```
15621
```

从程序运行的结果得知，苹果总共有 15621 个。

1.2 哪只猴子可以当大王

难度系数：★★★☆☆ **被考查系数：★★★☆☆**

题目描述：

一群猴子排成一圈，按 1，2，…，n 依次编号。然后从第 1 只开始数，数到第 m 只，把它踢出圈，从它后面再开始数，再数到第 m 只，再把它踢出去……，如此不停地进行下去，直到最后剩下一只猴子为止，那只猴子就称为大王。要求编程模拟此过程，输入 m、n 输出最后那个大王的编号。

分析与解答：

首先将猴子从 1～n 编号存放在数组中，对猴子的总个数进行循环，循环时将数到编号的猴子从数组删除，而没有数到编号的猴子将调整位置，移动到数组末尾。只要判断该编号数组个数大于 1 就继续循环，直到数组最后只剩下一个编号，那么这个编号就是当大王的猴子。设 n=5，m=2 时，实现代码为

```
function monkeyKing(n, m) {
  //将各个编号放入数组中
  var monkeys = new Array(n + 1)
    .join("0")
    .split("")
    .map(function(value, key) {
      return key + 1;
    });
  //只有一个编号就直接返回
  if (n == 1) {
    return monkeys[0];
  }
  var i = 0;
  //如果当前只有一个编号，那么其他位置中都不会存在编号
  while (monkeys.length - 2 in monkeys) {
```

```
        if ((i + 1) % m == 0) {
          //数到第 m 时，删除该编号，即踢出圈
          delete monkeys[i];
        } else {
          //将当前编号放到数组末尾并且删除原来位置上的编号
          monkeys.push(monkeys[i]);
          delete monkeys[i];
        }
        i++;
    }
    //只有数组的最后位置存在编号
    return monkeys[monkeys.length - 1];
}
var monkey = monkeyKing(5, 2);
console.log("最后当王的猴子编号是：" + monkey);
```

程序的运行结果为

```
最后当大王的猴子编号是：3
```

1.3 移动多少盘子才能完成汉诺塔游戏

难度系数：★★★★☆ **被考查系数：★★★★☆**

题目描述：

汉诺塔（又称河内塔）问题是印度的一个古老传说。在一个庙里有三根金刚石棒，第一根上面套着 64 个圆的金片，最大的一个在底下，其余一个比一个小，依次叠上去，庙里的众僧不停地把它们一个个地从这根棒搬到另一根棒上，规定可利用中间的一根棒作为辅助，但每次只能搬一个，而且大的不能放在小的上面。经过运算移动圆片的次数为 18446744073709551615，看来众僧们耗尽毕生精力也不可能完成金片的移动。

后来，这个传说就演变为汉诺塔游戏，游戏规则如下：

1）有三根柱子 A、B、C，A 柱上有若干盘子。

2）每次移动一块盘子，小的只能叠在大的上面。

3）把所有盘子从 A 柱全部移到 C 柱上。

4）经过研究发现，汉诺塔的破解很简单，就是按照移动规则向一个方向移动金片。

5）如 3 阶汉诺塔的移动：A→C，A→B，C→B，A→C，B→A，B→C，A→C。

此外，汉诺塔问题也是程序设计中的经典递归问题。

分析与解答：

如果柱子标为 ABC，要由 A 搬至 C，在只有一个盘子时，就将它直接搬至 C，当有两个盘子时，就将 B 当作辅助柱。如果盘子数超过 2 个，将第三个以下的盘子遮起来，就很简单了，每次处理两个盘子，也就是：A->B、A ->C、B->C 这三个步骤，而被遮住的部分，其实

就是进入程式的递归处理。事实上，若有 n 个盘子，则移动完毕所需次数为 2^n-1，所以当盘数为 64 时，则所需次数为：$2^{64}-1$=18446744073709551615 为 5.05390248594782e+16 年，如果对这数字没什么概念，可假设每秒钟搬一个盘子，也要约 5850 亿年。实现代码为

```
function hanou(n, x, y, z) {
  if (n == 1) {
    console.log("移动盘 1  从 " + x + " 到 " + z);
  } else {
    hanou(n - 1, x, z, y);
    console.log("移动盘" + n + " 从 " + x + " 到 " + z);
    hanou(n - 1, y, x, z);
  }
}
hanou(3, "A", "B", "C");
```

程序的运行结果为

```
移动盘 1 从 A 到 C
移动盘 2 从 A 到 B
移动盘 1 从 C 到 B
移动盘 3 从 A 到 C
移动盘 1 从 B 到 A
移动盘 2 从 B 到 C
移动盘 1 从 A 到 C
```

1.4 如何利用约瑟夫环来保护你与你的朋友

难度系数：★★★★☆　　　　**被考查系数：★★★★☆**

题目描述：

传说著名犹太历史学家 Josephus 有过以下的故事：在罗马人占领乔塔帕特后，39 个犹太人与 Josephus 及他的朋友躲到一个洞中，39 个犹太人决定宁愿死也不要被敌人抓到，于是决定了一个自杀方式，41 个人排成一个圆圈，由第 1 个人开始报数，每报数到第 3 个人该人就必须自杀，然后再由下一个人重新报数，直到所有人都自杀身亡为止。

虽然 Josephus 和他的朋友并不想遵从，但是 Josephus 要他的朋友先假装遵从，他将朋友与自己安排在第 16 个与第 31 个位置，于是逃过了这场死亡游戏。

约瑟夫问题可用代数分析来求解，假设现在你与 m 个朋友不幸参与了这个游戏，你要如何保护自己与你的朋友？

分析与解答：

实际上只要画两个圆圈就可以让自己与朋友免于死亡游戏，这两个圆圈中内圈是排列顺序，而外圈是自杀顺序，如图 1-1 所示：

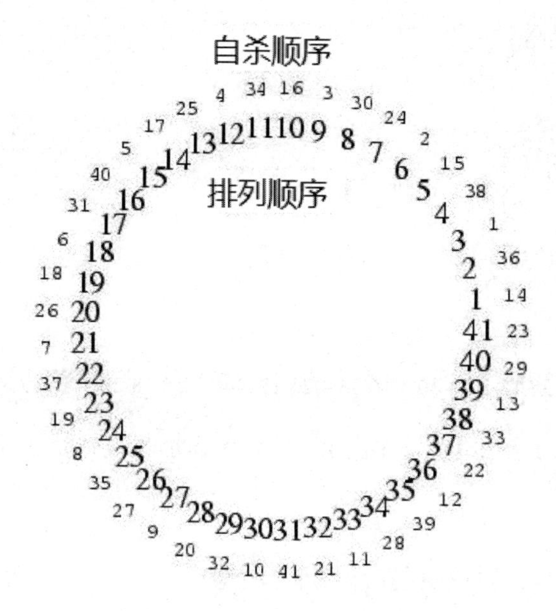

图 1-1　排列顺序和自杀顺序

如果要使用公式来求解，那么只要将阵列当作环状来处理，在阵列中由计数 1 开始，每三个数得到一个计数，直到计数达 41 为止。然后将阵列由索引 1 开始列出，就可以得知每个位置的自杀顺序，这就是约瑟夫排列。41 个人报数的约琴夫排列如下所示：

14 36 1 38 15 2 24 30 3 16 34 4 25 17 5 40 31 6 18 26 7 37 19 8 35 27 9 20 32 10 41 21 11 28 39 12 22 33 13 29 23

由上可知，最后一个自杀的人是在第 31 个位置，而倒数第二个自杀的人要排在第 16 个位置，之前的人都死光了，所以他们也就不知道约琴夫与他的朋友有没有遵守游戏规则。实现代码为

```
var N = 41, M = 3, man = [],
  count = 1, i = 0,pos = -1,
  alive = 3;                        //想救的人数
while (count <= N) {
  do {
    pos = (pos + 1) % N;            //环状处理
    if (!man[pos])
      i++;
    if (i == M) {                   //报数为 3
      i = 0;
      break;
    }
  } while (1);
  man[pos] = count;
  count++;
}
console.log("约琴夫排列：", man.join(" "));
var txt = "L 表示要救的" + alive + "个人要放的位置：";
for (i = 0; i < N; i++) {
```

```
    if (man[i] > (N - alive))
        txt += "L";
    else
        txt += "D";
    if ((i + 1) % 5 == 0)
        txt += " ";
}
console.log(txt);
```

程序的运行结果为

```
约琴夫排列：14 36 1 38 15 2 24 30 3 16 34 4 25 17 5 40 31 6 18 26 7 37 19 8 35 27 9 20 32 10 41 21 11 28 39 12 22 33 13 29 23
L 表示要救的 2 个人要放的位置：DDDDD DDDDD DDDDD LDDDD DDDDD DDDDD LDDDD DDDDD D
```

1.5 怎样才能得到阿姆斯壮数

难度系数：★★☆☆☆ **被考查系数：★★★☆☆**

题目描述：

在三位的整数中，例如，153 可以满足 $1^3 + 5^3 + 3^3 = 153$，这样的数称之为 Armstrong 数，试写出一程序找出所有的三位数的 Armstrong 数。

分析与解答：

方法一：遍历三位数

阿姆斯壮数的寻找过程，其实是将一个数字分解为个位数、十位数、百位数……，只要使用除法与余数运算即可求解出个十百位的数，例如，输入一个数字为 abc，则：

百位：a = Math.floor(input / 100)

十位：b = Math.floor((input % 100) / 10)

个位：c = input % 10

实现代码为

```
var a, b, c, x, y, txt = "阿姆斯壮数：";
for (var num = 100; num <= 999; num++) {
    a = Math.floor(num / 100);
    b = Math.floor((num % 100) / 10);
    c = num % 10;
    x = a * a * a + b * b * b + c * c * c;
    y = num;
    if (x == num)
        txt += num + " ";
}
console.log(txt);
```

程序的运行结果为

```
阿姆斯壮数：153 370 371 407
```

方法二：穷举数的每一位

利用 for 循环控制 100～999 个数，每个数分解出个位、十位、百位。利用循环，分别用 i 代表百位，j 代表十位，m 代表个位，且百位的初始数值是 1～9，而十位和个位初始数值是 0～9，然后按百位、十位、个位的顺序嵌套循环，找出符合阿姆斯壮数公式的数。JavaScript 代码实现为

```
var number;
for (var i = 1; i <= 9; i++) {
  for (var j = 0; j <= 9; j++) {
    for (var m = 0; m <= 9; m++) {
      number = 100 * i + 10 * j + m;
      if (Math.pow(i, 3) + Math.pow(j, 3) + Math.pow(m, 3) == number) {
        console.log(number);
      }
    }
  }
}
```

程序的运行结果为

```
153 370 371 407
```

1.6 如何获取规定的排列组合

难度系数：★★★☆☆ **被考查系数：★★★☆☆**

题目描述：

将一组数字、字母或符号进行排列，以得到不同的组合顺序，例如 1 2 3 这三个数的排列组合有：1 2 3、1 3 2、2 1 3、2 3 1、3 1 2 和 3 2 1。

分析与解答：

可以使用递归将问题切割为较小的单元进行排列组合，如 1 2 3 4 的排列可以分为 1 [2 3 4]、2 [1 3 4]、3 [1 2 4]、4 [1 2 3]进行排列。这个过程可以使用旋转法来实现，即先将旋转间隔设为 0，再将最右边的数字旋转至最左边，并逐步增加旋转的间隔。然后对后面的子数组使用递归的方式进行求解。例如：

1 2 3 4 -> 旋转 1 -> 继续将右边 2 3 4 进行递归处理

2 1 3 4 -> 旋转 1 2 变为 2 1-> 继续将右边 1 3 4 进行递归处理

3 1 2 4 -> 旋转 1 2 3 变为 3 1 2 -> 继续将右边 1 2 4 进行递归处理

4 1 2 3 -> 旋转 1 2 3 4 变为 4 1 2 3 -> 继续将右边 1 2 3 进行递归处理

实现代码为

```
var N = 4,
  num = [];
for (var i = 1; i <= N; i++)
  num[i] = i;
perm(num, 1);
```

```
function perm(num, i) {
    var j, k, tmp;
    if (i < N) {
        for (j = i; j <= N; j++) {
            tmp = num[j];
            //旋转该区段最右边数字至最左边
            for (k = j; k > i; k--)
                num[k] = num[k - 1];
            num[i] = tmp;
            perm(num, i + 1);
            //还原
            for (k = i; k < j; k++)
                num[k] = num[k + 1];
            num[j] = tmp;
        }
    } else {                        //显示此次排列
        var txt = "";
        for (j = 1; j <= N; j++)
            txt += num[j] + " ";
        console.log(txt);
    }
}
```

程序的运行结果为

```
1 2 3 4
1 2 4 3
1 3 2 4
1 3 4 2
1 4 2 3
1 4 3 2
.......(由于结果较长，此处省略罗列)
```

1.7 如何实现洗牌算法

难度系数：★★★☆☆ **被考查系数：★★★☆☆**

题目描述：

开发一款扑克游戏，需编写一套洗牌算法，公平地洗牌是将洗好的牌存储在一个整型数组里，每张牌被放在任何一个位置的概率是相等的。

分析与解答：

定义一个洗牌函数，函数内用 tmp 数组存储 1～54 表示 54 张牌。然后对 54 张牌进行循环，每次循环时，通过随机函数随机从 0 到剩余牌数中生成一个数返回做索引，从 tmp 数组中取出这个索引对应的牌，存到洗牌后的数组 cards 中。取出这张牌后并删除该牌在 tmp 数组内的位置，保证数组从 0 到当前剩余的牌数中可以根据随机生成的索引取出剩余的牌。最后得到洗好的牌都存在数组 cards 中。实现代码为

```
var card_num = 54;
```

```
function wash_card(card_num) {
    var cards = [],
        tmp = [],
        index;
    for (var i = 0; i < card_num; i++) {
        tmp[i] = i + 1;
    }
    for (i = 0; i < card_num; i++) {
        index = Math.floor(Math.random() * (card_num - i));
        cards[i] = tmp[index];
        tmp.splice(index, 1);
    }
    return cards;
}
console.log(wash_card(card_num));
```

因为洗牌的结果是随机不唯一的，所以本题的运行结果不进行罗列。

1.8 怎样求出斐波那契数列

难度系数：★★★☆☆ **被考查系数：★★★☆☆**

题目描述：

经典问题：若有一只兔子每个月生一只小兔子，小兔子一个月后也开始生产。起初只有一只兔子，一个月后就有两只兔子，两个月后就有三只兔子，三个月后有五只兔子（小兔子投入生产），12 个月后有多少只兔子？

分析与解答：

兔子的出生规律数列为 1,1,2,3,5,8,13,21……，实际是求解斐波那契数列，公式为 S(n) = S(n−1)+S(n−2)，其中 n 表示月份，S(n)表示 n 个月后兔子的数量。首先用 k 表示要求解多少个月，k1 表示上个月的兔子数量，k2 代表上上个月的兔子数量，sum 为兔子的总数。然后从 1 月开始循环，通过斐波那契数列公式得到 sum=k1+k2，并且求和后，把 k1（上个月的兔子数量）赋值给 k2（上上个月的兔子数量），再把 sum（当月的总兔子数）赋值给 k1（上个月的兔子数量）。循环结束后输出的 sum 就是兔子的总数了。实现代码为

```
var k = 12,                    //一共 12 个月
k1 = 1,                        //记录上个月兔子数量
k2 = 0,                        //记录上上个月兔子数量
sum = 0;                       //总和
for (var i = 1; i < k; i++) {
    sum = k1 + k2;             //当月的兔子和
    k2 = k1;                   //上个月的兔子给上上个月记录
    k1 = sum;                  //当月的兔子给上个月记录
}
console.log(sum);
```

程序的运行结果为

```
144
```

1.9 如何实现杨辉三角

难度系数：★★★☆☆　　　　　　　　　　被考查系数：★★★★☆

题目描述：

请根据杨辉三角的规律，用 JavaScript 实现杨辉三角。

分析与解答：

杨辉三角是二项式系数在三角形中的一种几何排列，欧洲的帕斯卡在 1654 年发现这个规律，所以也叫帕斯卡三角形。杨辉三角具有以下规律：

1）第 n 行的数字有 n 项；

2）第 n 行的数字和为 2^(n−1)；

3）每行数字左右对称，由 1 逐渐增大；

4）第 n 行的 m 个数可表示为 C(n−1,m−1)，即为从 n−1 个不同元素中取 m−1 个元素的组合数；

5）每个数字等于上一行的左右两个数字之和。即第 n+1 行的第 i 个数等于第 n 行的第 i-1 个数和第 i 个数之和，这是杨辉三角组合数的性质之一。即 C(n+1,i) = C(n,i) + C(n,i−1)。

根据杨辉三角的规律，可以通过一个二维数组，把第一位和最后一位的值存入数组，然后通过公式 C(n+1,i) = C(n,i) + C(n,i−1)遍历二维数组求出每行的其余值。JavaScript 实现代码为

```
var a = [],
  i, j, txt;
for (i = 0; i < 6; i++) {
  a[i] = [];
  a[i][0] = 1;
  a[i][i] = 1;
}
//把第一位和最后一位的值保存在数组中
for (i = 2; i < 6; i++) {
  for (j = 1; j < i; j++) {
    a[i][j] = a[i - 1][j - 1] + a[i - 1][j];
  }
}
//打印
for (i = 0; i < 6; i++) {
  txt = "";
  for (j = 0; j <= i; j++) {
    txt += a[i][j] + " ";
  }
  console.log(txt);
}
```

程序的运行结果为

```
1
```

```
1 1
1 2 1
1 3 3 1
1 4 6 4 1
1 5 10 10 5 1
```

1.10 牛的数量有多少

难度系数：★★★☆☆ **被考查系数：★★☆☆☆**

题目描述：

有一头母牛，到 4 岁可生育，每年一头。假设所生均是一样的母牛，到 15 岁绝育，不能再生，20 岁死亡，问 n 年后有多少头牛？

分析与解答：

根据条件定义一个函数，参数 n 代表多少年，定义最开始的牛的数量为 1，在循环中，当母牛年龄大于 4 并且小于 15 时，每年可以生一头小牛（即牛的总数加 1），然后递归调用这个函数，而函数的参数为 n 减去已过去的年数，函数内还要判断如果牛的年龄为 20 多时，那么牛的数量需减 1。以 n=8 为例，实现代码为

```
var num = 1;
function bull(n) {
    for (var j = 1; j <= n; j++) {
        if (j >= 4 && j < 15) {
            num++;
            bull(n - j);
        }
        if (j == 20) {
            num--;
        }
    }
    return num;
}
console.log(bull(8));
```

程序的运行结果为

```
7
```

1.11 百钱买百鸡

难度系数：★★☆☆☆ **被考查系数：★★★★☆**

题目描述：

公鸡 5 文钱 1 只，母鸡 3 文钱 1 只，小鸡 1 文钱 3 只。现在用 100 文钱共买了 100 只鸡，假设每种鸡至少一只，问：在这 100 只鸡中，公鸡、母鸡和小鸡各是多少只？

分析与解答：

根据百钱买百鸡的要求，可以设有 i 只公鸡，j 只母鸡，k 只小鸡，并且 i+j+k 的总数为 100，i×5+j×3+k/3 总价为 100。依次对公鸡、母鸡、小鸡的总数循环，求解出符合这两个公式的最优解。实现代码为

```
var i, j, k;
for (i = 1; i < 100; i++) {
   for (j = 1; j < 100; j++) {
      for (k = 1; k < 100; k++) {
         if ((i + j + k == 100) && (i * 5 + j * 3 + k / 3 == 100)) {
            console.log("公鸡：", i, '只，母鸡:', j, '只，小鸡:', k, '只');
         }
      }
   }
}
```

程序的运行结果为

```
公鸡：4 只，母鸡:18 只，小鸡:78 只
公鸡：8 只，母鸡:11 只，小鸡:81 只
公鸡：12 只，母鸡:4 只，小鸡:84 只
```

1.12 经过这个路口多少次

难度系数：★★★☆☆　　　　**被考查系数：**★★★☆☆

题目描述：

假设某人有 100,000 元现金。每经过一次路口需要进行一次交费。交费规则为当他现金大于 50,000 元时每次需要交现金的 5%，当现金小于等于 50,000 元时每次交 5,000 元。请写一程序计算此人可以经过多少次路口。

分析与解答：

初始条件为某人拥有的总现金为 100,000 元，初始过路口次数为 0，当金额条件不满足 5,000 元时，则停止过路口。所以可以通过循环来求过路口次数，当他现金大于 50,000 时，剩余金额为：总金额×(1−5%)，当他现金小于等于 50,000 元时则剩余金额为：总金额减少 5000 元，依次循环累加过路口次数，直到不符合条件退出循环。实现代码为

```
var sum, num;
for (sum = 100000, num = 0; sum >= 5000;) {
   if (sum >= 50000) {
      sum = 0.95 * sum;
   } else {
      sum = sum - 5000;
   }
   num++;
}
console.log(num);
```

程序的运行结果为

```
23
```

1.13 球的反弹高度有多高

难度系数：★★☆☆☆ **被考查系数：★★☆☆☆**

题目描述：

一球从 100 米高度自由落下，每次落地后反弹回原高度的一半，再落下。求它在第 10 次落地时，共经过多少米？第 10 次反弹多高？

分析与解答：

根据题目要求，设初始总高度为 100 米，球每次下落高度反弹回的高度为上一次的一半，循环 10 次，每次循环都对上次反弹后的高度除以 2 并且累加到总高度中。从而求解出共经过多少米和第十次的反弹高度。实现代码为

```
var k = 100,
   sum = 100;
for (var i = 1; i <= 10; i++) {
   k /= 2;
   sum += k;
}
console.log("共经过：", sum, "米，第 10 次反弹高：", k, "米");
```

程序的运行结果为

```
共经过：199.90234375 米，第 10 次反弹高：0.09765625 米
```

1.14 如何找出 1000 以内的“完数”

难度系数：★★★☆☆ **被考查系数：★★★★☆**

题目描述：

如果一个数恰好等于它的因子之和，这个数就称为“完数”，例如 6=1+2+3。编程找出 1000 以内的所有“完数”。

分析与解答：

外层循环 1000 次，每次循环得到的 i 传入下个循环内，内部循环求解出符合 i 整除 k 等于 0 的数。如果能够整除，即说明 k 是 i 的一个因子，再用 sum 累加，直到 sum+1 等于 i 条件成立，说明 i 是一个完数。需要注意的是，sum 求解出的因子是不包括 1 的，所以还需要额外的加 1 到 sum 中，并且 i 的一个因子是不会大于 i/2 的，所以内部循环判断是否继续循环的条件为 i/2。实现代码为

```
var i, sum, k, txt = "";
for (i = 2; i <= 1000; i++) {
```

```
    sum = 0;
    for (k = 2; k <= i / 2; k++) {
        if (i % k == 0) {
            sum += k;
        }
    }
    if (sum + 1 == i) {
        txt += i + " ";
    }
}
console.log(txt);
```

程序的运行结果为

```
6 28 496
```

1.15 猴子吃了多少桃子

难度系数：★★★☆☆ **被考查系数：★★★☆☆**

题目描述：

猴子第一天摘了若干个桃子，当即吃了一半，还不解馋，又多吃了一个。第二天，吃剩下桃子的一半，还不过瘾，又多吃了一个。以后每天都吃前一天剩下的一半多一个，到第10天想再吃时，只剩下一个桃子了。问第一天共摘了多少个桃子？

分析与解答：

采用逆向思维，从后往前推断，发现其中有相同的地方，即出现递推公式，可以采用递归方法。令 S10=1，可以得出 S9=2(S10+1)，简化罗列关系为

S9 = 2S10 + 2

S8 = 2S9 + 2

……

Sn = 2Sn + 2

实现代码为

```
var s = 0,
    n = 1;          //最后一天桃子的数量
for (var i = 1; i < 10; i++) {
    s = (n + 1) * 2;
    n = s;
}
console.log("第一天共摘了", s, "个桃");
```

程序的运行结果为

```
第一天共摘了 1534 个桃
```

1.16 移动最少次数的三色旗

难度系数：★★★☆☆ **被考查系数：★★★☆☆**

题目描述：

三色旗的问题最早由 E.W.Dijkstra 提出，他所使用的用语为 Dutch Nation Flag，Dijkstra 是荷兰人），而大部分作者则使用三色旗（Three-Color Flag）来称之。

假设有一条绳子，上面有红、白、蓝三种颜色的旗子，起初绳子上的旗子颜色并没有顺序，现在希望将之分类，并排列为蓝、白、红的顺序。要如何移动才能让次数最少，注意你只能在绳子上进行这个动作，而且一次只能调换两个旗子。示意图如下：

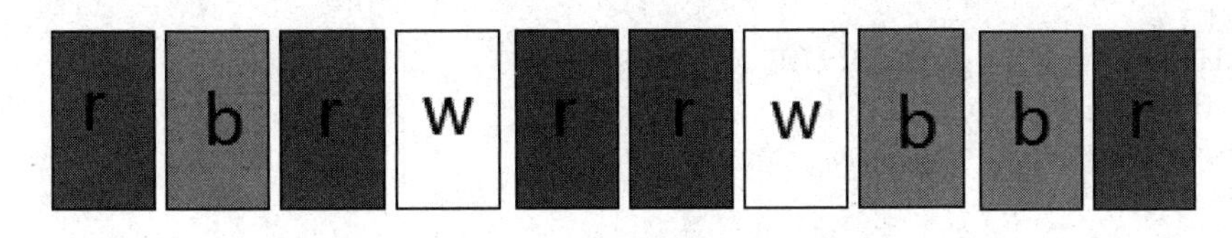

图 1-2 无序的三色旗

分析与解答：

在一条绳子上移动，也就是在程序中只能使用一个阵列，不能使用其他的阵列来进行辅助。问题的解法很简单，可以自己想象一下移动旗子，从绳子开头进行，遇到蓝色往前移，遇到白色留在中间，遇到红色往后移。只是要让移动次数最少的话，需要一些技巧：

1）如果 w 所在的位置为白色，则 w 加 1，表示未处理的部分移至白色群组。

2）如果 w 部分为蓝色，则 b 与 w 的元素对调，而 b 与 w 必须各加 1，表示两个群组都多了一个元素。

3）如果 w 所在的位置是红色，则将 w 与 r 交换，但 r 要减 1，表示未处理的部分减 1。

注意 b、w、r 并不是三色旗的个数，它们只是一个移动的指标。什么时候移动结束呢？一开始未处理的 r 指标等于旗子的总数，当 r 的索引数减至少于 w 的索引数时，表示接下来的旗子就都是红色了，此时就可以结束移动。实现代码为

```
var BLUE = "b",
    WHITE = "w",
    RED = "r",
    txt;

function swap(x, y, color) {
    temp = color[x];
    color[x] = color[y];
    color[y] = temp;
}
var color = ['r', 'b', 'r', 'w', 'r', 'r', 'w', 'b', 'b', 'r'],
    wFlag = 0,
    bFlag = 0,
    rFlag = color.length - 1;
```

```
txt = "旗子开始的排序：";
for (i = 0; i < color.length; i++)
    txt += color[i];
console.log(txt);

while (wFlag <= rFlag) {
    if (color[wFlag] == WHITE)
        wFlag++;
    else if (color[wFlag] == BLUE) {
        swap(bFlag, wFlag, color);
        bFlag++;
        wFlag++;
    } else {
        while (wFlag < rFlag && color[rFlag] == RED)
            rFlag--;
        swap(rFlag, wFlag, color);
        rFlag--;
    }
}

txt = "排序后的旗子：";
for (i = 0; i < color.length; i++)
    txt += color[i];
console.log(txt);
```

程序的运行结果为

```
旗子开始的排序：rbrwrrwbbr
排序后的旗子：bbbwwrrrrr
```

第2章　逻辑、智力题

逻辑、智力题能很好地考查求职者的逻辑思维能力，因此备受面试官青睐。本章会重点介绍常见的逻辑、智力题，让面试者在面对逻辑、智力题的时候能够胸有成竹。

2.1 经典逻辑题

2.1.1 老鼠相遇的概率是多少

难度系数：★★★☆☆　　　　**被考查系数：★★★☆☆**

题目描述：

一个三角形三个顶点有 3 只老鼠，一声枪响，3 只老鼠开始沿三角形的边匀速运动，请问它们相遇的概率是多少？

分析与解答：

75%。

每只老鼠都有顺时针、逆时针两种运动方向。3 只老鼠共有 8 种运动情况，只有当 3 只老鼠都为顺时针或者逆时针时，它们才不会相遇，剩余的 6 种情况都会相遇，故相遇的概率为 6/8=75%。

2.1.2 如何计算时钟的三针重叠

难度系数：★★★☆☆　　　　**被考查系数：★★★☆☆**

题目描述：

在一天的 24 小时中，时钟的时针、分针和秒针完全重合在一起的时候有几次？都分别是什么时间？你是怎样算出来的？

分析与解答：

只有两次。

假设时针的角速度是 ω（ω=π/6 每小时），则分针的角速度为 12ω，秒针的角速度为 72ω。分针与时针再次重合的时间为 t，则有 12ωt−ωt=2π，t=12/11 小时，换算成时分秒为 1 小时 5 分 27.3 秒，显然秒针不与时针、分针重合，同样可以算出其他 10 次分针与时针重合时秒针都不能与它们重合。只有在正 12 点和 0 点时才会重合。将时针视为静止，考查分针、秒针对它的相对速度：

1）12 个小时作为时间单位“1”，“圈/12 小时”作为速度单位，则分针速度为 11，秒针速度为 719。

2）由于 11 与 719 互质，记 12 小时/(11×719)为时间单位Δ，则分针与时针重合当且仅当 t=719kΔ k∈Z，秒针与时针重合当且仅当 t=11jΔ j∈Z。

3）而 719 与 11 的最小公倍数为 11×719，所以若 t=0 时三针重合，则下一次三针重合必然在 t=11×719×Δ时，即 t=12 点。

2.1.3 如何喝到最多瓶汽水

难度系数：★★★☆☆　　被考查系数：★★★☆☆

题目描述：

1 元钱一瓶汽水，喝完后两个空瓶换一瓶汽水，问：你有 20 元钱，最多可以喝到几瓶汽水？

分析与解答：

40 瓶。

最初可以喝到的汽水瓶数为：20+10+5+2+1+1=39，剩一个空瓶，可以先向店主借一个空瓶，换来一瓶汽水，喝完后再把空瓶还给店主，总共可以喝到 40 瓶汽水。

2.1.4 住旅店花了多少钱

难度系数：★★★☆☆　　被考查系数：★★★☆☆

题目描述：

有三个人去旅馆，分别住在三间房，每一间房 10 元，于是他们一共付给老板 30 元。第二天，老板觉得三间房只需要 25 元就够了，于是叫小弟退回 5 元给三位客人。谁知小弟贪心，只退回每人 1 元，自己偷偷拿了 2 元。这样一来那三位客人每人各花了 9 元，三个人一共花了 27 元，再加上小弟独吞了 2 元，总共是 29 元。可是当初他们三个人一共付出 30 元，那么还有 1 元呢？

分析与解答：

三个人其实只付了 27 元（9×3=27），其中 2 元付给了小弟，25 元付给了老板。在 27 元中（包括了小弟独吞的 2 元，所以 27 元加上 2 元是不对的）。27 元加上退回来的 3 元等于 30 元。

2.1.5 如何判断哪个开关控制着哪盏灯

难度系数：★★★☆☆　　被考查系数：★★★★☆

题目描述：

屋里有三盏灯，屋外有三个开关，一个开关仅控制一盏灯，屋外看不到屋里的情况。如果只进屋一次，如何才能知道哪个开关控制着哪盏灯？如果增加到四盏灯呢，又该如何判断？

分析与解答：

根据温度判断三盏灯：先开一盏，足够长的时间后再关掉，然后开另一盏，进屋看，亮的为后来开的，摸起来热的为先开的，剩下的一盏也就确定了。

四盏灯的情况：设四个开关为 ABCD，先开 AB，足够长的时间后关 B 开 C，然后进屋，又热又亮的是 A，只热不亮的是 B，只亮不热的是 C，不亮不热的是 D。

2.1.6 如何用烧绳来计算时间

难度系数：★★★☆☆　　被考查系数：★★★☆☆

题目描述：

烧一根不均匀的绳从头烧到尾总共需要 1 小时，如何用它来判断半个小时？现在有若干条材质相同的绳子，问如何用烧绳的方法来计 1 小时 15 分钟呢？

分析与解答：

由题意可知，用一根绳子从两头烧，烧完就是半个小时。现在先用两根绳，其中一根要一头烧，另一根从两头烧。两头烧完的时候（也就是 30 分钟），将剩下一根的另一端也点燃，烧尽就是 45 分钟。再从两头点燃第三根，烧尽就是 1 时 15 分。

2.1.7 如何用水壶获取指定的水量

难度系数：★★★☆☆　　　　**被考查系数：**★★★☆☆

题目描述：

假设有一个池塘，里面有无穷多的水。现有 2 个空水壶，容积分别为 5 升和 6 升。如何只用这 2 个水壶从池塘里取得 3 升的水？

分析与解答：

具体实现如下所列：

1）先把 5 升的水壶灌满，倒在 6 升水壶里，这时 6 升的水壶里有 5 升水。

2）再把 5 升的水壶灌满，用 5 升的壶把 6 升的灌满，这时 5 升的壶里剩 4 升水。

3）接着把 6 升的水倒掉，然后把 5 升壶里剩余的水倒入 6 升的壶里，这时 6 升的壶里有 4 升水。

4）最后把 5 升壶灌满，倒满 6 升的壶，这时 5 升的壶剩下的水就是 3 升（5-2=3）。

2.1.8 怎样才能猜出另外两个人的数

难度系数：★★★☆☆　　　　**被考查系数：**★★★★☆

题目描述：

一个教逻辑学的教授，有三个学生，这三个学生都非常聪明。一天，教授给他们出了一道题，教授在每个人脑门上贴了一张纸条并告诉他们，每个人的纸条上都写了一个正整数，且某两个数的和等于第三个数，每个人可以看见另两个数，但看不见自己的数。

教授问第一个学生：“你能猜出自己的数吗？”回答：“不能”，问第二个：“不能”，第三个：“不能”。再问第一个：“不能”，第二个：“不能”，第三个：“我猜出来了，是 144”。教授很满意地笑了。请问你能猜出另外两个人的数吗？

分析与解答：

经过第一轮，说明任何两个数都是不同的。第二轮，前两个人没有猜出，说明任何一个数都不是其他数的两倍（如果出现两个同样的数字的话，那个不同数字的学生可以很容易猜出来自己的数字是那两个数字的和，因为教授说了都是正整数，所以不可能出现 0。同理，如果出现一个数字是另一个数字的两倍的话，那么那个看到这两个数字的人也能猜出来，自己不是这两个数字的差，而是这两个数字的和）。现在有了以下三个条件：①每个数大于 0；②两两不等；③任意一个数都不是其他数的两倍。每个数字可能是另两个之和或之差，第三个人能猜出 144，必然根据前面三个条件排除了其中的一种可能。假设是两个数之差，即 x-y=144。这时 1（x，y>0）和 2（x!=y）都满足，所以要否定 x+y，必然要使 3 不满足，即 x+y=2y，解得 x=y，不成立（不然第一轮就可猜出），所以不是两数之差。因此是两数之和，即 x+y=144。同理，这时 1 和 2 都满足，必然要使 3 不满足，即 x-y=2y，两方程联立，可得 x=108，y=36。这两轮猜的顺序其实分别为：第一轮（一号、二号），第二轮（三号、一号、二号）。这样，大家在每轮结束时获得的信息是相同的（即前面的三个条件）。

那么就假设我们是 C，来看看 C 是怎么做出来的：C 看到 A 是 36、B 是 108，因为条件，两个数的和是第三个，那么自己要么是 72 要么是 144（猜到这个是因为 72，108 就是 36 和 72 的和，144 的话就是 108 和 36 的和）。

假设自己（C）是 72，那么 B 在第二回合的时候就可以看出来。下面是 C 为 72 时，B 的思路：这种情况下，B 看到的 A 是 36、C 是 72，那么他就可以猜自己是 36 或者是 108（猜到这个是因为 36，36 加 36 等于 72，108 的话就是 36 和 108 的和）。

假设自己（B）头上是 36，那么，C 在第一回合的时候就可以看出来。下面是 B 为 36 时，C 的思路：这种情况下，C 看到的 A 是 36、B 是 36，那么他就可以猜自己是 72 或者是 0。

假设自己（C）头上是 0，那么，A 在第一回合的时候就可以看出来。下面是 C 为 0 时，A 的思路：这种情况下，A 看到的 B 是 36、C 是 0，那么他就可以猜自己是 36 或者还是 36，那他可以一口报出自己头上的 36。现在 A 在第一回合没报出自己的 36，C（在 B 的想象中）就可以知道自己头上不是 0，如果其他和 B 的想法一样（指 B 头上是 36），那么 C 在第一回合就可以报出自己的 72。现在 C 在第一回合没报出自己的 36，B（在 C 的想象中）就可以知道自己头上不是 36，如果其他和 C 的想法一样（指 C 头上是 72），那么 B 在第二回合就可以报出自己的 108。现在 B 在第二回合没报出自己的 108，C 就可以知道自己头上不是 72，那么 C 头上的唯一可能就是 144 了。

2.1.9 卖鸡总共赚了多少

难度系数：★★★☆☆　　　　被考查系数：★★★★☆

题目描述：

一个人花 8 块钱买了一只鸡，9 块钱卖掉了。然后他觉得不划算，花 10 块钱又买回来了，11 块卖给另外一个人。问他赚了多少？

分析与解答：

赚了 2 元。

假设买进来算负，卖出算正。则根据题目描述可以这样计算：-8+9-10+11=2。所以最后他赚了 2 元。

2.1.10 跳高名次是多少

难度系数：★★★☆☆　　　　被考查系数：★★★★☆

题目描述：

有一种体育竞赛共含 M 个项目，运动员 A、B、C 参加了所有的项目。在每一个项目中，第一、第二、第三名分别得 X、Y、Z 分，其中 X、Y、Z 为正整数且 X>Y>Z。最后 A 得 22 分，B 与 C 均得 9 分，B 在百米赛中取得第一。求 M 的值和在跳高中谁得第二名？

分析与解答：

M=5，C 得第二名。

因为 ABC 三人得分共 40 分，并且前三名得分都为正整数且不等，所以前三名得分最少为 6 分（即 1+2+3），根据 40=5×8=4×10=2×20=1×40，不难得出项目数只能是 5，即 M=5。

A 得分为 22 分，共 5 项，所以每项第一名得分只能是 5，故 A 应得 4 个第一名、一个第二名，由 22=5×4+2 可知，第二名能得 2 分。又知 B 百米得第一，因为 9=5+1+1+1+1，所以跳高中只有 C 得第二名，B 的 5 项共 9 分，其中百米第一 5 分，其他 4 项全是 1 分。也就是说，B 除百米第一外全是第三，跳高第二必定是 C 所得。

2.1.11 如何根据银币猜盒子

难度系数：★★★☆☆ **被考查系数：★★★★☆**

题目描述：

假设在桌上有三个密封的盒，一个盒中有 2 枚银币（1 银币=10 便士），一个盒中有 2 枚镍币（1 镍币=5 便士），还有一个盒中有 1 枚银币和 1 枚镍币。这些盒子被标上 10 便士、15 便士和 20 便士，但每个标签都是错误的。允许你从一个盒中拿出 1 枚硬币放在盒前，看到这枚硬币，你能否说出每个盒内装的东西呢？

分析与解答：

取出标着 15 便士的盒中的一个硬币，如果是银的，说明这个盒是 20 便士的，如果是镍的，说明这个盒是 10 便士的，再由每个盒的标签都是错误的可以推出其他两个盒里的东西。

因为每个标签对应的盒子是错误的，所以知道 15 便士的盒子里面不会是一银一镍，要么是 10 便士，要么是 20 便士。如果从 15 便士的盒子中取出的硬币是银的，则说明该盒子有两枚银币，标签是 20 便士。如果从 15 便士的盒子中取出的硬币是镍的，则说明该盒子有两枚镍币，标签是 10 便士。确定了 15 便士盒对应的硬币和标签后，通过标签和便士值是不对应的，可以推断出 10 便士盒和 20 便士盒里的硬币和标签。

2.1.12 马牛羊的价格是多少文钱

难度系数：★★★☆☆ **被考查系数：★★★★☆**

题目描述：

现有 2 匹马、3 头牛和 4 只羊，它们各自的总价都不满 10000 文钱（古时的货币单位）。如果 2 匹马加上 1 头牛、3 头牛加上 1 只羊、或者 4 只羊加上 1 匹马，那么它们各自的总价都正好是 10000 文钱。问：马、牛、羊的单价各是多少文钱？

分析与解答：

马：3600，牛：2800，羊：1600。

设马的单价为 x，牛的单价为 y，羊的单价为 z。则根据题目可得到三个式子：2x+y=10000；3y+z=10000；x+4z=10000。最终求解出 x=3600，y=2800，z=1600。

2.1.13 赔多少

难度系数：★★★☆☆ **被考查系数：★★★★☆**

题目描述：

一天，店里来了一位顾客，挑了 25 元的货。顾客拿出 100 元，店里没零钱，找不开，就到隔壁的店里把这 100 元换成零钱，回来给顾客找了 75 元零钱。过一会，隔壁店来找这家店，说刚才的钱是假钱，店里马上给隔壁店换了张真钱，问店里赔了多少钱？

分析与解答：

100 元。

根据题目的意思，将店里的钱收入部分为正，支出部分为负。可以得到式子：-25+100-75-100=-100。从而知道店里赔了100元。亏的部分主要是货物的25元和找零的75元。

2.1.14 海盗如何分金才能让他获得最多的金子

难度系数：★★★☆☆　　　　**被考查系数：**★★★★☆

题目描述：

5名海盗抢了窖藏的100块金子，打算瓜分这些战利品。这是一些讲民主的海盗（当然是他们自己特有的民主），他们的习惯是按下面的方式进行分配：最厉害的一名海盗提出分配方案，然后所有的海盗（包括提出方案者本人）就此方案进行表决。如果50%或更多的海盗赞同此方案，此方案就获得通过并据此分配战利品。否则提出方案的海盗将被扔到海里，然后下一名最厉害的海盗又重复上述过程。

所有的海盗都乐于看到他们的一位同伙被扔进海里，不过，如果让他们选择的话，他们还是宁可只得一部分战利品，也不愿意自己被扔到海里。所有的海盗都是有理性的，而且知道其他的海盗也是有理性的。此外，没有两名海盗是同等厉害的——这些海盗按照完全由上到下的等级排好了顺序，并且每个人都清楚自己和其他所有人的等级。这些金子不能再分，也不允许几名海盗共有金子，因为任何海盗都不相信他的同伙会遵守关于共享金子的安排。这是一伙每人都只为自己打算的海盗。

最凶的一名海盗应当提出什么样的分配方案才能使他获得最多的金子呢？

分析与解答：

如果轮到第四个海盗分配：100，0

轮到第三个：99，0，1

轮到第二个：99，0，1，0

轮到第一个：98，0，1，0，1，这就是第一个海盗的最佳方案。

可以从后往前推测每次最优的方案，从而确定第一种方案就是最好的。

1）当只剩两个海盗分金时，因为只要有50%或以上的支持率则方案通过，所以第四个海盗和第五个海盗分金时，无论第五个海盗是否支持自己，第四个海盗都可以给自己分配100块金子。

2）当只剩三个海盗分金时，第三个海盗分金的方案，除了自己的支持外，还需要一个海盗的支持，否则方案不通过。所以，如果第三个海盗想要拿最多金子，最好的方案就是让第五个海盗得到金子来支持他，因为第四个海盗可以通过否定第三个海盗的方案实现自己的利益最大化。所以，第三个海盗得99块金子，而第五个海盗得1块金子的方案是最好的。

3）当只剩下四个海盗分金时，第二个海盗的方案，只需要一个海盗支持他即可通过方案。由2）的分析知道，要第四个海盗支持自己是最有利的，所以可以得到最好的方案是：第二个海盗99块金子，第四个海盗1块金子的方案。

4）最初的情况，5个海盗分金，第一个海盗必须要其余2名海盗支持自己，它才有可能得到最多的金子。通过3）的分析知道，给第三个海盗和第五个海盗各1块金子，让它们支持自己是最优的方案。

2.1.15 张老师的生日是哪一天

难度系数：★★★☆☆ **被考查系数：★★★★☆**

题目描述：

小明和小强都是张老师的学生，张老师的生日是 M 月 N 日，2 人都知道张老师的生日是下列 10 组中的一天，张老师把 M 值告诉了小明，把 N 值告诉了小强，张老师问他们知道他的生日是哪一天吗？

3 月 4 日、3 月 5 日、3 月 8 日、6 月 4 日、6 月 7 日、9 月 1 日、9 月 5 日、12 月 1 日、12 月 2 日、12 月 8 日

小明说："如果我不知道的话，小强肯定也不知道。"

小强说："本来我也不知道，但是现在我知道了。"

小明说："哦，那我也知道了。"

请根据以上对话推断出张老师的生日是哪一天？

分析与解答：

9 月 1 日。

1）分析这 10 组日期，经观察不难发现，只有 6 月 7 日和 12 月 2 日这两组日期的日数是唯一的。由此可知，如果小强得知的 N 是 7 或者 2，那么他必定知道了老师的生日。

2）小明说："如果我不知道的话，小强肯定也不知道"，而该 10 组日期的月数分别为 3，6，9，12，而且相应月的日期都有两组以上，所以小明得知 M 后是不可能知道老师生日的。

3）进一步分析小明说："如果我不知道的话，小强肯定也不知道"，结合第 2 步结论，可知小强得知 N 后也绝不可能知道。

4）结合第 3 和第 1 步，可以推断：所有 6 月和 12 月的日期都不是老师的生日，因为如果小明得知的 M 是 6，而若小强的 N=7，则小强就知道了老师的生日（由第 1 步已经推出）。同理，如果小明的 M=12，若小强的 N=2，则小强同样可以知道老师的生日，即：M 不等于 6 和 12。现在只剩下"3 月 4 日、3 月 5 日、3 月 8 日、9 月 1 日、9 月 5 日"五组日期。而小强知道了，所以 N 不等于 5（因为有 3 月 5 日和 9 月 5 日），此时，小强的 N∈(1，4，8)。虽然 N 有三种可能，但对于小强只要知道其中的一种，就能得出结论。所以，小强说："本来我也不知道，但是现在我知道了"，继续推理知道，剩下的可能是"3 月 4 日、3 月 8 日、9 月 1 日"。

5）分析小明说："哦，那我也知道了"，说明 M=9，N=1（N=5 已经被排除，3 月份的这两组也已排除）。

2.1.16 拿几个乒乓球

难度系数：★★★☆☆ **被考查系数：★★★★☆**

题目描述：

假设排列着 100 个乒乓球，由两个人轮流拿球装入口袋，能拿到第 100 个乒乓球的人为胜利者。条件是：每次拿球者至少要拿 1 个，但最多不能超过 5 个。问：如果你是最先拿球的人，你该拿几个？以后怎么拿就能保证你能得到第 100 个乒乓球？

分析与解答：

拿出 4 个，然后按照 6 的倍数和另外一人分别拿球。即：

另外一人拿 1 个，我拿 5 个；

另外一人拿 2 个，我拿 4 个；

另外一人拿 3 个，我拿 3 个；

另外一人拿 4 个，我拿 2 个；

另外一人拿 5 个，我拿 1 个。

最终第 100 个在我手上。

因为最多可拿的乒乓球数为 6 个，所以 100 除 6 余 4，只要最开始拿 4 个出来后，每次保证拿的数量是 6 的倍数，即别人拿 n 个你就拿(6-n)个。最后一个人拿的球都可以保证第 100 个乒乓球被自己拿到。

2.2 逻辑推理题

2.2.1 怎样才能推理出学生的专业

难度系数：★★★☆☆ **被考查系数：★★★☆☆**

题目描述：

有 A、B、C 三个学生，他们中一个出生在西安，一个出生在武汉，一个出生在深圳。一个学化学专业，一个学英语专业，一个学计算机专业。其中（1）学生 A 不是学化学的，学生 B 不是学计算机的；（2）学化学的不出生在武汉；（3）学计算机的出生在西安；（4）学生 B 不出生在深圳。根据上述条件可知，学生 A 的专业是（ ）。

A．计算机　　B．英语　　C．化学　　D．3 种专业都可能

分析与解答：A。

这是一道富有挑战性的逻辑推理题，也常见于小学奥数题中，主要考查的是求职者的逻辑思维能力。解题的关键在于通过题中所给条件逐级推理，同时使用推理出的结果作为后续推理的条件，最终将所有问题解决。

根据题目中的各类条件，分别对其进行编号：

"学生 B 不是学计算机的"　（1）

"学计算机的出生在西安"　（2）

"学生 B 不出生在深圳"　（3）

"学化学的不出生在武汉"　（4）

"学生 A 不是学化学的"　（5）

根据以上 5 个条件可以进行如下推理。

根据（1）和（2）可以推断：学生 B 出生在武汉或深圳。　（a）

通过（a）和（3）可以推断：学生 B 出生在武汉。　（b）

根据（1）、（4）和（b）可以推断：学生 B 学的是英语。　（c）

根据（c）和（5）可以推断：学生 A 学的是计算机。　（d）

根据（d）和（2）可以推断：学生 A 出生在西安。　（e）

剩下的就是学生 C 出生在深圳，学的是化学。

最后的结论为：学生 A 出生在西安，学的是计算机；学生 B 出生在武汉，学的是英语；

学生 C 出生在深圳，学的是化学。可以将最后的结论带到题目中进行验证。所以，选项 A 正确。

2.2.2 错误的判断是哪一个

难度系数：★★★★☆ **被考查系数：★★☆☆☆**

题目描述：

下列描述中，唯一错误的是（ ）。

A．本题有五个选项是正确的 B．B 正确 C．D 正确 D．DEF 都正确
E．ABC 中有一个错误 F．如果 ABCDE 都正确，那么 F 也正确

分析与解答：B。

本题要求选项中只有唯一错误，而其他选项都是正确的。假设选项 A 中描述不正确，那么本题的正确选项个数肯定不为 5，只能为 0、1、2、3、4、6 种可能。而题目要求 6 个选项中只有唯一错误，那么其他 5 个选项都是正确的，得出的结论是正确选项的个数为 5，与假设矛盾，所以，假设不成立。因此，选项 A 正确。

对于选项 C，如果描述错误，那么选项 D 肯定错误。此时，6 个选项中至少有 2 个选项是错误的，这与题目要求的唯一错误产生矛盾，所以，选项 C 正确。

对于选项 D，如果描述正确，那么选项 D、选项 E 和选项 F 都描述正确，结合前面推理出的选项 A 与选项 C 正确，此时可以推出 6 个选项中，已经有 5 个选项是正确的，分别是选项 A、选项 C、选项 D、选项 E 和选项 F。对于不确定的选项 B，假设选项 B 正确，那么根据前面的分析可知选项 C、选项 D 和选项 E 都是正确的，在选项 E 中，选项 A 正确，选项 B 正确，进而推导出选项 C 错误。这与前面推导得出的选项 C 正确产生矛盾，因此，假设不成立，所以，选项 B 错误。

2.2.3 最后参加紧急项目的开发人是谁

难度系数：★★★☆☆ **被考查系数：★★★★☆**

题目描述：

某团队负责人接到一个紧急项目，他要考虑在代号为 ABCDEF 这 6 个团队成员中的部分人员参加项目开发工作。人选必须满足以下几点：

（1）AB 两人中至少一个人参加 （2）AD 不能都去 （3）AEF 三人中要派两人
（4）BC 两人都去或都不去 （5）CD 两人中有一人参加 （6）若 D 不参加，E 也不参加

那么最后参加紧急项目开发的人是（ ）。

A．BCEF B．BCF C．ABCF D．BCDEF

分析与解答：C。

本题可以从答案分析，看看每个答案是否能够完全符合 6 个条件。通过分析可知，选项 C 正确。

2.2.4 猜的第一个数字是多少

难度系数：★★☆☆☆ **被考查系数：★★★☆☆**

题目描述：

甲、乙两个人在玩猜数字游戏，甲随机写了一个数字，在[1,100]区间之内，将这个数字写在了一张纸上，然后让乙来猜。

如果乙猜的数字偏小的话，甲会提示：“数字偏小”。

一旦乙猜的数字偏大的话，甲以后就再也不会提示了，只会回答“猜对或猜错”。

问：乙至少猜多少次才可以准确猜出这个数字，在这种策略下，乙猜的第一个数字是（　）。

分析与解答：

乙至少猜 14 次才可以准确猜出这个数字，在这种策略下，乙猜的第一个数字是 14。

数字所在区间为[1,100]，乙在猜测数字时，存在以下三种可能性：

1）直接猜中。

2）猜测数字大于真实值。

3）猜测数字小于真实值。

以下将分别针对这三种不同的情况进行分析。第（1）种直接猜中的情况概率很低，只有百分之一，不具有代表意义。第（2）种情况，乙猜测的数字的值比真实值大，此时没有提示，假设待猜测的数字的值为 N2，乙猜测的数字的值为 N1，很显然，在本情况下，N1>N2，此时，为了找到 N2，只能逐一在[1,N1-1]之间进行猜测，即 1≤N2≤N1-1。只有第（3）种情况，会存在提示，假设待猜测的数字的值为 N2，乙猜测的数字的值为 N1，很显然，在本情况下，N1<N2，根据提示可知，可以继续在[N1+1,100]中选择另外的数 N2，即 N1+1≤N2≤100。

所以，对于第（2）种情况，一共需要猜测的次数为 N1-1+1=N1 次（其中 N1-1 表示需要在[1,N1-1]之间逐一取值，1 表示进行第一次测试）。对于第（3）种情况，如果第一次猜的数字小于真实值，但第二次猜的数字大于真实值，此时需要尝试的总次数是[N1+1,N2-1]的元素个数加 2（加 2 是 N2 和 N1 本身猜用掉一次），即为 N2-N1+1 次。根据思想“每次猜错后，尝试猜测的总次数相等”，有 N1=N2-N1+1，可知 N2=2N1-1，增量为 N1-1。类似地，前两次猜得偏小，但第三次猜大，尝试总次数为[N2+1,N3-1]的元素个数加 3，即 N3-N2+2，那么有 N3-N2+2=N1，N3=N2+N1-2，增量为 N1-2…依此类推，增量是随着猜测次数的增加而逐 1 地减少。设最后一次猜测为 k，则 Nk=N1+(N1-1)+(N1-2)+…1，Nk 是等于或大于 100 的第一个数，根据等差数列求和公式可以算出 N1=14，N2=27，N3=39…(14,27,39,50, 60,69,77,84,90,95,99)。所以，序列是 14、27、39、50、60、69、77、84、90、95、99。

因为无论第几次猜大了，最终的总次数总是 14。

2.2.5 需要多少个人测试才能判断出毒酒

难度系数：★★★★☆　　　　**被考查系数：★★★☆☆**

题目描述：

有 8 瓶酒，其中一瓶有毒，用人测试，每次测试结果 8 小时后才会得出。如果只有 8 个小时的时间，那么最少需要（　）个人进行测试。

A. 2　　B. 3　　C. 4　　D. 6

分析与解答： B。

用 3 位二进制代表 8 瓶酒，如表 2-1 所示。

表 2-1　中毒分析

瓶序号	二进制表示	中毒情况
第一瓶	000	全没中毒
第二瓶	001	只有第一个人中毒
第三瓶	010	只有第二个人中毒
第四瓶	011	第一个人、第二个人同时中毒
第五瓶	100	只有第三个人中毒
第六瓶	101	第一个人、第三个人同时中毒
第七瓶	110	第二个人、第三个人同时中毒
第八瓶	111	三个人同时中毒

其中，第一个人喝下最低位为 1 对应的酒，第二个人喝下中间位为 1 对应的酒，第三个人喝下最高位为 1 对应的酒。所以，选项 B 正确。

2.2.6　地图重合点有几个

难度系数：★★★☆☆　　　　**被考查系数：★★★☆☆**

题目描述：

把校园中同一区域的两张不同比例尺的地图叠放在一起，并且使其中较小尺寸的地图完全在较大尺寸的地图的覆盖之下。每张地图上都有经纬度坐标，显然，这两个坐标系并不相同，把恰好重叠在一起的两个相同的坐标称之为重合点。下面关于重合点的说法中，正确的是（　　）。

A．可能不存在重合点　　　　B．必然有且只有一个重合点

C．可能有无穷多个重合点　　D．重合点构成了一条直线

E．重合点可能在小地图之外　F．重合点是一小片连续的区域

分析与解答：B。

如图 2-1 所示：假设最外围的矩形 1 为大地图，第二大的矩形 2 为小地图，它们是成比例放大的。大地图中的小矩形 3，必然也存在于小矩形 2 中。小矩形 4 也必然存在于矩形 3 中。按照此思路，两地图重合的区域越来越小，最后会趋近于一个点。

其实，任意两个点之间的距离，经过放大或缩小后，距离肯定也变了，相对位置也变了，所以，在大地图和小地图上不可能重合。所以，选项 B 正确。

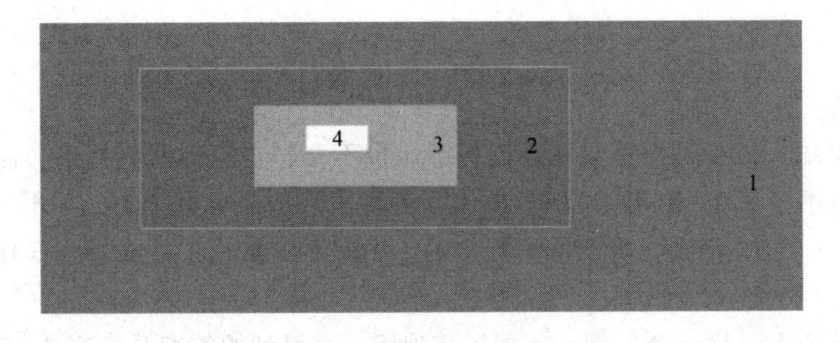

图 2-1　大地图和小地图

2.2.7 掰断多少次金条才能按要求给雇工报酬

难度系数：★★★★☆ **被考查系数：★★★☆☆**

题目描述：

麦秋时节，庄园主请了一个力大无穷的农民来帮他收割麦田里的麦子。农民必须在七天之内割完麦田里的麦子。庄园主答应每天给他一块金条作为工钱，但是这七块相等的金条是连在一起的，然而工钱是必须每天都结清的。农民不愿意庄园主欠账，而庄园主也不肯预付一天工钱，那么，庄园主最少掰断（ ）次能做到按要求给雇工报酬。

A．2 B．3 C．4 D．7

分析与解答：B。

本题中，最简单的方法是将金条平均分为 7 份，每份占 1/7，但很显然，这种方法分得太多了，不满足题目要求。那么，是否有更好的方法呢？答案是肯定的。考虑到现实情况，庄园主最少把金条分成 1/7、2/7、4/7 三份即可实现目标。具体步骤如下：

1）第一天结束后，庄园主给农民 1/7 块金条。

2）第二天结束后，庄园主给农民 2/7 块金条，并让农民找回 1/7 块金条。

3）第三天结束后，庄园主给农民 1/7 块金条，此时，农民手上的金条数量合计为 3/7 块金条，即原先的 2/7 与现在的 1/7 之和。

4）第四天结束后，庄园主给农民 4/7 块金条，让他找回手上的 1/7 和 2/7 的金条。

5）第五天结束后，庄园主给农民 1/7 块金条。

6）第六天和第二天一样，庄园主给农民 2/7 块金条，并让农民找回 1/7 块金条。

7）第七天结束后，庄园主给农民最后的 1/7 块金条。

很显然，只需要将金条分为 3 份，即可按要求给雇工报酬。所以，选项 B 正确。

2.2.8 握手次数是多少

难度系数：★★☆☆☆ **被考查系数：★★★★☆**

题目描述：

有 5 对夫妇，分别为甲、乙、丙、丁和戊，他们一起聚会，见面时互相握手问候，每个人都可以和其他人握手，但夫妇之间不能握手。聚会结束后，甲先生问其他人这样一个问题：各握了几次手，而得到的答案是：0，1，2，3，4，5，6，7，8。通过以上条件可知，甲太太握手次数是（ ）。

A．3 B．4 C．5 D．6

分析与解答：B。

根据常识可知，每个人都不会和自己握手，也不会和自己的配偶握手，而且，任意两人之间的握手次数不等于 2，但可能为 0，即由于各种原因造成可握手的人并不一定都握手。因此，5 对夫妇，一共 10 个人，握手次数最多的人的握手次数也不能大于 8（排除自己与自己家人）。

甲先生问其他人这样一个问题：各握了几次手，而得到的答案是：0，1，2，3，4，5，6，7，8。通过这个条件可以得出以下结论：握手次数为 8 的人和握手次数为 0 的人必定是一对夫妻。之所以能够得出这样的结论，是因为握手次数为 8 的人，他必定和除了自己太太以外的四对夫妇中的每个人都握了手，而通过这条结论又可以推理出另外一条结论，即剩下的四对夫妇中的每个人握手的次数都不能是零，那么，握手次数为零的人只能是这个握手次数为 8 的人的太太了。这样，就有一对夫妇的握手次数确定了。

既然握手次数之和为 8 的必定是一对夫妻，九人中又没有两个人握手的次数相同，所以，只有甲先生和甲太太握手次数同为 4 次。因此，选项 B 正确。

2.2.9 如何判断出坏鸡蛋

难度系数：★★★★☆ **被考查系数：★★★☆☆**

题目描述：

有十二个鸡蛋，其中一个是坏的（重量与其余鸡蛋不同），用天平最少称（　　）次，才能称出哪个鸡蛋是坏的。

A．1 次　　B．2 次　　C．3 次　　D．4 次

分析与解答：C。

假设这 12 个鸡蛋分别为 1,2,3,…,12。把这 12 个鸡蛋分成 3 组（1,2,3,4）、（5,6,7,8）和（9,10,11,12）。首先称（1,2,3,4）和（5,6,7,8），称的结果有如下几种可能：

第一种可能：（1,2,3,4）=（5,6,7,8）——第一次称重

说明 1～8 的鸡蛋都是好鸡蛋。此时，再接着称（6,7,8）和（9,10,11）——第二次称重

此时会存在以下三种可能：

1）如果（6,7,8）=（9,10,11），说明坏鸡蛋是 12。在这种情况下，只需要称 2 次就能找出坏鸡蛋。

2）如果（6,7,8）＞（9,10,11），说明坏鸡蛋在（9,10,11）中，同时可以说明坏鸡蛋一定比好鸡蛋轻。

接着称 9 和 10。如果 9=10，则说明 11 为坏鸡蛋；否则，轻的为坏鸡蛋——第三次称重

3）如果（6,7,8）＜（9,10,11），与（2）使用相同的方法称 3 次就可以得到坏鸡蛋。

第二种可能：（1,2,3,4）≠（5,6,7,8）——第一次称重

在这种情况下，说明坏鸡蛋一定在（1,2,3,4,5,6,7,8）中。

对于（1,2,3,4）＞（5,6,7,8）和（1,2,3,4）＜（5,6,7,8）两种情况，分析方法是类似的。

在这里以（1,2,3,4）＞（5,6,7,8）为例进行分析：

此时接着称重（1,2,5）和（3,4,6）——第二次称重

1）如果（1,2,5）=（3,4,6），说明坏鸡蛋一定在（7,8）中，而且坏鸡蛋一定比好鸡蛋轻。

接着称重（7,8），轻的就是坏鸡蛋——第三次称重

2）如果（1,2,5）＞（3,4,6），坏鸡蛋一定在（1,2,3,4,5,6）中，再继续称（2,3,5）和（1,4,7）。

① 如果（2,3,5）=（1,4,7），说明 6 是坏鸡蛋。

② 如果（2,3,5）＞（1,4,7），

假如坏鸡蛋重，此时坏鸡蛋为（1,2,3,4）∩（1,2,5）∩（2,3,5）=2。

假如坏鸡蛋轻，此时坏鸡蛋为（5,6,7,8）∩（1,4,7）∩（3,4,6）=空集。

说明坏鸡蛋一定更重，且坏鸡蛋为 2。

③ 如果（2,3,5）＜（1,4,7），与（2,3,5）＞（1,4,7）分析方法类似。

3）如果（1,2,5）＜（3,4,6），分析方法与（1,2,5）＞（3,4,6）的情况类似。

由此可见，用天平称 3 次就可以找出坏鸡蛋。所以，选项 C 正确。

2.3 概率与组合

2.3.1 抽球人数是多少

难度系数：★★★☆☆　　　　　　　　　　　　被考查系数：★★★★☆

题目描述：

在一个不透明的箱子里，一共有红、黄、蓝、绿和白五种颜色的小球，每种颜色的小球大小相同，质量相等，数量充足。每个人从箱子里抽出两个小球，如果要保证有两个人抽到的小球颜色相同，那么至少需要抽球的人数为（　　）。

A．11 个　　　B．8 个　　　C．16 个　　　D．13 个

分析与解答：C。

题目要求两个人抽到的小球颜色相同，而此题有两个关键点需要注意：第一，每个人取的是两个球，而不是一个球，所以，必须要求两个球的颜色都是一模一样的才能称为小球颜色相同；第二，每种球的数量是充足的，可以理解为球的数量是无限的，不存在某一种颜色的球被全部取完后面的人无法取到的情况。由于球的颜色有 5 种，根据排列组合原理，5 种情况下取的球的颜色情况可以分为两类情况：

1）取的两个球的颜色相同（每个人取的球的颜色是相同的），有 5 种情况。

2）取的两个球的颜色不同，C(5,2)=10，有 10 种情况。

以上两类情况合计有 15 种情况。如果前 15 个人取的球的颜色都不相同，那么当第 16 个人取球时，必然会与前面的 15 个人中的某一个人相同。由此可知，本题的答案为 16 个，即选项 C 正确。

2.3.2 案件发生在 A 区的可能性是多少

难度系数：★★☆☆☆　　　　　　　　　　　　被考查系数：★★★☆☆

题目描述：

S 市共有 A、B 两个区，人口比例为 3∶5。据历史统计，A 区的犯罪率为 0.01%，B 区的犯罪率为 0.015%，现有一起新案件发生在 S 市，那么案件发生在 A 区的可能性是（　　）。

A．37.5%　　　B．32.5%　　　C．28.6%　　　D．26.1%

分析与解答：C。

根据题目意思可知，假设 A 区的人数为 3X，那么，B 区人口数为 5X，A 区犯罪的人数为 3X×0.01%，B 区犯罪的人数为 5X×0.015%。A 区犯罪的可能性 =（A 区犯罪人数）/（A 区犯罪人数+B 区犯罪人数）=（3X×0.01%）/（3X×0.01%+5X×0.015%）=28.6%。所以，选项 C 正确。

2.3.3 男女比例将会是多少

难度系数：★★☆☆☆　　　　　　　　　　　　被考查系数：★★★☆☆

题目描述：

在一个世世代代都重男轻女的村庄里，村长决定颁布一条法律，村子里没有生育出儿子的夫妻可以一直生育直到生出儿子为止。假设现在村子上的男女比例是 1∶1，这条法律颁布之后的若干年后村子的男女比例将会（　　）。

A．男的多　　B．女的多　　C．一样多　　D．不能确定

分析与解答：C。

本题中，假设为了生育男孩，每个家庭孩子个数的期望值为 n，家庭孩子个数为 n 的概率为 p(n)，那么，可以有如下推理：

P(1)=0.5　　　　　//有一个孩子，只有可能是男孩，因此，概率为 0.5

P(2)=0.5×0.5　　　//有两个孩子，第一胎是女孩，第二胎是男孩

P(3)=0.5×0.5×0.5　//有三个孩子，第一胎是女孩，第二胎是女孩，第三胎是男孩

…

P(n)=0.5^n　　　　//有 n 个孩子，前 n−1 胎都是女孩，最后一胎是男孩

家庭孩子的期望值为：1×p(1)+2×p(2)+…+n×p(n)=2。

每个家庭孩子个数的期望值为 2，也就是说有一个男孩一个女孩。因此，男女个数是相等的。

还有一种简单的方法可以得出这个结论：在所有出生的第一个小孩中，男女比例是 1∶1；在所有出生的第二个小孩中，男女比例是 1∶1；以此类推，在所有出生的第 n 个小孩中，男女比例还是 1∶1。因此，男女个数总是相等的，总的男女比例是 1∶1。所以，选项 C 正确。

2.3.4 对称矩阵有多少个

难度系数：★★★☆☆　　**被考查系数：**★★☆☆☆

题目描述：

关于主对角线（从左上角到右下角）对称的矩阵为对称矩阵。如果一个矩阵中的各个元素取值为 0 或 1，那么该矩阵为 01 矩阵，大小为 N×N 的 01 对称矩阵的个数为（　　）。

A．power(2, n)　　B．power(2, n×n/2)

C．power(2, (n×n+n)/2)　　D．power(2, (n×n−n)/2)

分析与解答：C。

通过题意可知，对称矩阵可以根据对角线下方的元素推断出上方的元素。因此，只需要存储对角线及其以下的元素即可确定该矩阵内容。所以，可以得出这样一个结论，对称矩阵可由它的下三角矩阵唯一确定。

本题中，第一行需要填充 1 个元素，第二行需要填充 2 个元素，…，第 n 行需要填充 n 个元素，加起来有 1+2+3+…+n= n(n+1)/2 个元素。此外，每个数字是 0 或 1 两种可能。因此，一共有 power(2,n(n+1)/2)个不同的对角矩阵。所以，本题的答案为 C。

2.3.5 A、B 点有多少种走法

难度系数：★★★★☆　　**被考查系数：**★★★☆☆

题目描述：

在如下 8×6 的矩阵中，从 A 点移动到 B 点一共有（　　）种走法。要求每次只能向上或者向右移动一格，并且不能经过点 P。

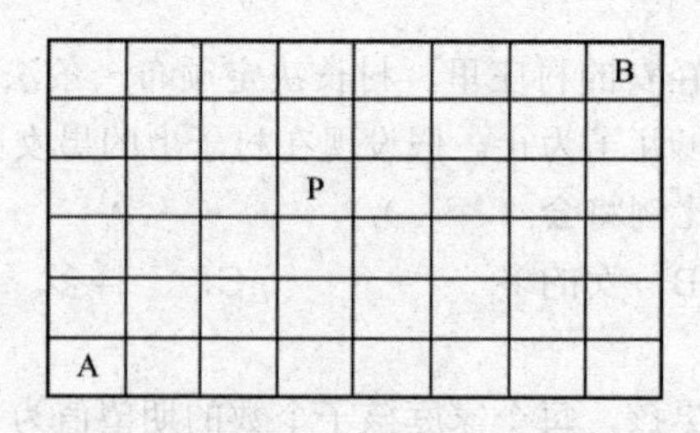

图 2-2　矩阵

A．492　　B．494　　C．496　　D．498

分析与解答：A。

本题中要求解两个点之间的可能路径条数，可以采用将不可能的路径条数排除的方法。假设向右走一步记为“右”，向上走一步记为“上”。在这样一个 8×6 的矩阵中，从 A 点到 B 点，共需要走 12 步，其中 7 步必须向右，5 步必须向上，但次序可以不同。于是，选定 5 个给“上”，剩下的 7 个给“右”，因此，一共存在是 C(7,12)种可能性。同时要求 P 点不能走，要排除经过 P 点（乘法原理）的情况，那么 A 点走到 P 点的可能次数是 C(3,6)，从 P 点走到 B 点的可能次数是 C(4,6)。因此，本题的结果是 C(7,12)−C(3,6)×C(4,6)=492。所以，选项 A 正确。

2.3.6　多少种排队方式

难度系数：★★★☆☆　　**被考查系数：**★★★☆☆

题目描述：

每年 9 月份是招聘旺季，此时很多同学会去图书馆借阅《程序员面试笔试宝典》这本书。现在图书馆外有 6 名同学排队，其中 3 名同学要将手中的《程序员面试笔试宝典》还至图书馆，有 3 名同学希望从图书馆中可以借到《程序员面试笔试宝典》。若当前图书馆内已无库存，要保证借书的 3 名同学都可以借到书，请问这 6 位同学有多少种排队方式（　　）。

A．60　　B．120　　C．180　　D．360

分析与解答：C。

本题中，一共有 6 个人参与借书与还书这个行为，而图书馆之前是没有图书的，所以，要保证借书的 3 名同学都能借到书，必须同时满足以下三个条件：

1）第 1 个同学肯定是还书的而不是借书的。如果第 1 个同学是借书的，那么他肯定借不到书，因为图书馆没有库存。所以，一共对应 3 种人的可能性。

2）最后 1 个同学肯定是借书的而不是还书的。如果最后 1 个同学是还书的，那么前面 5 个人肯定有 3 个借书的，2 个还书的，最终肯定有 1 个人借不到书，与要求不符合。所以，一共对应 3 种人的可能性。

3）中间的 4 个人其中有两个人是借书的，有两个人是还书的，一共有 A(4,4)种可能，合 24 种可能。但是其中有 4 种可能不合理，即 4 个人的借还书情况顺序为：借借还还，为什么要排除的数是 4 呢？因为借书对应两个人的行为，还书也对应两个人的行为，二者取积，其结果就是 4 了。

所以，一共有 3×3×(24−4)=180，选项 C 正确。

2.3.7 把球放到小桶中有多少种放法

难度系数：★★★☆☆ **被考查系数：★★★☆☆**

题目描述：

把 10 个不同的小球，放入 3 个不同的桶内，共有（　　）种放法。

A．1000　　B．720　　C．59049　　D．360

分析与解答：C。

本题中，10 个球都是不一样的，3 个桶也是不一样的，每一个球都可以放入任何一个桶内，每个球有 3 种放法，即为 3^10 种方法，3^10=59049。所以，选项 C 正确。

2.3.8 正确描述 100 台虚拟机发生故障的是哪一个

难度系数：★★★★☆ **被考查系数：★★★☆☆**

题目描述：

每台物理计算机可以虚拟出 20 台虚拟机，假设一台虚拟机发生故障当且仅当它所宿主的物理机发生故障。通过 5 台物理机虚拟出 100 台虚拟机，那么以下关于这 100 台虚拟机故障的描述中，正确的是（　　）。

A．单台虚拟机的故障率高于单台物理机的故障率

B．这 100 台虚拟机发生故障是彼此独立的

C．这 100 台虚拟机单位时间内出现故障的个数高于 100 台物理机单位时间内出现故障的个数

D．无法判断这 100 台虚拟机和 100 台物理机哪个更可靠

E．如果随机选出 5 台虚拟机组成集群，那么这个集群的可靠性和 5 台物理机的可靠性相同

分析与解答：C。

对于选项 A，由于一台虚拟机发生故障当且仅当它所宿主的物理机发生故障，所以，单台虚拟机的故障率等于单台物理机的故障率。因此，选项 A 错误。

对于选项 B，由于一台虚拟机发生故障当且仅当它所宿主的物理机发生故障，所以，当一台物理机发生故障时，它虚拟出来的所有虚拟机都会发生故障，即每台虚拟机的故障不是完全独立的。因此，选项 B 错误。

对于选项 C，由于一台物理机的故障会导致这台物理机虚拟出来的 20 台虚拟机的故障，所以，基于 5 台物理机搭建的 100 台虚拟机故障率肯定高于 100 台物理机。因此，选项 C 正确。

对于选项 D，由于虚拟机的故障是相关的，很明显，100 台物理机会比 100 台虚拟机更可靠。因此，选项 C 错误。

对于选项 E，如果随机选择 5 台虚拟机，如果都是属于同一个虚拟机，则这 5 台虚拟机的故障率等同于一台物理机。因此，选项 E 错误。

2.3.9 圆桌上一共有多少种坐法

难度系数：★★★☆☆ **被考查系数：★★★★☆**

题目描述：

村长带着 4 对父子参加《爸爸去哪儿》第三季第二站某村庄的拍摄。村里为了保护小孩不被拐走，有个规矩，那就是吃饭的时候小孩左右只能是其他小孩或者自己的父母。那么 4 对父子在圆桌上一共有（　　）种坐法（旋转一下，每个人面对的方向变更后算是一种新的坐法）。

A．144　　B．240　　C．288　　D．480

分析与解答：D。

根据题意，可以知道位置排列只有以下两种可能，如图 2-3 所示：

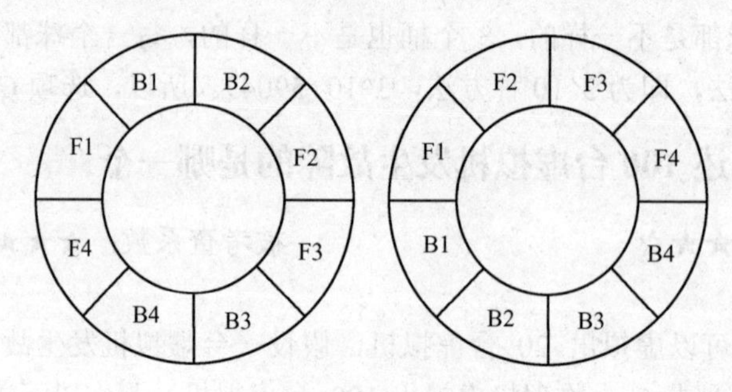

图 2-3　两种位置排列

对于第一种方式：由于孩子和孩子是面对面的，父亲和父亲是面对面的。所以，8 个位置可以等效为 4 个位置，孩子的位置定了，父亲的位置也就定了。而孩子的排列数为 4×3×2，旋转只有 4 种可能（因为等效下来只有 4 个位置）。所以，总可能数为 4×4×3×2=96。

对于第二种方式：孩子的排列有 4×3×2×1，孩子的位置定了，其中两位父亲的位置就定了，剩下两位父亲就可以随意排列了，此时可以旋转 8 次，总可能数为 8×4×3×2×2=384。

综上所述，总共有 384+96=480 种可能。所以，选项 D 正确。

2.3.10　兵马俑博物馆可容纳多少人

难度系数：★★☆☆☆　　**被考查系数：**★★★☆☆

题目描述：

如果兵马俑博物馆参观者到达的速率是每分钟 20 人，平均每个人停留 20 分钟，那么该博物馆至少需要容纳（　　）人。

A．100　　B．200　　C．300　　D．400

分析与解答：D。

本题中，参观者到达的速率是每分钟 20 人，平均每个人在馆内停留 20 分钟，在这 20 分钟里面，大家都还没走，那么总共需要同时容纳 20×20=400 人。所以，选项 D 正确。

2.3.11　两种策略的预期收益是多少

难度系数：★★★☆☆　　**被考查系数：**★★★☆☆

题目描述：

对立的两方争夺一个价值为 1 的物品，双方采取的策略可以分为鸽子策略和鹰策略。如果双方都是鸽子策略，那么双方各有 1/2 的概率获得该物品；如果双方均为鹰策略，那么双方各有 1/2 的概率取胜。胜方获得价值为 1 的物品，付出价值为 1 的代价，负方付出价值为 1 的代价。如果一方为鸽子策略，一方为鹰策略，那么鹰策略获得价值为 1 的物品，在争夺的结果出来之前，没人知道对方是鸽子策略还是鹰策略，当选择鸽子策略的人的比例是某一个值时，选择鸽子策略和选择鹰策略的预期收益是相同的，那么该值是（　　）。

A．0.2　　B．0.4　　C．0.5　　D．0.7

分析与解答：C。

本题中，假设选择鸽子的人的比例为 p，那么选择鹰的人的比例为 1-p。此时选择鸽子的预期收益为：p×1/2×1/2（对方选择鸽子的收益）+ 0（对方选择鹰的收益），选择鹰的预期收益为：((1-p)×1/ 2×(1-1)+(1-p)×1/ 2×(-1))×1/2（对方选择鹰的收益）+(1-p)×1×1/2（对方选择鸽子的收益）。如果鸽子和鹰的预期收益一样，则 p×1/2×1/2 =(1-p)×1/ 2×(-1)×1/2 +(1-p)×1×1/2，得到 p=0.5。所以，选项 C 正确。

2.3.12　拾起别人帽子的概率是多少

难度系数：★★★☆☆　　**被考查系数：**★★★☆☆

题目描述：

毕业典礼后，某宿舍三位同学把自己的毕业帽扔在地上，随后每个人随机拾起帽子，三个人中没有人选到自己原来戴的帽子的概率是（　　）。

A．1/2　　B．1/3　　C．1/4　　D．1/6

答案：B。

本题中，不考虑任何情况，捡到帽子的情况有 3×2×1=6 种。

每个人都不能捡到自己的帽子，情况有两种：A-c、B-a、C-b 或者 A-b、B-c、C-b，其中大写的 A、B 和 C 分别代表三位同学，小写的 a、b 和 c 分别代表 A、B 和 C 三个人的帽子，那么应该是 2/6=1/3。所以，选项 B 正确。

2.3.13　合法表达式有多少个

难度系数：★★★☆☆　　**被考查系数：**★★☆☆☆

题目描述：

一个合法的表达式由括号()包围，括号()可以嵌套和连接，如(())()也是合法的表达式。现有 6 对括号()，它们可以组成的合法表达式的个数为（　　）。

A．15　　B．30　　C．64　　D．132

分析与解答：D。

本题中，可以把左括号看作 1，右括号看作 0，这些括号的组合就是 01 的排列。此时需要满足从第一个数开始的任意连续子序列中，0 的个数不多于 1 的个数，也就是右括号的个数不多于左括号的个数。

假设不考虑这个限制条件，那么全部的 01 排列共有 C(2n,n)种，也就是一半为 0，一半为 1 的情况。需要注意的是，最终的结果还需要考虑一些不符合项的内容。

在任何不符合条件的序列中，找出使得 0 的个数超过 1 的个数的第一个 0 的位置，然后在导致并包括这个 0 的部分序列中，以 1 代替所有的 0 并以 0 代表所有的 1。结果总的序列变成一个有(n+1)个 1 和(n-1)个 0 的序列，而且这个过程是可逆的。也就是说，任何一个由(n+1)个 1 和(n−1)个 0 构成的序列都能反推出一个不符合条件的序列，所以，不符合条件的序列个数为 C(2n,n−1)。合法的排列数有 C(2n,n)−C(2n,n−1)=C(12,6)−C(12,5)=132。因此，选项 D 正确。

2.3.14 会写 Java 和 C++程序的有多少人

难度系数：★★★☆☆　　　　被考查系数：★★★☆☆

题目描述：

某团队有 2/5 的人会写 Java 程序，有 3/4 的人会写 C++程序，那么这个团队里同时会写 Java 程序和 C++程序的至少有（　）人。

A. 3　　B. 4　　C. 5　　D. 8

分析与解答：A。

本题中，2/5 的 5 和 3/4 的 4 的最小公倍数为 20，所以，会 Java 语言的至少有 8 个人（也可能是 8 的若干倍），会 C++语言的有 15 个人（也可能是 15 的若干倍）。那么，同时会使用 Java 语言和 C++语言的人至少有 8+15−20=3。所以，至少有 3 个人同时会 Java 语言和 C++语言。因此，选项 A 正确。

2.3.15 乘坐甲车的概率是多少

难度系数：★★☆☆☆　　　　被考查系数：★★★☆☆

题目描述：

甲乙两路公交车间隔均为 10 分钟，公交车发车时刻的分钟数个位分别是 1 和 9，那么对于一个随机到达的乘客，他乘坐甲车的概率为（　）。

A. 0.1　　B. 0.2　　C. 0.3　　D. 0.9

分析与解答：B。

本题中，对于一名乘客而言，每 10 分钟里面，如果他在时间区间[0,1)或[9,10]内到达公交站，那么他会乘坐公交车甲，此时他坐甲车的概率 p 为 0.2。如果他在时间区间[1,9)内到达公交站，那么他会乘坐公交车乙，此时他乘坐乙车的概率 q 为 0.8。所以，选项 B 正确。

2.3.16 A 到 Z 的最短路径数是多少

难度系数：★★★★☆　　　　被考查系数：★★★☆☆

题目描述：

假设图 2−4 中每个正方形的边长为 1，则从 A 到 Z 的最短路径条数为（）。

A. 11　　B. 12　　C. 13　　D. 14

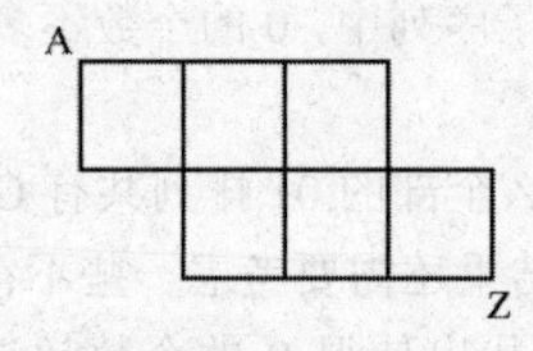

图 2−4　多个正方形

分析与解答：C。

本题中，假设为图 2-4 的左下角与右上角补充两个小正方形，那么此时从点 A 到点 Z 需要横着走 4 格，竖着走 2 格，此时最短路径有 C(6, 2)或 C(6, 4)种情况，即(6×5)/2=15 种情况。当然，最终结果不是 15，由于整个图形补充了两个缺口，所以，必须在 15 的基础上减去 2，最终结果为 15-2=13。因此，选项 C 正确。

2.3.17 选取红黄白球的概率是多少

难度系数：★★★☆☆ **被考查系数：★★★☆☆**

题目描述：

袋中有红球、黄球和白球各一个，每次任意取一个放回袋里，如此连续 3 次，则下列事件中概率是 8/9 的是（ ）。

A．颜色不全相同 B．颜色全不相同 C．颜色全相同 D．颜色无红色

分析与解答：A。

对于选项 A，如果每次任取一个球，则取到一个红球、一个黄球和一个白球的概率相等，均为 1/3，所以，颜色不全相同的概率 P1=1-C(3,1)×1/3×1/3×13=8/9。因此，选项 A 正确。

对于选项 B，颜色全不相同的概率 P2=C(3,1)×C(2,1)/3×3×3=2/9。因此，选项 B 错误。

对于选项 C，颜色全相同的概率 P3= C(3,1)×1/3×1/3×1/3=1/9。因此，选项 C 错误。

对于选项 D，颜色无红色，表明在三次取球的过程中，每次取到的都是其他颜色的球，颜色无红色的概率 P4=2/3×2/3×2/3=8/27。因此，选项 D 错误。

2.3.18 一共有多少种染色情况

难度系数：★★★★☆ **被考查系数：★★★☆☆**

题目描述：

用两种颜色去染排成一个圈的 6 个棋子，如果是通过旋转得到的则只能算一种排列方式，那么一共有（ ）种染色情况。

A．10 B．11 C．14 D．15

分析与解答：C。

本题中，假设两种颜色分别是黑色与白色，默认情况下是白色，考虑到通过旋转得到的形式只能算为一种。那么，用 P(n)表示有 n 个黑棋的种类，此时可以得出以下结论：

1）p(0)=p(6)=1。全是白色或者全是黑色，只存在 1 种可能情况。

2）p(1)=p(5)=1。1 个白棋子与 5 个黑棋子或者 1 个黑棋子与 5 个白棋子，只存在 1 种可能情况。

3）P(2)=p(4)=3。存在 3 种可能，分别是黑白棋子相邻的一种，隔一个的一种，隔两个的一种。

4）p(3)=4。3 个黑棋子与 3 个白棋子，一共四种组合，分别是黑黑黑白白白、黑黑白黑白白、黑黑白白黑白、黑白黑白黑白。

一共有 P(0)+P(1)+P(2)+P(3)+P(4)+P(5)+P(6)=14 种染色方案。所以，选项 C 正确。

2.3.19 肇事车是白车的概率是多少

难度系数：★★★☆☆ **被考查系数：★★★★☆**

题目描述：

某城市发生了一起汽车撞人逃逸事件，该城市只有两种颜色的车，其中白色车占 15%，黑色车占 85%。事发时有一个人在现场看见似乎是一辆白色的车，但是根据专家在现场分析，在当时那种条件能看准确的可能性是 80%。那么，肇事车是白车的概率是（）。

A．12%　　B．29%　　C．41%　　D．80%

分析与解答：C。

本题中，肇事车的情况一共存在着以下 4 种可能性：

1）如果肇事车是白色车，被正确识别的概率 P1 = 15%×80%=12%。

2）如果肇事车是白色车，被看成是黑车的概率 P2 = 15%×20%=3%。

3）如果肇事车是黑色车，被正确识别的概率 P3 = 85%×80%=68%。

4）如果肇事车是黑色车，被看成是白车的概率 P4 = 85%×20%=17%。

所以，肇事车是白色车的概率 P = P1/(P1+P4) = 12%/(12%+17%) = 41.3%。因此，选项 C 正确。

2.3.20　获得冠军的情况有多少种

难度系数：★★★☆☆　　**被考查系数：**★★★☆☆

题目描述：

有 5 名同学争夺 3 项比赛的冠军，若每项比赛只设 1 名冠军，则获得冠军的可能情况的种数是（　　）。

A．120 种　　B．130 种　　C．60 种　　D．125 种

分析与解答：D。

本题中，由于没有明确规定冠军不能是一个人，所以，能够得知各项比赛的冠军可以是同一个人。因此，每一个冠军头衔可能有 5 种不同的情况，由乘法原理可知，获得冠军的可能情况的种数是：5×5×5=125。所以，选项 D 正确。

2.3.21　一红一黑的概率是多少

难度系数：★★★☆☆　　**被考查系数：**★★★☆☆

题目描述：

从一副牌（52 张，不含大小王）里抽出两张牌，其中一红一黑的概率是（　　）。

A．25/51　　B．1/3　　C．1/2　　D．26/51

分析与解答：D。

每副牌中，有四种花色的牌以及大小王，各个花色的牌都是 13 张，分别为 1、2、3、4、5、6、7、8、9、10、J、Q、K，从 52 张牌中抽两张牌，一共有 C(52,2)种情况。一红指的是红桃与方片，一黑指的是黑桃与梅花，抽到一红的可能情况是 C(26,1)，抽到一黑的可能情况是 C(26,1)。所以，抽到一红一黑的概率 P=C(26, 1)×C(26, 1)/C(52, 2)=26/51。因此，选项 D 正确。

2.3.22　谁会赢

难度系数：★★★☆☆　　**被考查系数：**★★★☆☆

题目描述：

有一堆石子共 100 枚，甲乙轮流从该堆中取石子，每次可取 2 枚、4 枚或 6 枚，假设取得最后一枚石子的玩家为赢，若甲先取，则（　　）。

A．谁都无法取胜　　B．乙必胜　　C．甲必胜　　D．不确定

分析与解答：C。

很显然，只要先取的人保证最后剩 8 枚，无论后取的人取几枚石子（如果后取石子的人取 2 枚，则先取石子的人取 6 枚；如果后取石子的人取 4 枚，则先取石子的人取 4 枚；如果后取石子的人取 6 枚，则先取石子的人取 2 枚），先取石子的人都可以取得胜利。

所以，只要先取的人能够保证最后剩余 8 枚即可保证自己获得胜利。那么，问题来了，如何保证呢？其实很简单，只要保证每一个回合内取的数是一个可控的固定数即可，显然，8 就是这个固定数。先取的人只需要保证第一次取完后，剩下的数字是 8 的倍数，以后无论后取的人怎么取，只要先取的人取的石子数与后取的人取的石子数相加为 8，就一定能胜。100%8＝4，所以，本题中，只需要甲先取 4 枚石子，然后在后续的取数中，每一个回合所取数与上一个回合乙所取数之和为 8，就能保证必胜。因此，选项 C 正确。

2.3.23　描述正确的是哪一项

难度系数：★★☆☆☆　　　　**被考查系数：**★★★☆☆

题目描述：

有朋自远方来，他乘火车、轮船、汽车或飞机来的概率分别是 0.3、0.2、0.1 和 0.4，坐各交通工具迟到的概率分别是 1/4、1/3、1/12 和 0，下列语句中正确的是（　　）。

A．如果他准点，那么他乘飞机的概率大于等于 0.5

B．坐陆路（火车，汽车）交通工具准点机会比坐水路（轮船）要低

C．如果他迟到，那么他乘火车的概率是 0.5

D．如果他准点，那么他坐轮船或汽车的概率等于坐火车的概率

分析与解答：C、D。

假设“朋友乘火车、轮船、汽车、飞机来”分别为事件 a、b、c、d，根据题意，事件 a、b、c、d 之间是互斥的，且 P(a)=0.3，P(b)=0.2，P(c)=0.1，P(d)=0.4，那么他坐各交通工具不迟到的概率分别是：1−1/4=3/4，1−1/3=2/3，1−1/12=11/12，1−0=1。根据这些条件，可以得出以下结论：

对于选项 A，如果他准点，那么他乘飞机的概率 P1 = (0.4×1)/(0.3×3/4+0.2×2/3+0.1×11/12+ 0.4×1)=8/17=0.47，该值比 0.5 小。所以，选项 A 错误。

对于选项 B，他乘火车的准点率 P2=0.3×3/4=9/40=27/120=0.225，他坐汽车的准点率 P3=0.1×11/12=11/120=0.0917，他坐轮船的准点率 P4=0.2×2/3=2/15=16/120=0.133，显然，他坐火车准点机会比坐轮船要高。所以，选项 B 错误。

对于选项 C，如果他迟到，那么他乘火车的概率 P5=(0.3×1/4)/(0.3×1/4+0.2×1/3+0.1×1/12+0.4×0)=0.5。所以，选项 C 正确。

对于选项 D，如果他准点，那么他/她乘轮船的概率 P6=(0.2×2/3)/(0.3×3/4+0.2×2/3+0.1×11/12+ 0.4×1)=8/51，他乘汽车的概率 P7=(0.1×11/12)/(0.3×3/4+0.2×2/3+0.1×11/12+0.4×1)=11/102，他乘火车的概率 P8=(0.3×3/4)/(0.3×3/4+0.2×2/3+0.1×11/12+0.4×1)=9/34。此

时，乘轮船或汽车的概率：8/51+11/102=9/34，即等于乘火车的概率。所以，选项 D 正确。

因此，本题的答案为 C、D。

2.4 数学计算

2.4.1 一共等了女神多少分钟

难度系数：★★★☆☆　　　　　　　　　　被考查系数：★★★★☆

题目描述：

实验高中的小明暗恋女神同学已经三年了，高考结束后，小明决定向女神同学表白。这天，小明来到女神楼下等待女神的出现，时间一分一秒地流逝，两个多小时过去了，女神还没有出现。小明看了下表，时针和分针的位置正好跟开始等的时候互换，请问小明一共等了女神（　）分钟。

A．165　　　　B．150　　　　C．172　　　　D．166

分析与解答：D。

根据题目中的描述，可以画一个表示时针与分针的图例，如图 2-5 所示。

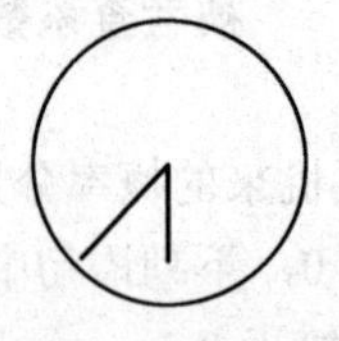 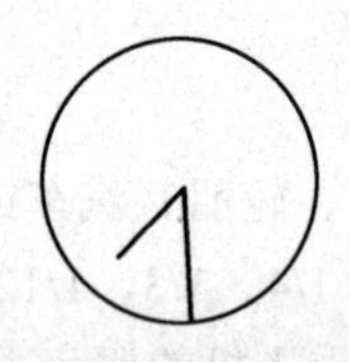

图 2-5　时针与分针互换

假设小明开始等待女神的那一时刻时针与分针的夹角为 θ 弧度，那么，等到时针与分针正好互换位置时，时针走过了 θ 弧度。而由于分针转动一圈表示的时间为一个小时，钟表一圈是一个圆，表示的弧度值为 2π，分针因为要转若干圈才能到达时针的位置，记分钟所转圈数为 n，此时分针转过的角度则为(2πn−θ)弧度。

题目强调，"时间一分一秒地流逝，两个多小时过去了，女神还没有出现"，通过这条信息可知，分针转了 2 到 3 圈，接近 3 圈，此时的 n 值取 3。所以，时针转过的角度值为 θ，分针转过的角度值为 $2\pi\times3-\theta=6\pi-\theta$。

对于时针而言，2π 代表一圈，即 12 个小时，那么 弧度 θ 表示的时间值为 $12\times\theta/2\pi$ 小时；对于分针而言，2π 代表一圈，即 60 分钟，那么$(6\pi-\theta)$表示的是 $60\times(6\pi-\theta)/2\pi$ 分钟。由于时钟走过的时间值与分钟走过的时间值所代表的时间量是一个量，故而二者是相等的，由此可以构建如下等式关系：

$$(12\theta/2\pi)\times60=60\times(6\pi-\theta)/2\pi$$

求解上述等式可知，$\theta=6\pi/13$，即小明等待的时间反映在钟表上为 6π/13 弧度值。所以，小明一共等了 $12\times(6\pi/13)/2\pi$ 小时，即 36/13 小时，合 166 分钟。因此，选项 D 正确。

2.4.2 使用了什么进制运算

难度系数：★★★★☆　　　　　　　　　　被考查系数：★★★☆☆

题目描述：

如果等式 12×25=311 成立，那么使用的是（　　）进制运算。

A. 7　　B. 8　　C. 9　　D. 11

分析与解答：C。

当进行乘法运算时，无论是什么进制的数进行运算，其基本方法都是相同的。以十进制数的计算为例：2×5=10。如果是七进制，那么运算结果最后一位一定是 10%7=3，相乘后进位值为 10/7=1。同理，如果是八进制，相乘结果最后一位一定等于 10%8=2。如果是九进制，最后一位一定是 10%9=1。如果是十一进制，最后一位一定是 10%11=A（类似于十六进制中，使用 A 表示数字 10）。

本题中，计算结果为 311，最后一位为 1，可以排除选项 A、选项 B 和选项 D，只有选项 C 满足题意，所以，选项 C 正确。

2.4.3　三角形有多少个

难度系数：★★★☆☆　　**被考查系数：**★★★☆☆

题目描述：

平面内一共有 11 个点，由它们连成 48 条不同的直线，由这些点可连成的三角形个数为（　　）。

A. 162　　B. 158　　C. 160　　D. 165

分析与解答：C。

题目告知，平面内有 11 个点，如果这些点中任意三个点都没有共线，那么一共有 C(11,2)=55 种情况。但是根据题意可知，这 11 个点能连接成 48 条直线，那么这些点中必定有三点共线以及三点以上的共线，一共 55-48=7 种情况。

而这 7 种三点共线的情况又可以划分为以下多种情况：

1）假设只有 3 点共线，令 3 点共线的直线有 x 条，那么可以组成的直线在 55 的基础上应该减去这种情况的可能性，即 C(11,2)-x×C(3,2)+1=48，3×x=8，由于解算出来的 x 的值不是整数。所以，此种情况不满足条件。

2）假设只有 4 点共线，令 4 点共线的直线有 x 条，那么可以组成的直线在 55 的基础上应该减去这种情况的可能性，即 C(11,2)-x×C(4,2)+1=48，6×x=8，由于解算出来的 x 的值不是整数。所以，此种情况不满足条件。

3）假设只有 n(n>4)点共线，方法同上，也无法满足条件。

4）若有 3 点共线及 4 点共线的两种，令 3 点共线的直线有 x 条，4 点共线的有 y 条，则有 $C_{11}^2-xC_3^2-yC_4^2+x+y=48$，即 $2x+5y=7$，所以，$x=1$，$y=1$。这 11 个点中，必定有一组 3 点共线，并且还有一组 4 点共线。由于 3 点共线、4 点共线都不能组成三角形。所以，这 11 个点能组成的三角形的个数为，C(11,3)-C(3,3)-C(4,3)=165-1-3=160（本题不考虑三角形两边之和大于第三边的要求）。

5）若有 3 点共线、4 点共线及 5 点共线的三种，分析方法相同。可知方程无解，超过以上情况的多点共线的情况也不符合题意。

所以，本题的答案为 160，选项 C 正确。

2.4.4 数列的规律是什么

难度系数：★★★☆☆　　　　被考查系数：★★★★☆

题目描述：

1，4，5，6，7，9，11，（　）。

A．8　　B．12　　C．15　　D．100

分析与解答：C。

本题中，最重要的解题方法就是找出数列的规律，从而推导出最后一个数是多少。通过分析已有的 7 个数，不难发现：第二项+第七项 = 4+11=15，第三项+第六项 = 5+9 = 14，第四项+第五项 = 6+7 = 13，两个数的和依次递减。可以推出这样一个结论：第一项+第八项 = 16，因为第一项的值为 1，所以，第八项=16-1=15。因此，选项 C 正确。

2.4.5 数列使用了什么规律

难度系数：★★★★☆　　　　被考查系数：★★★☆☆

题目描述：

8，8，12，24，60，（　　）。

A．90　　B．180　　C．120　　D．240

分析与解答：B。

本题是一个数列找规律的题型，经常出现在小学奥数或是高中升学考试中，考查考生的逻辑思维能力。

虽然此题中相邻项的商并不是一个常数，但它们是按照一定规律排列的。不难发现，本题中后一项除以前一项的结果构成一个等差数列，公差 1/2，即除第一项以外的每一项都等于其前一项的值乘以(1+0.5×n)，n 的值是从 0 开始的自然数。具体为：8×1=8，8×1.5=12，12×2=24，24×2.5=60。根据这一规律，60 后面的数的值应为 60×3=180。所以，选项 B 正确。

2.4.6 余数是多少

难度系数：★★★☆☆　　　　被考查系数：★★★★☆

题目描述：

123456789101112…2014 除以 9 的余数是（　　）。

分析与解答：1。

123456789101112…2014 可以分解为以下形式：1×10^n+2×10^(n-1)+…+2014（①式）。而 10^m-1（m 为自然数）都可以被 9 整除，一个能够被 9 整除的数具有这样一个特点：各个数位上的数字之和能被 9 整除，可以使用 1×9999…9（共 n-1 个 9）+2×9999…9（共 n-2 个 9）…+2013×9（②式）来表示一个能够整除 9 的数，用①式减掉②式之后，其余数不变。而①式减掉②式以后，其结果变为 1+2+…+2014。所以，本题的问题就转换为了求 1+2+…+2014 的和除以 9 得的余数了，而 1+2+…+2014=(1+2014)×2014/2=2029105。不能被 9 整除的数具有这样一个特点：如果各位数字之和不能被 9 整除，那么得的余数就是这个数除以 9 得的余数。对于数字 2029105 而言，2+0+2+9+1+0+5=19，对于 19 而言，1+9=10，对于 10 而言，1+0=1，所以，2029105 %9=1。因此，123456789101112…2014 除以 9 的余数是 1。

2.4.7 如何才能找到最好的羽毛球员工

难度系数：★★★★☆　　　　被考查系数：★★★☆☆

题目描述：

公司里面有 1001 个员工，现在要在公司里面找到最好的羽毛球选手，也就是第一名。每个人都必须参赛，那么至少要比赛多少次才能够找到最好的羽毛球员工？

分析与解答：本题中，可以采用两两比赛的方式找出最好的羽毛球员工。具体而言，就是将 1001 个员工两两分组，分成 500 组，然后剩下一个人，采用二者之间取高手的方法，即类似于归并排序的方式。比出冠军后，让冠军之间再比，主要想想多余的那一个选手如何处理，必然要在第一次决出冠军后加入比赛组。具体过程如下：

1）分成 500 组，1 人空出　　（500 次，淘汰 500 人）
2）250 组，空 1 人　　（250 次，淘汰 250 人）
3）125 组，空 1 人　　（125 次，淘汰 125 人）
4）63 组　　（63 次，淘汰 63 人）
5）31 组，空 1 人　　（31 次）
6）16 组　　（16 次）
7）8 组　　（8 次）
8）4 组　　（4 次）
9）2 组　　（2 次）
10）1 组　　（1 次，得出冠军）

结果：

如果是两两比赛，次数是：500+250+125+63+31+16+8+4+2+1 = 1000 次。

如果是场次，次数是：10 场比赛。

如果只求两两比赛的次数，可以用另外一个简单的方法来考虑，每一场比赛只能淘汰一个人，只有比 1000 场比赛才能淘汰掉 1000 个人，从而剩余最后一个，一定是第一名。

2.4.8 亮着的灯泡有多少个

难度系数：★★★☆☆　　　　被考查系数：★★★★☆

题目描述：

现在有 100 个灯泡，每个灯泡都是关着的。第一趟把所有的灯泡打开，第二趟把偶数位的灯泡置反（也就是开了的关掉，关了的打开），第三趟让第 3，6，9…的灯泡置反…第 100 趟让第 100 个灯泡置反，那么经过一百趟以后有多少灯泡亮着？

分析与解答：根据题目意思可以得出以下三个结论：

1）对于每盏灯，当拉动的次数是奇数时，灯就是亮着的，当拉动的次数是偶数时，灯就是关着的。

2）每盏灯拉动的次数与它的编号所含约数的个数有关，它的编号有几个约数，这盏灯就被拉动几次。

3）1～100 这 100 个数中有哪几个数，约数的个数是奇数。

由于最开始灯是灭的，所以，只有经过奇数次改变开关状态的灯是亮的，相对应的数学解释就是灯的编号有奇数个不同的约数。一个数的约数都是成对出现的，只有完全平方数，它的约数个数才是奇数。例如：1 的约数为 1，4 的约数为 1、2、4，9 的约数为 1、3、9，以此类推，这 100 盏灯中有 10 盏灯是亮着的。它们的编号分别是： 1、4、9、16、25、36、49、64、81、100。

2.4.9 工作时长是多少

难度系数：★★★☆☆　　　　　　　　　　被考查系数：★★★★☆

题目描述：

有 A、B、C 三个人负责装修房子，一面墙，单独工作时，A 需要花费 18 小时砌好，B 需要花费 24 小时，C 需要花费 30 小时。现 A、B、C 三人按顺序轮流砌墙，每人工作 1 小时换班，完工时，B 总共工作了（　　）小时。

A．8 小时　　　B．7 小时 44 分　　　C．7 小时　　　D．6 小时 48 分

分析与解答：B。

根据题目意思可知，A 工作一个小时完成整个工程量的 1/18，B 工作一个小时完成整个工程量的 1/24，C 工作一个小时完成整个工程量的 1/30。由于 A、B、C 三个人按顺序轮流砌，每人工作 1 小时换班，所以 A、B、C 三个人每三小时的工程量为 1/18+1/24+1/30，合计 47/360。而 360 除以 47 得 7 余 31，也就是说，3 个人一共工作了 7 个三小时后，还剩余 31/360 的工作量未能完成。此时轮到 A 工作，A 每小时完成整个工程量的 1/18。所以，剩下的 31/360−1/18=11/360 的工程量需要 B 来完成，完成 11/360 的工程量，B 需要花费的时间为 11×24/360=11/15 小时。由此可知，B 的工作时间为 7 小时+(11/15)×60 分钟，即 7 小时 44 分。因此，选项 B 正确。

2.4.10 最小夹角是多少度

难度系数：★★★★☆　　　　　　　　　　被考查系数：★★★★☆

题目描述：

假如何老师看到摆钟的时间是 17:32 分，那么此时时针跟分针的最小夹角是（　　）。

A．25°　　　B．26°　　　C．28°　　　D．32°

分析与解答：B。

首先，选定一个参考物，以 12 点正点刻度顺时针作为参考量，算出时针与该参考量的偏移量，然后算出分针与该参考量的偏移量，二者相减可以求解出时针与分针的夹角。

众所周知，时针行走一圈为 360°，合 12 个小时。所以，时针每小时转动的角度值为 360°/12=30°，下午 17:32 分的时针的偏移量为 30°×(5+32/60)=166 度，即时针与 12 点正点时刻的夹角为 166°。分针每行走一圈为 360°，合 1 个小时（60 分钟）。所以，分针每分钟转动的角度值为 360°/60=6°，下午 17:32 分的分针的偏移量为 6×32=192°。

时针与分针的差值即为所求解，192°−166°=26°。所以，选项 B 正确。

2.4.11 求解到的余数是多少

难度系数：★★★☆☆　　　　　　　　　　被考查系数：★★★☆☆

题目描述：

若被除数为二进制数 110110，除数为二进制数 111，则余数为（ ）。

A．100　　B．101　　C．110　　D．111

分析与解答：B。

本题可以首先将二进制转换为十进制，进行求解后，再转换为二进制。

二进制数 110110 对应的十进制数为 32+16+4+2=54，二进制数 111 对应的十进制数为 4+2+1=7，计算 54%7 得到的结果为 5，用二进制表示为 101。所以，选项 B 正确。

2.4.12　如何正确计算余数

难度系数：★★★☆☆　　**被考查系数：**★★★☆☆

题目描述：

87 的 100 次方除以 7 的余数是（ ）。

A．1　　B．2　　C．3　　D．4

分析与解答：D。

对于取余运算符%，满足如下等式关系：(a×b)%c=(a%c)×(b%c)%c，所以，(87^100)%7=(87%7)^100%7 =(3^100)%7。对于任意 n（n≥0），(3^n)%7 只存在 6 种可能，依次为 1、3、2、6、4 和 5，根据等式递推可得到：87^100%7=3^100%7=9^50%7=2^50%7=32^10%7= 4^10%7=16^5%7= 2^5%7= 32%7=4。所以，选项 D 正确。

2.4.13　最高效的矩形是哪个

难度系数：★★★☆☆　　**被考查系数：**★★☆☆☆

题目描述：

计算三个稠密矩阵 A、B、C 的乘积 ABC，假定三个矩阵的尺寸分别为 m×n、n×p 和 p×q，且 m<n<p<q，以下计算顺序中，效率最高的是（ ）。

A．(AB)C　　B．A(BC)　　C．(AC)B　　D．(BC)A

分析与解答：A。

根据矩阵运算知识，可以排除选项 C 与选项 D，因为矩阵 A 与矩阵 B 相乘，矩阵 A 的列数必须与矩阵 B 的行数相等。

对于选项 A 与选项 B，一个 m×n 的矩阵 A 乘以 n×q 的矩阵 B，会用矩阵 A 的第一行，乘以矩阵 B 的第一列并相加。这一运算需要耗费 n 次乘法以及 n−1 次加法，矩阵 B 有 q 列，矩阵 A 有 m 行。所以，A×B 的复杂度为 m×(2n−1)×q。

根据上面的分析可知，选项 A 的复杂度为 m×(2n−1)×p + m×(2p−1)×q，而选项 B 的复杂度为 m×(2n−1)×q+ n×(2p−1)×q，很显然，选项 A 的效率高于选项 B。所以，选项 A 正确。

2.4.14　可以实现的函数是哪个

难度系数：★★★☆☆　　**被考查系数：**★★★☆☆

题目描述：

假设 rand_k 函数会随机返回一个[1, k]之间的随机数（k≥2），并且每个整数出现的概率相等。目前有 rand_7 函数，通过调用它和四则运算符，并适当增加逻辑判断和循环控制逻辑，下列函数可以实现的有（ ）。

A．rand_3　　B．rand_21　　C．rand_23　　D．rand_47

分析与解答：A、B、C、D。

本题中，rand_k 函数会随机返回一个[1, k]之间的随机数（k≥2），并且每个整数出现的概率相等。对于 rand_x（x＜7），可以采取直接截断的方式，即只要 rand 函数生成的随机数大于 x，则直接忽略，重新取值，直至取到小于等于 x 的数字返回。这样可以保证 rand_x 能够做到等概率产生随机数。所以，选项 A 正确。

对于 rand_x（x＞7），可以采用 7×rand_7+rand_7 的方式等概率生成。由于 rand_7 函数产生随机数的范围是[1, 7]，所以 7×rand_7+rand_7 表达式的范围为[8, 56]，即可以得到 1/49 等概率的 8～56，只要在产生的时候减 7，就可以得到等概率 1/49 的 1～49。当要产生 rand_21 时，只需要把 rand_49 截断成 rand_42，统一除以 2 即可。因此，选项 B 正确。

同理可知，选项 C 与选项 D 正确。所以，本题的答案为 A、B、C 和 D。

2.4.15　可以兑换多少瓶加多宝

难度系数：★★★☆☆　　**被考查系数：**★★★☆☆

题目描述：

小胖欲用积分兑换加多宝，兑换的规则是每 10 个积分可以兑换一瓶加多宝并返还 5 个积分。小胖现有 200 个积分，那么他最多可以兑换到的加多宝数量是（　　）。

A．38　　B．39　　C．40　　D．41

分析与解答：B。

本题中，根据兑换规则，每 10 个积分可以兑换一瓶加多宝并返还 5 个积分，换一个角度看，每瓶加多宝只需要 5 个积分即可。表面上看，200 个积分可以换 200/5=40 个加多宝，但是这忽略了一个前提，就是小胖手中必须至少有 10 个积分的时候，加多宝才能兑换，并返回 5 个积分，否则 5 个积分等价于一瓶加多宝这条结论就不成立。所以，200 个积分的前 190 个积分可以按照每 5 个积分换一瓶加多宝换取，此时可以换取 190/5=38 瓶。当小胖手中还有最后 10 个积分时，他还可以兑换一瓶加多宝，同时返还 5 个积分，而最后剩下的 5 个积分是没法单独兑换加多宝的。因此，小胖手中的 200 个积分，最多可以兑换到的加多宝数量为 39 瓶。所以，选项 B 正确。

2.4.16　共赚多少钱

难度系数：★★★☆☆　　**被考查系数：**★★★★☆

题目描述：

店主销售电话卡，他以 60 元的价格销售两张，其中一张赚了 20%，另一张亏了 20%，那么他总共赚了（　　）元。

A．−10　　B．10　　C．−5　　D．0

分析与解答：C。

对于店主而言，假设赚了 20%的那张电话卡的进价为 x 元，亏了 20%的那张电话卡的进价为 y 元，根据题意，可得以下两个等式：

（1）y×(1+20%) =60

（2）y×(1−20%) =60

所以，x=50(元)，y=75(元)。

两张电话卡的进价和为 50+75=125(元)，而售价和为 60+60=120(元)，因此，店主总共赚了 120−125=−5(元)。所以，选项 C 正确。

2.4.17 实际折扣是多少

难度系数：★★★☆☆ **被考查系数：★★★☆☆**

题目描述：

到商店里买 200 元的商品返还 100 元优惠券（可以在本商店代替现金）。请问实际上折扣是多少？

分析与解答：

根据题意，买 200 元的商品返还 100 元优惠券，由于优惠券可以代替现金，所以，返还的 100 元优惠券可以继续购买商品。本题中，如果返回的优惠券可以不停地买东西，假设开始时花了 x 元，那么可以买到 x + x/2 + x/4 +⋯的东西。注意，这个值会逐渐趋近于 0，而不等于 0。所以，实际上折扣是接近 50%。

如果使用优惠券买东西不能获得新的优惠券，那么本题中，一共花费了 200 元，买到了 200+100=300 元的商品。所以，折扣为 200/300≈67%。

第3章 排序算法

在前端程序员面试中，排序算法是考查最多的算法题之一，也是使用最多的算法之一，并且是前端开发中经常需要用到的算法。所以本节针对排序算法进行详细的介绍。

使一串记录，按照其中的某个或某些关键字的大小，递增或递减排列起来的操作称为排序。排序算法就是如何使得记录按照要求排列的方法。排序算法在很多领域都倍受重视，尤其是在大量数据的处理方面。一个优秀的算法可以节省大量的资源。在各个领域中考虑到数据的各种限制和规范，要得到一个符合实际的优秀算法，必须经过大量的推理和分析。

例如：随机输入一个序列的n个数，序列为：a1，a2，a3，…，an，通过算法实现输出：n个数的排列顺序为:a1'，a2'，a3'，…，an'，使得a1'≤a2'≤a3'≤…≤an'（具体也可以实现从大到小的排序，不唯一）。

（1）关于排序算法的一些术语说明

稳定性：如果a原本在b前面，而a=b，排序之后a仍然在b的前面。

不稳定性：如果a原本在b的前面，而a=b，排序之后a可能会出现在b的后面。

内排序：所有排序操作都在内存中完成。

外排序：由于数据太大，因此把数据放在磁盘中，而排序通过磁盘和内存的数据传输才能进行。

时间复杂度：一个算法执行所耗费的时间。

空间复杂度：运行完一个程序所需内存的大小。

（2）相关排序算法的对比介绍

表3-1　九种排序算法对比

排序算法	平均时间复杂度	最好情况	最坏情况	空间复杂度	排序方法	稳定性
冒泡排序	$O(n^2)$	O(n)	$O(n^2)$	O(1)	In-place	稳定
插入排序	$O(n^2)$	O(n)	$O(n^2)$	O(1)	In-place	稳定
归并排序	O(nlogn)	O(nlogn)	O(nlogn)	O(n)	Out-place	稳定
快速排序	O(nlogn)	O(nlogn)	$O(n^2)$	O(logn)	In-place	不稳定
选择排序	$O(n^2)$	$O(n^2)$	$O(n^2)$	O(1)	In-place	不稳定
希尔排序	O(nlogn)	O(nlog2n)	O(nlog2n)	O(1)	In-place	不稳定
堆排序	O(nlogn)	O(nlogn)	O(nlogn)	O(1)	In-place	不稳定
计数排序	O(n+k)	O(n+k)	O(n+k)	O(k)	Out-place	稳定
桶排序	O(n+k)	O(n+k)	$O(n^2)$	O(n+k)	Out-place	稳定

注释：n表示数据规模；k表示“桶”的个数；In-place表示占用常数内存，不占用额外内存；Out-place表示占用额外内存。

（3）算法根据稳定性分类

表 3-2　算法分类

稳定性算法	不稳定性算法
冒泡排序	快速排序
插入排序	选择排序
归并排序	希尔排序
计数排序	堆排序
桶排序	

3.1 如何实现冒泡排序

难度系数：★★★☆☆　　　　被考查系数：★★★☆☆

分析与解答：

冒泡排序，顾名思义就是整个过程就像气泡一样往上升，单向冒泡排序的基本思想是（假设由小到大排序）：对于给定的 n 个记录，从第一个记录开始依次对相邻的两个记录进行比较，当前面的记录大于后面的记录时，交换其位置，进行一轮比较和换位后，n 个记录中的最大记录将位于第 n 位；然后对前(n-1)个记录进行第二轮比较；重复该过程直到进行比较的记录只剩下一个数为止。算法原理如下：

1）比较相邻的元素，如果第一个比第二个大，就交换它们两个；

2）对每一对相邻元素做同样的工作，从开始第一对到结尾的最后一对，最后的元素应该会是最大的数；

3）针对所有的元素重复以上的步骤，除了最后一个；

4）对越来越少的元素重复上面的步骤，直到没有任何一对数字需要比较为止。

以数组[36, 25, 48, 12, 25, 65, 43, 57]为例，具体排序过程如下所列。

每趟排序的过程如下：

```
R[1] 36   25   25   25   25   25   25   25
R[2] 25   36   36   36   36   36   36   36
R[3] 48   48   48   12   12   12   12   12
R[4] 12   12   12   48   25   25   25   25
R[5] 25   25   25   25   48   48   48   48
R[6] 65   65   65   65   65   65   43   43
R[7] 43   43   43   43   43   43   65   57
R[8] 57   57   57   57   57   57   57   65
```

经过多趟排序后的结果如下所示：

初始状态：[36 25 48 12 25 65 43 57]

1 趟排序：[25 36 12 25 48 43 57 65]

2 趟排序：[25 12 25 36 43 48] 57 65]

3 趟排序：[12 25 25 36 43] 48 57 65]

4 趟排序：[12 25 25 36] 43 48 57 65]

5 趟排序：[12 25 25] 36 43 48 57 65]

6 趟排序：[12 25] 25 36 43 48 57 65]

7 趟排序：[12] 25 25 36 43 48 57 65]

根据以上的实现原理，实现代码如下：

```
function maopao(arr) {
   var len = arr.length,                //计算数组长度
      i, k, tmp;
   for (i = 1; i < len; i++) {          //该层循环控制需要冒泡的轮数
      for (k = 0; k < len - i; k++) {
         if (arr[k] > arr[k + 1]) {
            tmp = arr[k + 1];
            arr[k + 1] = arr[k];
            arr[k] = tmp;
         }
      }
   }
   return arr;
}

var arr = [20, 0, 39, 66, 40, 78, 46, 36, 60, 100],
   txt = "";
for (var k in arr) {
   txt += arr[k] + " ";
}
console.log("排序前：", txt);
arr = maopao(arr);
txt = "";
for (k in arr) {
   txt += arr[k] + " ";
}
console.log("排序后：", txt);
```

程序的运行结果为

```
排序前：20 0 39 66 40 78 46 36 60 100
排序后：0 20 36 39 40 46 60 66 78 100
```

在传统的冒泡排序基础上，可以进一步改进冒泡排序算法，通过设置一个标志 bool，用于记录每趟排序中最后一次交换的位置。由于 bool 标志之后的记录均已交换到位，所以下一趟排序时只要扫描到 bool 位置即可，不用再对 bool 后的循环排序。改进后的冒泡排序算法 2 为

```
function maopao2(arr) {
   var i = arr.length - 1,                  //初始时，最后位置保持不变
      bool;
   while (i > 0) {
      bool = 0;                             //每趟开始时，无记录交换
      for (var j = 0; j < i; j++)
         if (arr[j] > arr[j + 1]) {
```

```
            bool = j;                          //记录交换的位置
            tmp = arr[j];
            arr[j] = arr[j + 1];
            arr[j + 1] = tmp;
          }
      i = bool;                       //为下一趟排序作准备
    }
    return arr;
}
```

还是使用上面的数组，调用 maopao2()函数后，程序的运行结果为

```
排序前：20 0 39 66 40 78 46 36 60 100
排序后：0 20 36 39 40 46 60 66 78 100
```

由于传统冒泡排序中每一趟排序操作只能找到一个最大值或最小值,所以可以考虑在每趟排序中进行正向和反向两遍冒泡的方法，一次得到最大者和最小者，从而可使排序趟数将近减少一半。再次改进后的冒泡排序法 3 为

```
function maopao3(arr) {
    var low = 0,
      high = arr.length - 1;                //设置变量的初始值
    while (low < high) {
      for (var j = low; j < high; ++j)      //正向冒泡，找到最大者
        if (arr[j] > arr[j + 1]) {
          tmp = arr[j];
          arr[j] = arr[j + 1];
          arr[j + 1] = tmp;
        }
        --high;                             //修改 high 值，前移一位
      for (j = high; j > low; --j)          //反向冒泡，找到最小者
        if (arr[j] < arr[j - 1]) {
          tmp = arr[j];
          arr[j] = arr[j - 1];
          arr[j - 1] = tmp;
        }
        ++low;                              //修改 low 值，后移一位
    }
    return arr;
}
```

仍然是使用上面的数组，调用 maopao3()函数后，程序的运行结果为

```
排序前：20 0 39 66 40 78 46 36 60 100
排序后：0 20 36 39 40 46 60 66 78 100
```

以上介绍的冒泡排序法中，它们执行的效率为：

传统冒泡排序法＜改进后冒泡排序法 2＜改进后冒泡排序法 3。

算法复杂度分析：

最佳情况：T(n) = O(n)，当输入的数据为正序时，则是最佳情况。

最差情况：$T(n) = O(n^2)$，当输入的数据是反序时，则是最差情况，需依次从头到后重新排序。

3.2 什么是插入排序

难度系数：★★★☆☆　　　　被考查系数：★★★★☆

分析与解答：

插入排序的基本思想是：对于给定的一组记录，初始时假设第一个记录自成一个有序序列，其余的记录为无序序列。接着从第二个记录开始，按照记录的大小依次将当前处理的记录插入到其之前的有序序列中，直至最后一个记录插入到有序序列中为止。算法原理如下：

1）设置监视哨 r[0]，将待插入记录的值赋值给 r[0]；

2）设置开始查找的位置 j；

3）在数组中进行搜索，搜索中将第 j 个记录后移，直至 r[0]≥r[j]为止；

4）将 r[0]插入 r[j+1]的位置上。

以数组[38, 65, 97, 76, 13, 27, 49]为例，直接插入排序具体步骤如下：

第一步插入 38 以后：[38] 65 97 76 13 27 49

第二步插入 65 以后：[38 65] 97 76 13 27 49

第三步插入 97 以后：[38 65 97] 76 13 27 49

第四步插入 76 以后：[38 65 76 97] 13 27 49

第五步插入 13 以后：[13 38 65 76 97] 27 49

第六步插入 27 以后：[13 27 38 65 76 97] 49

第七步插入 49 以后：[13 27 38 49 65 76 97]

根据以上的实现原理，实现代码如下：

```
function insertSort(arr) {
  var tmp;
  //已经间接将数组分成了 2 部分，下标小于当前的（左边的）是排序好的序列
  for (var i = 1, len = arr.length; i < len; i++) {
    //获得当前需要比较的元素值
    tmp = arr[i];
    //内层循环，控制比较并插入元素值
    for (var j = i - 1; j >= 0; j--) {
      if (tmp < arr[j]) {
        arr[j + 1] = arr[j];
        arr[j] = tmp;
      } else {
        break;
      }
    }
  }
  return arr;
}

var arr = [20, 0, 39, 66, 40, 78, 46, 36, 60, 100],
```

```
    txt = "";
  for (var k in arr) {
    txt += arr[k] + " ";
  }
  console.log("排序前：", txt);
  arr = maopao(arr);
  txt = "";
  for (k in arr) {
    txt += arr[k] + " ";
  }
  console.log("排序后：", txt);
```

程序的运行结果为

```
排序前：20 0 39 66 40 78 46 36 60 100
排序后：0 20 36 39 40 46 60 66 78 100
```

可以对传统的插入排序算法进行改进，在查找插入位置时使用二分查找的方式。改进后的插入排序算法：

```
function insertSort2(arr) {
  var key, left, right, middle;
  for (var i = 1; i < arr.length; i++) {
    key = arr[i];
    left = 0;
    right = i - 1;
    while (left <= right) {
      middle = Math.floor((left + right) / 2);
      if (key < arr[middle]) {
        right = middle - 1;
      } else {
        left = middle + 1;
      }
    }
    for (var j = i - 1; j >= left; j--) {
      arr[j + 1] = arr[j];
    }
    arr[left] = key;
  }
  return arr;
}
```

沿用上面的数组，调用 insertSort2()函数后，程序的运行结果为

```
排序前：20 0 39 66 40 78 46 36 60 100
排序后：0 20 36 39 40 46 60 66 78 100
```

算法复杂度分析：

最佳情况：$T(n) = O(n)$，输入数组按升序排列。

最坏情况：$T(n) = O(n^2)$，输入数组按降序排列。

平均情况：$T(n) = O(n^2)$。

3.3 归并排序的原理是什么

难度系数：★★★★☆ **被考查系数：★★★☆☆**

分析与解答：

归并排序是利用递归与分治技术将数据序列划分成越来越小的半子表，再对半子表排序，最后用递归方法将排好序的半子表合并成为越来越大的有序序列。归并排序中，“归”代表的是递归的意思，即递归的将数组折半的分离为单个数组，例如数组：[2, 6, 1, 0]，会先折半，分为[2, 6]和[1, 0]两个子数组，然后再折半将数组分离，分为[2]、[6]、[1]和[0]。“并”就是将分开的数据按照从小到大或者从大到小的顺序在放到一个数组中。如上面的[2]和[6]合并到一个数组中是[2, 6]，[1]和[0]合并到一个数组中是[0, 1]，然后再将[2, 6]和[0, 1]合并到一个数组中即为[0, 1, 2, 6]。

具体而言，归并排序算法的原理如下：对于给定的一组记录（假设共有 n 个记录），首先将每两个相邻的长度为 1 的子序列进行归并，得到 n/2（向上取整）个长度为 2 或 1 的有序子序列，再将其两两归并，反复执行此过程，直到得到一个有序序列为止。

所以，归并排序的关键就是两步：第一步，划分子表；第二步，合并半子表。以数组[49, 38, 65, 97, 76, 13, 27]为例，排序过程如下：

```
初始关键字：[49] [38] [65] [97] [76] [13] [27]
一趟归并后：[38 49] [65 97] [13 76] [27]
二趟归并后：[38 49 65 97] [13 27 76]
三趟归并后：[13 27 38 49 65 76 97]
```

算法原理如下：

1）把长度为 n 的输入序列分成两个长度为 n/2 的子序列；

2）对这两个子序列分别采用归并排序；

3）将两个排序好的子序列合并成一个最终的排序序列。

根据以上的实现原理，实现代码如下：

```
function mergeSort(arr) {            //采用自上而下的递归方法
    var len = arr.length;
    if (len < 2) {
        return arr;
    }
    var middle = Math.floor(len / 2),
        left = arr.slice(0, middle),
        right = arr.slice(middle);
    return merge(mergeSort(left), mergeSort(right));
}
```

```
function merge(left, right) {
    var result = [];
    while (left.length && right.length) {
        if (left[0] <= right[0]) {
            result.push(left.shift());
        } else {
            result.push(right.shift());
        }
    }
    while (left.length)
        result.push(left.shift());
    while (right.length)
        result.push(right.shift());
    return result;
}

var arr = [20, 0, 39, 66, 40, 78, 46, 36, 60, 100],
    txt = "";
for (var k in arr) {
    txt += arr[k] + " ";
}
console.log("排序前：", txt);
arr = mergeSort(arr);
txt = "";
for (k in arr) {
    txt += arr[k] + " ";
}
console.log("排序后：", txt);
```

程序的运行结果为

```
排序前：20 0 39 66 40 78 46 36 60 100
排序后：0 20 36 39 40 46 60 66 78 100
```

算法复杂度分析：

最佳情况：T(n) = O(n)。

最差情况：T(n) = O(nlogn)。

平均情况：T(n) = O(nlogn)。

3.4 快速排序使用了什么思想

难度系数：★★★★★　　　　**被考查系数：★★★★☆**

分析与解答：

快速排序是一种非常高效的排序算法，它采用“分而治之”的思想，把大的拆分为小的，小的再拆分为更小的。其原理如下：对于一组给定的记录，通过一趟排序后，将原序列分为两部分，其中前一部分的所有记录均比后一部分的所有记录小，然后再依次对前后两部分的记录进行快速排序，递归该过程，直到序列中的所有记录均有序为止。

具体而言，算法步骤如下：

（1）分解：将输入的序列 array[m…n]划分成两个非空子序列 array[m…k]和 array[k+1…n]，使 array[m…k]中任一元素的值不大于 array[k+1…n]中任一元素的值。

（2）递归求解：通过递归调用快速排序算法分别对 array[m…k]和 array[k+1…n]进行排序。

（3）合并：由于对分解出的两个子序列的排序是就地进行的，所以在 array[m…k]和 array[k+1…n]都排好序后，不需要执行任何计算就已让 array[m…n]排好序。

以数组[38, 65, 97, 76, 13, 27, 49]为例。第一趟排序过程如下：

初始化关键字：[49 38 65 97 76 13 27 49]

第一次交换后：[27 38 65 97 76 13 49 49]

第二次交换后：[27 38 49 97 76 13 65 49]

j 向左扫描，位置不变，第三次交换后：[27 38 13 97 76 49 65 49]

i 向右扫描，位置不变，第四次交换后：[27 38 13 49 76 97 65 49]

j 向左扫描 [27 38 13 49 76 97 65 49]

整个排序过程如下：

初始化关键字：[49 38 65 97 76 13 27 49]

一趟排序之后：[27 38 13] 49 [76 97 65 49]

二趟排序之后：[13] 27 [38] 49 [49 65]76 [97]

三趟排序之后： 13 27 38 49 49 [65]76 97

最后的排序结果：13 27 38 49 49 65 76 97

根据以上的实现原理，实现代码如下：

```
function quickSort(arr) {
    var length = arr.length;
    if (length <= 1) {
        return arr;
    }
    var base_num = arr[0],
        left_array = [],                   //保存小于基准元素的记录
        right_array = [];                  //保存大于基准元素的记录
    for (var i = 1; i < length; i++) {
        if (base_num > arr[i]) {           //放入左边数组
            left_array.push(arr[i]);
        } else {                           //放入右边数组
            right_array.push(arr[i]);
        }
    }
    left_array = quickSort(left_array);
    right_array = quickSort(right_array);
    return left_array.concat([base_num], right_array);
}

var arr = [20, 0, 39, 66, 40, 78, 46, 36, 60, 100],
```

```
    txt = "";
for (var k in arr) {
    txt += arr[k] + " ";
}
console.log("排序前：", txt);
arr = quickSort(arr);
txt = "";
for (k in arr) {
    txt += arr[k] + " ";
}
console.log("排序后：", txt);
```

程序的运行结果为

```
排序前：20 0 39 66 40 78 46 36 60 100
排序后：0 20 36 39 40 46 60 66 78 100
```

快速算法是通过分治递归来实现的，其效率在很大程度上取决于参考元素的选择，可以选择数组的中间元素，也可以随机得到三个元素，然后选择中间的那个元素（三数中值法）。另外还有一点，就是当我们在分割时，如果分割出来的子序列的长度很小的话（小于 20），通常递归的排序效率就没有诸如插入排序或希尔排序那么快了。因此可以先判断数组的长度，如果小于 10 的话，直接用插入排序，而不是递归调用快速排序。

算法复杂度分析：

最佳情况：T(n) = O(nlogn)。

最差情况：$T(n) = O(n^2)$。

平均情况：T(n) = O(nlogn)。

3.5 选择排序的实现过程是怎样的

难度系数：★★★☆☆　　　　被考查系数：★★★☆☆

分析与解答：

选择排序是一种简单直观的排序算法，它的基本原理如下：对于给定的一组记录，经过第一轮比较后得到最小的记录，然后将该记录与第一个记录的位置进行交换；接着对不包括第一个记录以外的其他记录进行第二轮比较，得到最小的记录并与第二个记录进行位置交换；重复该过程，直到进行比较的记录只有一个时为止。算法原理如下：

每一趟在 n−i+1（i=1,2,…,n−1）个记录中选择关键字最小的记录作为有序序列中第 i 个记录，其中最便捷的是简单选择排序，其过程如下：通过 n−i 次关键字间的比较，从(n−i+1)个记录中选择出关键字最小的记录，并与第 i 个记录交换位置。

以数组[38, 65, 97, 76, 13, 27, 49]为例，具体步骤如下：

第一趟排序后：13 [65 97 76 38 27 49]

第二趟排序后：13 27 [97 76 38 65 49]

第三趟排序后：13 27 38 [76 97 65 49]

第四趟排序后：13 27 38 49 [97 65 76]

第五趟排序后：13 27 38 49 65 [97 76]

第六趟排序后：13 27 38 49 65 76 [97]

最后排序结果：13 27 38 49 65 76 97

根据以上的实现原理，实现代码如下：

```
function selectSort(arr) {
    var len = arr.length,
        p, tmp;
    //外层控制轮数
    for (var i = 0; i < len - 1; i++) {
        p = i;                              //先假设最小值的位置
        //内层控制比较次数，比较 i 后边的元素
        for (var j = i + 1; j < len; j++) {
            if (arr[p] > arr[j]) {  //arr[p]是当前已知的最小值
                p = j;                  //比较发现存在更小的值，就记录下最小值的位置
            }
        }
        //如果发现最小值的位置与当前假设的位置 i 不同，则位置互换
        if (p != i) {
            tmp = arr[p];
            arr[p] = arr[i];
            arr[i] = tmp;
        }
    }
    return arr;
}

var arr = [20, 0, 39, 66, 40, 78, 46, 36, 60, 100],
    txt = "";
for (var k in arr) {
    txt += arr[k] + " ";
}
console.log("排序前：", txt);
arr = selectSort(arr);
txt = "";
for (k in arr) {
    txt += arr[k] + " ";
}
console.log("排序后：", txt);
```

程序的运行结果为

```
排序前：20 0 39 66 40 78 46 36 60 100
排序后：0 20 36 39 40 46 60 66 78 100
```

选择排序、快速排序、希尔排序和堆排序都不是稳定的排序算法，而冒泡排序、插入排序和归并排序都是稳定的排序算法。排序算法不稳定的含义是：在排序之前，有两个数相等，但是在排序结束之后，它们两个有可能改变顺序。

引申：请简单描述顺序查找和二分查找（也称为折半查找）算法。

分析与解答：

顺序查找是在一个已知无（或有）序队列中找出与给定关键字相同的数的具体位置。原理是让关键字与队列中的数从最后一个开始逐个比较，直到找出与给定关键字相同的数为止，它的缺点是效率低下。

二分查找也称折半查找（Binary Search），它是一种效率较高的查找方法。但是折半查找要求线性表必须采用顺序存储结构，而且表中元素要按关键字有序排列。实现代码为

```
/**
 * 顺序查找
 * @param   arr      数组
 * @param   k        要查找的元素
 * @return  成功返回数组下标，失败则返回-1
 */
function seq_sch(arr, k) {
   for (var i = 0, n = arr.length; i < n; i++) {
      if (arr[i] == k) {
         break;
      }
   }
   if (i < n) {
      return i;
   }
   return -1;
}

/**
 * 二分查找，要求数组已经排好顺序
 * @param   array       数组
 * @param   low         数组起始元素下标
 * @param   high        数组末尾元素下标
 * @param   k           要查找的元素
 * @return  成功时返回数组下标，失败则返回-1
 */
function bin_sch(array, low, high, k) {
   if (low <= high) {
      var mid = Math.floor((low + high) / 2);
      if (array[mid] == k) {
         return mid;
      }
      if (k < array[mid]) {
         return bin_sch(array, low, mid - 1, k);
      }
      return bin_sch(array, mid + 1, high, k);
   }
   return -1;
}

//顺序查找
var arr1 = [9, 15, 34, 76, 25, 5, 47, 55];
```

```
console.log(seq_sch(arr1, 47));          //结果为 6
//二分查找
var arr2 = [5, 9, 15, 25, 34, 47, 55, 76];
console.log(bin_sch(arr2, 0, 7, 47));    //结果为 5
```

程序的运行结果为

```
6
5
```

3.6 什么叫希尔排序

难度系数：★★★★☆　　　　　　　　　　被考查系数：★★★☆☆

分析与解答：

希尔排序也称为“缩小增量排序”，它的基本原理如下：首先将待排序的数组元素分成多个子序列，使得每个子序列的元素个数相对较少，然后对各个子序列分别进行直接插入排序，等整个待排序列“基本有序”后，最终再对所有元素进行一次直接插入排序。具体步骤如下：

1）选择一个步长序列 t1，t2，…，tk，满足 ti＞tj（i＜j），并且 tk=1。

2）对待排序列进行 k 趟排序，其中 k 是步长序列个数。

3）每趟排序，根据对应的步长 ti，将待排序列分割成 ti 个子序列，分别对各个子序列进行直接插入排序。

注意，当步长因子为 1 时，所有元素作为一个序列来处理，其长度为 n。以数组[26, 53, 67, 48, 57, 13, 48, 32, 60, 50]，步长序列为{5, 3, 1}为例。排序步骤如下：

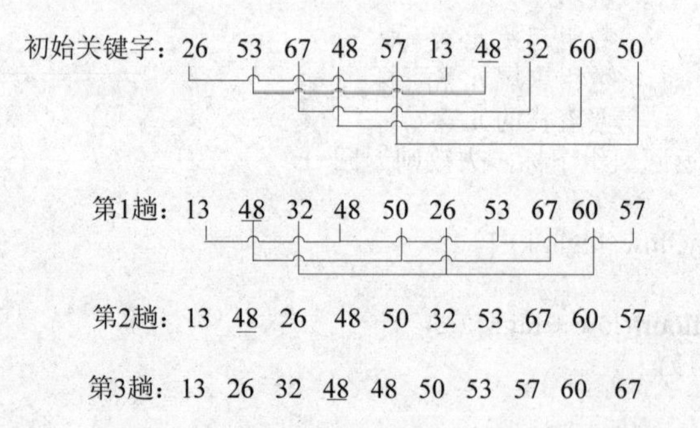

根据以上的实现原理，实现代码如下：

```
function shellSort(arr) {
  var len = arr.length,
    gap = 0,
    temp;
  while (gap < len / 5) {          //动态定义步长序列
    gap = gap * 5 + 1;
  }
  for (; gap > 0; gap = Math.floor(gap / 5)) {
```

```
        for (var i = gap; i < len; i++) {
            temp = arr[i];
            for (var j = i - gap; j >= 0 && arr[j] > temp; j -= gap) {
                arr[j + gap] = arr[j];
            }
            arr[j + gap] = temp;
        }
    }
    return arr;
}

var arr = [20, 0, 39, 66, 40, 78, 46, 36, 60, 100],
    txt = "";
for (var k in arr) {
    txt += arr[k] + " ";
}
console.log("排序前：", txt);
arr = shellSort(arr);
txt = "";
for (k in arr) {
    txt += arr[k] + " ";
}
console.log("排序后：", txt);
```

程序的运行结果为

```
排序前：20 0 39 66 40 78 46 36 60 100
排序后：0 20 36 39 40 46 60 66 78 100
```

算法复杂度分析：

最佳情况：T(n) = O(nlog2n)。

最坏情况：T(n) = O(nlog2n)。

平均情况：T(n) = O(nlogn)。

3.7 如何实现堆排序

难度系数：★★★★★ **被考查系数：★★★★★**

分析与解答：

堆是一种特殊的树形数据结构，其每个结点都有一个值，通常提到的堆都是指一棵完全二叉树，根结点的值小于（或大于）两个子结点的值，同时，根结点的两棵子树也分别是一个堆。

堆排序是一种树形选择排序，在排序过程中，将 R[1…n]看成是一棵完全二叉树的顺序存储结构，利用完全二叉树中双亲结点和孩子结点之间的内在关系来选择最小的元素。

堆一般分为大顶堆和小顶堆两种不同的类型。对于给定 n 个记录的序列（r(1), r(2), …, r(n)），当且仅当满足条件（r(i)≥r(2i)&&r(i)≥r(2i+1), i=1,2,…,n）时称之为大顶堆，此时，堆顶元素必为最大值。对于给定 n 个记录的序列（r(1),r(2),…,r(n)），当且仅当满足条件（r(i) ≤

r(2i)&&r(i)≤r(2i+1), i=1,2,…,n）时称之为小顶堆，此时，堆顶元素必为最小值。

堆排序的思想是对于给定的 n 个记录，初始时把这些记录看作一棵顺序存储的二叉树，然后将其调整为一个大顶堆，再将堆的最后一个元素与堆顶元素（即二叉树的根结点）进行交换后，堆的最后一个元素即为最大记录；接着将前（n−1）个元素（即不包括最大记录）重新调整为一个大顶堆，再将堆顶元素与当前堆的最后一个元素进行交换后得到次大的记录，重复该过程直到调整的堆中只剩一个元素时为止，该元素即为最小记录，此时可得到一个有序序列。

堆排序主要包括两个过程：一是构建堆；二是交换堆顶元素与最后一个元素的位置。算法原理如下：

1）将初始待排关键字序列(R1, R2…Rn)构建成大顶堆，此堆为初始的无序区；

2）将堆顶元素 R[1]与最后一个元素 R[n]交换，此时得到新的无序区(R1, R2, …Rn−1)和新的有序区(Rn),且满足 R[1, 2…n−1]≤R[n]；

3）由于交换后新的堆顶 R[1]可能违反堆的性质，因此需要对当前无序区(R1,R2, …Rn−1)调整为新堆，然后再次将 R[1]与无序区最后一个元素交换，得到新的无序区(R1,R2…Rn−2)和新的有序区(Rn−1, Rn)。不断重复此过程直到有序区的元素个数为(n−1)，则整个排序过程完成。

根据以上的实现原理，实现代码如下：

```
function heapSort(arr) {
  var heapSize = arr.length,
    temp;
  //建堆
  for (var i = Math.floor(heapSize / 2) - 1; i >= 0; i--) {
    heapify(arr, i, heapSize);
  }
  //堆排序
  for (var j = heapSize - 1; j >= 1; j--) {
    temp = arr[0];
    arr[0] = arr[j];
    arr[j] = temp;
    heapify(arr, 0, --heapSize);
  }
  return arr;
}
/*
 * 维护堆的性质
 * @param  arr     数组
 * @param  x       数组下标
 * @param  len     堆大小
 */
function heapify(arr, x, len) {
  var l = 2 * x + 1,
    r = 2 * x + 2,
    largest = x,
    temp;
  if (l < len && arr[l] > arr[largest]) {
```

```
        largest = l;
    }
    if (r < len && arr[r] > arr[largest]) {
        largest = r;
    }
    if (largest != x) {
        temp = arr[x];
        arr[x] = arr[largest];
        arr[largest] = temp;
        heapify(arr, largest, len);
    }
}

var arr = [20, 0, 39, 66, 40, 78, 46, 36, 60, 100],
    txt = "";
for (var k in arr) {
    txt += arr[k] + " ";
}
console.log("排序前：", txt);
arr = heapSort(arr);
txt = "";
for (k in arr) {
    txt += arr[k] + " ";
}
console.log("排序后：", txt);
```

程序的运行结果为

```
排序前：20 0 39 66 40 78 46 36 60 100
排序后：0 20 36 39 40 46 60 66 78 100
```

算法复杂度分析：

最佳情况：T(n) = O(nlogn)。

最差情况：T(n) = O(nlogn)。

平均情况：T(n) = O(nlogn)。

3.8 计数排序的原理是什么

难度系数：★★★★☆　　　　**被考查系数：★★★☆☆**

分析与解答：

计数排序（Counting sort）是一种稳定的排序算法。计数排序使用一个额外的数组 countArr，其中第 i 个元素是待排序数组 arr 中值等于 i 的元素个数。然后根据数组 countArr 来将 arr 中的元素排到正确的位置。注意，它只能对整数进行排序。算法原理如下：

1）找出待排序的数组中最大和最小的元素；

2）统计数组中每个值为 i 的元素出现的次数，存入数组 countArr 的第 i 项，countArr[i] 表示数组中等于 i 的元素出现的次数；

3）从待排序列 arr 的第一个元素开始，将 arr[i]放到正确的位置，即前面有几个元素小于等于它，它就放在第几个位置。

根据以上的实现原理，实现代码如下：

```
function countingSort(arr) {
    var count = arr.length,
        countArr = [];
    if (count <= 1)
        return arr;
    var min = Math.min.apply(null, arr),        //取出最小值
        max = Math.max.apply(null, arr);        //取出最大值
    for (var i = min; i <= max; i++) {
        countArr[i] = 0;
    }
    arr.forEach(function (value, key) {
        countArr[value] = countArr[value] + 1;
    });

    var list = [];
    //value 是每个元素出现的次数
    countArr.forEach(function (value, key) {
        for (var i = 0; i < value; i++) {
            list.push(key);
        }
    });
    return list;
}

var arr = [20, 0, 39, 66, 40, 78, 46, 36, 60, 100],
    txt = "";
for (var k in arr) {
    txt += arr[k] + " ";
}
console.log("排序前：", txt);
arr = countingSort(arr);
txt = "";
for (k in arr) {
    txt += arr[k] + " ";
}
console.log("排序后：", txt);
```

程序的运行结果为

```
排序前：20 0 39 66 40 78 46 36 60 100
排序后：0 20 36 39 40 46 60 66 78 100
```

算法复杂度分析：

当输入的元素是 n 个 0～k 之间的整数时，它的运行时间是 O(n+k)。计数排序不是比较排序，所以排序的速度快于任何比较排序算法。

最佳情况：T(n) = O(n+k)。

最差情况：T(n) = O(n+k)。

平均情况：T(n) = O(n+k)。

3.9 怎样用 JavaScript 代码实现桶排序

难度系数：★★★★☆　　　　**被考查系数：★★★☆☆**

分析与解答：

桶排序 (Bucket sort)的工作原理：假设输入数据服从均匀分布，将数据分到有限数量的桶里，每个桶再分别排序，有可能再使用别的排序算法或是以递归方式继续使用桶排序。算法原理如下：

1）设置一个定量的数组当作空桶；

2）遍历输入数据，并且把数据一个一个放到对应的桶里去；

3）对每个不是空的桶进行排序；

4）从不是空的桶里把排好序的数据合并起来。

根据以上的实现原理，以数组[20，0，39，66，40，78，46，36，60，100]当作空桶，实现代码如下：

```
/*
 * @paramarr    数组
 * @param    num      每个桶可存放的数量
 */
function bucketSort(arr, num) {
  var len = arr.length;
  if (len <= 1) {
    return arr;
  }
  var buckets = [0],
    result = [],
    min = Math.min.apply(null, arr),
    max = Math.max.apply(null, arr),
    space = Math.ceil((max - min + 1) / num),    //桶的数量
    k, index;
  for (var j = 0; j < len; j++) {
    index = Math.floor((arr[j] - min) / space);    //需要放入的桶的下标
    if (buckets[index]) {                          //非空桶，执行插入排序
      k = buckets[index].length - 1;
      while (k >= 0 && buckets[index][k] > arr[j]) {
        buckets[index][k + 1] = buckets[index][k];
        k--;
      }
      buckets[index][k + 1] = arr[j];
    } else {                                       //空桶，执行初始化
      buckets[index] = [];
      buckets[index].push(arr[j]);
    }
```

```
    }
    var n = 0;
    //将所有的桶合并起来
    while (n < num) {
        result = result.concat(buckets[n]);
        n++;
    }
    return result;
}

var arr = [20, 0, 39, 66, 40, 78, 46, 36, 60, 100],
    txt = "";
for (var k in arr) {
    txt += arr[k] + " ";
}
console.log("排序前：", txt);
arr = bucketSort(arr, 2);
txt = "";
for (k in arr) {
    txt += arr[k] + " ";
}
console.log("排序后：", txt);
```

程序的运行结果为

```
排序前：20 0 39 66 40 78 46 36 60 100
排序后：0 20 36 39 40 46 60 66 78 100
```

算法复杂度分析：

桶排序最好情况下使用线性时间 O(n)，它的时间复杂度取决于对各个桶之间数据进行排序的时间复杂度，因为其他部分的时间复杂度都为 O(n)。很显然，桶划分的越小，各个桶之间的数据越少，排序所用的时间也会越少。但相应的空间消耗就会增大。

最佳情况：$T(n) = O(n+k)$。

最差情况：$T(n) = O(n+k)$。

平均情况：$T(n) = O(n^2)$。

第4章 链 表

4.1 如何实现链表的逆序

难度系数：★★★☆☆ **被考查系数：★★★★☆**

分析与解答：

链表作为最基本的数据结构，它不仅在实际应用中有着非常重要的作用，而且也是程序员面试、笔试中必考的内容。具体而言，它的存储特点为：可以用任意一组存储单元来存储单链表中的数据元素（存储单元可以是不连续的）。而且除了存储每个数据元素 ai 外，还必须存储指示其直接后继元素的信息。这两部分信息组成的数据元素 ai 的存储映像称为结点。N 个结点连在一块被称为链表，当结点只包含其后继结点信息的链表就被称为单链表，而链表的第一个结点通常被称为头结点。

对于单链表，又可以将其分为有头结点的单链表和无头结点的单链表，如图 4-1 所示。

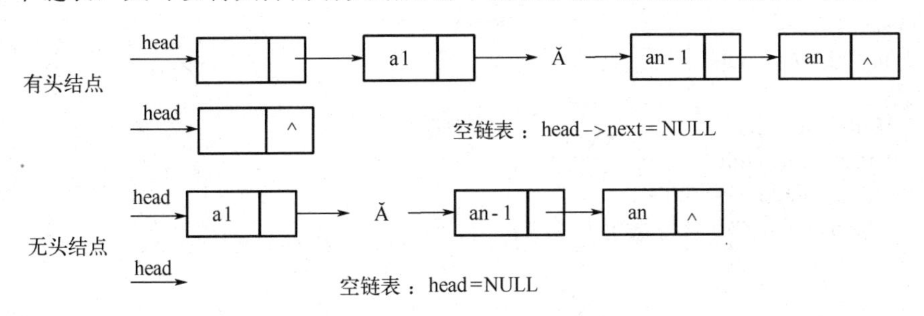

图 4-1 有头结点和无头结点

在单链表的开始结点之前附设一个类型相同的结点，称之为头结点。头结点的数据域可以不存储任何信息（也可以存放如线性表的长度等附加信息），头结点的指针域存储指向开始结点的指针（即第一个元素结点的存储位置）。

具体而言，头结点的作用主要有以下两点：

1）对于带头结点的链表，当在链表的任何结点之前插入新结点或删除链表中任何结点时，所要做的都是修改前一个结点的指针域，因为任何结点都有前驱结点。若链表没有头结点，则首元素结点没有前驱结点，在其前面插入结点或删除该结点时操作会复杂些，需要特殊的处理。

2）对于带头结点的链表，链表的头指针是指向头结点的非空指针，因此，对空链表与非空链表的处理是一样的。

由于头结点有诸多的优点，因此，本章中所介绍的算法都使用了带头结点的单链表。

如下是一个单链表数据结构的定义示例：

```
//链表结点
function node(id, name) {
  this.id = id;                              //结点 id
  this.name = name;                          //结点名称
  this.next = null;                          //下一结点
}

//单链表
function linkList(id, name) {
  this.header = new node(id, name);          //链表头结点
}
linkList.prototype = {
    addLink: function (node) {               //添加结点数据
      var current = this.header;
      while (current.next != null) {
        if (current.next.id > node.id) {
          break;
        }
        current = current.next;
      }
      node.next = current.next;
      current.next = node;
    },
    clear: function () {                     //清空链表
      this.header = null;
    },
    getLinkList: function () {               //获取链表
      var current = this.header;
      if (current.next == null) {
        console.log("链表为空");
        return;
      }
      var txt = "";
      while (current.next != null) {
        txt += current.next.name + " ";
        if (current.next.next == null) {
          break;
        }
        current = current.next;
      }
      console.log(txt);
    },
    reverse: function () {                   //对单链表进行逆序
      var head = this.header;
      //判断链表是否为空
      if (head == null || head.next == null) {
        console.log("链表为空");
        return;
      }
      var pre = null,                        //前驱结点
```

```
        cur = null,                                   //当前结点
        next = null;                                  //后继结点
    //把链表首结点变为尾结点
    cur = head.next;
    next = cur.next;
    cur.next = null;
    pre = cur;
    cur = next;
    //使当前遍历到的结点 cur 指向其前驱结点
    while (cur.next != null) {
        next = cur.next;
        cur.next = pre;
        pre = cur;
        cur = cur.next;
        cur = next;
    }
    //结点最后一个结点指向倒数第二个结点
    cur.next = pre;
    //链表的头结点指向原来链表的尾结点
    head.next = cur;
  }
};

var lists = new linkList();
for (var i = 0; i < 8; i++) {
  lists.addLink(new node(i, i));
}
console.log("逆序前: ");
lists.getLinkList();
lists.reverse();
console.log("逆序后: ");
lists.getLinkList();
//释放链表所占的空间
lists.clear();
```

程序的运行结果为

```
逆序前：0  1  2  3  4  5  6  7
逆序后：7  6  5  4  3  2  1  0
```

算法性能分析：

以上这种方法只需要对链表进行一次遍历，因此，时间复杂度为O(N)，其中，N为链表的长度。但是需要常数个额外的变量来保存当前结点的前驱结点与后继结点，因此，空间复杂度为O(1)。

方法二：递归法

假定原链表为 1→2→3→4→5→6→7，递归法的主要思路为：先逆序除第一个结点以外的子链表（将 1→2→3→4→5→6→7 变为 1→7→6→5→4→3→2），接着把结点 1 添加到逆序的子链表的后面（1→2→3→4→5→6→7 变为 7→6→5→4→3→2→1）。同理，在逆序链表 2

→3→4→5→6→7 时，也是先逆序子链表 3→4→5→6→7（逆序为 2→7→6→5→4→3），接着实现链表的整体逆序（2→7→6→5→4→3 转换为 7→6→5→4→3→2）。实现代码如下：

```
linkList.prototype = {
    //省略前面的原型方法...
recursiveReverse: function (firstRef) {
        if (firstRef == null)
            return;
        var cur, rest;
        cur = firstRef;                    //cur: 1→2→3→4→5→6→7
        rest = cur.next;                   //rest: 2→3→4→5→6→7
        if (rest == null) {
            //头结点指向逆序后链表的第一个结点
            this.header.next = firstRef;
            return;
        }
        //逆序 rest，逆序后链表：7→6→5→4→3→2
        this.recursiveReverse(rest);
        //把第一个结点添加到尾结点：7→6→5→4→3→2→1
        cur.next.next = cur;
        cur.next = null;
    },
    reverseTwo: function () {              //对带头结点的单链表进行逆序
        var head = this.header;
        if (head == null || head.next == null)
            return;
        //获取链表第一个结点
        var firstNode = head.next;
        //对链表进行逆序
        this.recursiveReverse(firstNode);
    }
};
```

算法性能分析：

递归法也只需要对链表进行一次遍历，因此，算法复杂度也为 O(N)。其中，N 为链表的长度。递归法的主要优点是：算法的思路比较直观，容易理解，而且也不需要保存前驱结点的地址。缺点是：算法实现的难度较大。此外，由于递归法需要不断地调用自己，需要额外的压栈与弹栈操作，因此，与方法一相比，性能会有所下降。

方法三：插入法

插入法的主要思路：从链表的第二个结点开始，把遍历到的结点插入到头结点的后面，直到遍历结束。假定原链表为 head→1→2→3→4→5→6→7，在遍历到 2 时，将其插入到头结点后，链表变为 head→2→1→3→4→5→6→7，同理，将后序遍历到的所有结点都插入到头结点 head 后，就可以实现链表的逆序。实现代码如下：

```
linkList.prototype = {
    //省略前面的原型方法...
    reverseThree: function () {                        //对单链表进行逆序
```

```
        var head = this.header;
        //判断链表是否为空
        if (head == null || head.next == null)
            return;
        var cur = null,                          //当前结点
            next = null;                         //后继结点
        cur = head.next.next;
        //设置链表第一个结点为尾结点
        head.next.next = null;
        //把遍历到结点插入到头结点的后面
        while (cur != null) {
            next = cur.next;
            cur.next = head.next;
            head.next = cur;
            cur = next;
        }
    }
};
```

算法性能分析：

以上这种方法也只需要对单链表进行一次遍历，因此，时间复杂度为 O(N)。其中，N 为链表的长度。与方法一相比，这种方法不需要保存前驱结点的地址。与方法二相比，这种方法不需要递归的调用，效率更高。

引申：对不带头结点的单链表进行逆序，并且从尾到头输出链表

分析与解答：对不带头结点的单链表的逆序，读者可以自己练习（方法二已经实现了递归的方法），这里主要介绍单链表逆向输出的方法。

方法一：就地逆序+顺序输出

首先对链表进行逆序，然后顺序输出逆序后的链表。这个方法的缺点是，改变了链表原来的结构。

方法二：逆序+顺序输出

申请新的存储空间，对链表进行逆序，然后顺序输出逆序后的链表。逆序的主要思路为：每当遍历到一个结点的时候，申请一块新的存储空间来存储这个结点的数据域，同时把新结点插入到新的链表的头结点后。这种方法的缺点是，需要申请额外的存储空间。

方法三：递归输出

递归输出的主要思路：先输出除当前结点外的后继子链表，然后输出当前结点，假如链表为：1→2→3→4→5→6→7，那么先输出 2→3→4→5→6→7，再输出 1。同理，对于链表 2→3→4→5→6→7，也是先输出 3→4→5→6→7，接着输出 2，直到遍历到链表的最后一个结点 7 的时候会输出结点 7，然后递归地输出 6，5，…，1。实现代码如下：

```
//链表结点
function node(id, name) {
    this.id = id;                                //结点 id
    this.name = name;                            //结点名称
    this.next = null;                            //下一结点
}
```

```
//单链表
function linkList(id, name) {
  this.header = new node(id, name);                    //链表头结点
}
linkList.prototype = {
    getLinkLength: function () {                       //获取链表长度
      var i = 0,
        current = this.header;
      while (current.next != null) {
        i++;
        current = current.next;
      }
      return i;
    },
    addLink: function (node) {                         //添加结点数据
      var current = this.header;
      while (current.next != null) {
        if (current.next.id > node.id) {
          break;
        }
        current = current.next;
      }
      node.next = current.next;
      current.next = node;
    },
    clear: function () {                               //清空链表
      this.header = null;
    },
    getLinkList: function () {                         //获取链表
      var current = this.header;
      if (current.next == null) {
        console.log("链表为空");
        return;
      }
      var txt = "";
      while (current.next != null) {
        txt += current.next.name + " ";
        if (current.next.next == null) {
          break;
        }
        current = current.next;
      }
      console.log(txt);
    },
    reverseStart: function () {                        //从尾到头输出单链表信息
      var firstNode = this.header.next;
      this.txt = "";
      this.reversePrint(firstNode);
      console.log(this.txt);
    },
```

```
        reversePrint: function (firstNode) {                    //递归打印
            if (firstNode == null)
                return;
            this.reversePrint(firstNode.next);
            this.txt += firstNode.name + " ";
        }
    };

    var lists = new linkList();
    for (var i = 0; i < 8; i++) {
        lists.addLink(new node(i, i));
    }
    console.log("顺序输出: ");
    lists.getLinkList();
    console.log("逆序输出：");
    lists.reverseStart();
    //释放链表所占的空间
    lists.clear();
```

程序的运行结果为

```
顺序输出：0  1  2  3  4  5  6  7
逆序输出：7  6  5  4  3  2  1  0
```

4.2 如何从无序链表中移除重复项

难度系数：★★★☆☆ **被考查系数：★★★★☆**

题目描述：

给定一个没有排序的链表，去掉其重复项，并保留原顺序，如链表 1→3→1→5→5→7，去掉重复项后变为 1→3→5→7。

分析与解答：

方法一：顺序删除

主要思路为：通过双重循环直接在链表上执行删除操作。外层循环用一个指针从第一个结点开始遍历整个链表，然后内层循环用另外一个指针遍历其余结点，将与外层循环遍历到的指针所指结点的数据域相同的结点删除，如图 4-2 所示。

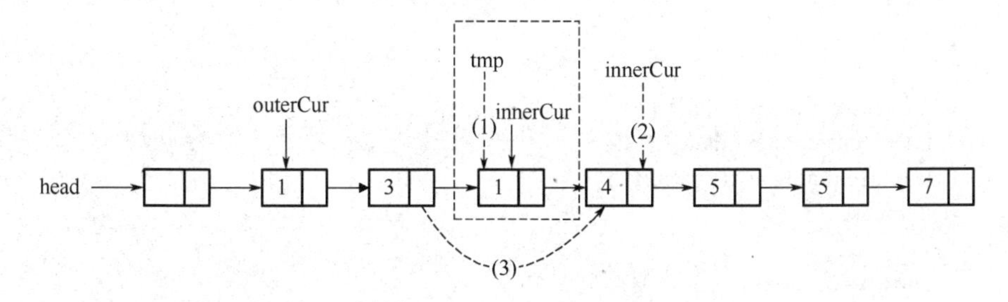

图 4-2　双重循环的删除演示

假设外层循环从 outerCur 开始遍历，当内层循环指针 innerCur 遍历到图 4-2 虚线所框的位置（outerCur.data==innerCur.data）时，需要把 innerCur 指向的结点删除。具体步骤如下：

1）用 tmp 记录待删除结点的地址。

2）为了能够在删除 tmp 结点后继续遍历链表中其余的结点，使 innerCur 指针指向它的后继结点：innerCur=innerCur.next。

3）从链表中删除 tmp 结点。

实现代码如下：

```
//链表结点
function node(id, data) {
    this.id = id;                              //结点 id
    this.data = data;                          //结点数据
    this.next = null;                          //下一结点
}
//单链表
function linkList(id, data) {
    this.header = new node(id, data);          //链表头结点
}
linkList.prototype = {
        addLink: function (node) {             //添加结点数据
            var current = this.header;
            while (current.next != null) {
                if (current.next.id > node.id) {
                    break;
                }
                current = current.next;
            }
            node.next = current.next;
            current.next = node;
        },
        clear: function () {                   //清空链表
            this.header = null;
        },
        getLinkList: function () {             //获取链表
            var current = this.header;
            if (current.next == null) {
                console.log("链表为空");
                return;
            }
            var txt = "";
            while (current.next != null) {
                txt += current.next.data + " ";
                if (current.next.next == null) {
                    break;
                }
                current = current.next;
            }
            console.log(txt);
```

```
    },
    removeDup: function () {          //删除带头结点的无序单链表中重复的结点
        var head = this.header;
        if (head == null || head.next == null)
            return;
        var outerCur = head.next,       //外层循环指针，指向链表的第一个结点
            innerCur = null,            //内层循环用来遍历 ourterCur 后面的结点
            innerPre = null,            //innerCur 的前驱结点
            tmp = null;                 //用来指向被删除结点的指针
        for (; outerCur != null; outerCur = outerCur.next) {
            for (innerCur = outerCur.next, innerPre = outerCur; innerCur != null;) {
                //找到重复的结点并删除
                if (outerCur.data == innerCur.data) {
                    tmp = innerCur;
                    innerPre.next = innerCur.next;
                    innerCur = innerCur.next;
                } else {
                    innerPre = innerCur;
                    innerCur = innerCur.next;
                }
            }
        }
    }
};

var lists = new linkList();
lists.addLink(new node(1, 1));
lists.addLink(new node(2, 3));
lists.addLink(new node(3, 1));
lists.addLink(new node(4, 5));
lists.addLink(new node(5, 5));
lists.addLink(new node(6, 7));
console.log("删除重复结点前: ");
lists.getLinkList();
console.log("删除重复结点后： ");
lists.removeDup();
lists.getLinkList();
//释放链表所占的空间
lists.clear();
```

程序的运行结果为

```
删除重复结点前：1   3   1   5   5   7
删除重复结点后：1   3   5   7
```

算法性能分析：

由于这个算法采用双重循环对链表进行遍历，因此，时间复杂度为 $O(N^2)$。其中，N 为链表的长度。在遍历链表的过程中，使用了常量个额外的指针变量来保存当前遍历的结点、前驱结点和被删除的结点。因此，空间复杂度为 O(1)。

方法二：递归法

主要思路为：对于结点 cur，首先递归地删除以 cur.next 为首的子链表中重复的结点，接着从以 cur.next 为首的子链表中找出与 cur 有着相同数据域的结点并删除。实现代码如下：

```
linkList.prototype = {
    //省略前面的原型方法...
    removeDupRecursion: function (head) {        //对不带头结点的单链删除重复结点
        if (head.next == null)
            return head;
        var pointer = null,
            cur = head;
        //对以 head.next 为首的子链表删除重复的结点
        head.next = this.removeDupRecursion(head.next);
        pointer = head.next;
        //找出以 head.next 为首的子链表中与 head 结点相同的结点并删除
        while (pointer != null) {
            if (head.data == pointer.data) {
                cur.next = pointer.next;
            } else {
                cur = cur.next;
            }
            pointer = pointer.next;
        }
        return head;
    },
    removeDupTwo: function () {                    //对带头结点的单链删除重复结点
        head = this.header;
        if (head == null)
            return;
        head.next = this.removeDupRecursion(head.next);
    }
};
```

用方法一中的数据运行这个方法可以得到相同的运行结果。

算法性能分析：

这个方法与方法一类似，从本质上讲，由于这个方法需要对链表进行双重遍历，因此，时间复杂度为 $O(N^2)$。其中，N 为链表的长度。由于递归法会增加许多额外的方法调用，因此，从理论上讲，该方法效率比方法一低。

方法三：空间换时间

通常情况下，为了降低时间复杂度，往往在条件允许的情况下，通过使用辅助空间实现。具体而言，主要思路如下。

1）建立一个 hash Set，hash Set 中的内容为已经遍历过的结点内容，并将其初始化为空。

2）从头开始遍历链表中的所以结点，存在以下两种可能性：

① 如果结点内容已经在 hash Set 中，则删除此结点，继续向后遍历。

② 如果结点内容不在 hash Set 中，则保留此结点，将此结点内容添加到 hash Set 中，继续向后遍历。

引申：如何从有序链表中移除重复项

分析与解答：上述介绍的方法也适用于链表有序的情况，但是由于以上方法没有充分利用到链表有序这个条件，因此，算法的性能肯定不是最优的。本题中，由于链表具有有序性，因此，不需要对链表进行两次遍历。所以，有如下思路，用 cur 指向链表第一个结点，此时需要分为以下两种情况讨论。

1）如果 cur.data==cur.next.data，那么删除 cur.next 结点。

2）如果 cur.data!= cur.next.data，那么 cur=cur.next，继续遍历其余结点。

实现代码如下：

```
linkList.prototype = {
    //省略前面的原型方法...
removeDupThree: function () {
        var head = this.header;
        if (head.next == null)
            return head;
        var cur = head,
            tmp;
        while (cur.next) {
            if (cur.data == cur.next.data) {
                tmp = cur.next;
                cur.next = cur.next.next;
            } else {
                cur = cur.next;
            }
        }
        return head;
    }
};
```

4.3 如何计算两个单链表所代表的数之和

难度系数：★★★☆☆　　　　**被考查系数：**★★★★☆

题目描述：

给定两个单链表，链表的每个结点代表一位数，计算两个数的和。例如，输入链表（3→1→5）和链表（5→9→2），输出：8→0→8，即 513+295=808，注意个位数在链表头。

分析与解答：

方法一：整数相加法

主要思路：分别遍历两个链表，求出两个链表所代表的整数值，然后把这两个整数进行相加，最后把它们的和用链表的形式表示出来。这种方法的优点是计算简单，但是有个非常大的缺点：当链表所代表的数很大时（超出了 Number 的表示范围），就无法使用这种方法了。

方法二：链表相加法

主要思路：对链表中的结点直接进行相加，把相加的和存储到新的链表对应的结点中，同时还要记录结点相加后的进位。如图 4-3 所示：

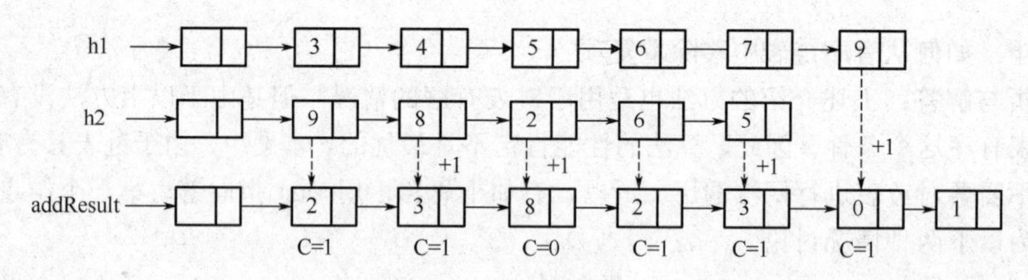

图 4-3　结点相加

使用这个方法需要注意 3 个问题：①每组结点进行相加后需要记录其是否有进位；②如果两个链表 H1 与 H2 的长度不同（长度分别为 L1 和 L2，且 L1<L2），当对链表的第 L1 位计算完成后，接下来只需要考虑链表 L2 剩余的结点值（需要考虑进位）；③对链表所有结点都完成计算后，还需要考虑此时是否还有进位，如果有进位，则需要增加新的结点，此结点的数据域为 1。实现代码如下：

```
//链表结点
function node(id, name) {
  this.id = id;                                    //结点 id
  this.name = name;                                //结点名称
  this.next = null;                                //下一结点
}
//单链表
function linkList(id, name) {
  this.header = new node(id, name);                //链表头结点
}
linkList.prototype = {
    addLink: function (node) {                     //添加结点数据
      var current = this.header;
      while (current.next != null) {
        if (current.next.id > node.id) {
          break;
        }
        current = current.next;
      }
      node.next = current.next;
      current.next = node;
    },
    clear: function () {                           //清空链表
      this.header = null;
    },
    getLinkList: function () {                     //获取链表
      var current = this.header;
      if (current.next == null) {
        console.log("链表为空");
        return;
      }
      var txt = "";
      while (current.next != null) {
        txt += current.next.name + " ";
```

```
            if (current.next.next == null) {
                break;
            }
            current = current.next;
        }
        console.log(txt);
    }
};
/*
 ** 函数功能:         对两个带头结点的单链表所代表的的数相加
 ** 输入参数:         h1:第一个链表头结点；h2:第二个链表头结点
 ** 返回值:    相加后链表的头结点
 */
function add(h1, h2) {
    h1 = h1.header;
    h2 = h2.header;
    if (h1 == null || h1.next == null)
        return h2;
    if (h2 == null || h2.next == null)
        return h1;
    var c = 0,                                  //用来记录进位
        sum = 0,                                //用来记录两个结点相加的值
        p1 = h1.next,                           //用来遍历 h1
        p2 = h2.next,                           //用来遍历 h2
        tmp = null,                             //用来指向新创建的存储相加和的结点
        resultHead = new linkList(),            //相加后链表头结点
        p = resultHead;                         //用来指向链表 resultHead 最后一个结点
    while (p1 && p2) {
        tmp = new linkList();
        sum = p1.name + p2.name + c;
        tmp.header.name = sum % 10;             //两结点相加和
        c = Math.floor(sum / 10);               //进位
        p.header.next = tmp;
        p = tmp;
        p1 = p1.next;
        p2 = p2.next;
    }
    //链表 h2 比 h1 长，接下来只需要考虑 h2 剩余结点的值
    if (p1 == null) {
        while (p2) {
            tmp = new linkList();
            sum = p2.header.name + c;
            tmp.header.name = sum % 10;
            c = Math.floor(sum / 10);
            p.header.next = tmp;
            p = tmp;
            p2 = p2.next;
        }
    }
    //链表 h1 比 h2 长，接下来只需要考虑 h1 剩余结点的值
```

```
        if (p2 == null) {
            while (p1) {
                tmp = new linkList();
                sum = p1.name + c;
                tmp.header.name = sum % 10;
                c = Math.floor(sum / 10);
                p.header.next = tmp;
                p = tmp;
                p1 = p1.next;
            }
        }
        //如果计算完成后还有进位，则增加新的结点
        if (c == 1) {
            tmp = new linkList();
            tmp.header.name = 1;
            p.header.next = tmp;
        }
        return resultHead;
    }

    var head1 = new linkList(),
        head2 = new linkList();
    for (var i = 1; i < 7; i++) {
        head1.addLink(new node(i, i + 2));
    }
    var num = 0;
    for (i = 9; i > 4; i--) {
        head2.addLink(new node(num, i));
        num++;
    }
    console.log("Head1：  ");
    head1.getLinkList();
    console.log("Head2：  ");
    head2.getLinkList();
    console.log("相加后：  ");
    var addResult = add(head1, head2),
        txt = "";
    while (addResult != null) {
        if (addResult.header.name)
            txt += addResult.header.name + " ";
        addResult = addResult.header.next;
    }
    console.log(txt);
    //释放链表所占的空间
    head1.clear();
    head2.clear();
```

程序的运行结果为

```
Head1： 3  4  5  6  7  8
```

```
Head2:  9  8  7  6  5
相加后:2  3  3  3  3  9
```

运行结果分析：

前 5 位可以按照整数相加的方法依次从左到右进行计算，第 5 位 7+5+1（进位）的值为 3，进位为 1。此时，Head2 已经遍历结束，由于 Head1 还有结点没有被遍历，所以，依次接着遍历 Head1 剩余的结点：8+1(进位)=9，没有进位。因此，运行代码可以得到上述结果。

算法性能分析：

由于这个方法需要对两个链表都进行遍历，因此，时间复杂度为 O(N)。其中，N 为较长的链表的长度。由于计算结果保存在一个新的链表中，因此，空间复杂度也为 O(N)。

4.4 如何对链表进行重新排序

难度系数：★★★☆☆ **被考查系数：★★★★☆**

题目描述：

给定链表 L0→L1→L2→…→Ln−1→Ln，把链表重新排序为 L0→Ln→L1→Ln−1→L2→Ln−2→…。要求：①在原来链表的基础上进行排序，不能申请新的结点；②只能修改结点的 next 域，不能修改数据域。

分析与解答：

主要思路为：

1）首先找到链表的中间结点；

2）然后对链表的后半部分子链表进行逆序；

3）最后把链表的前半部分子链表与逆序后的后半部分子链表进行合并，合并的思路为：分别从两个链表中各取一个结点进行合并。实现方法如图 4-4 所示。

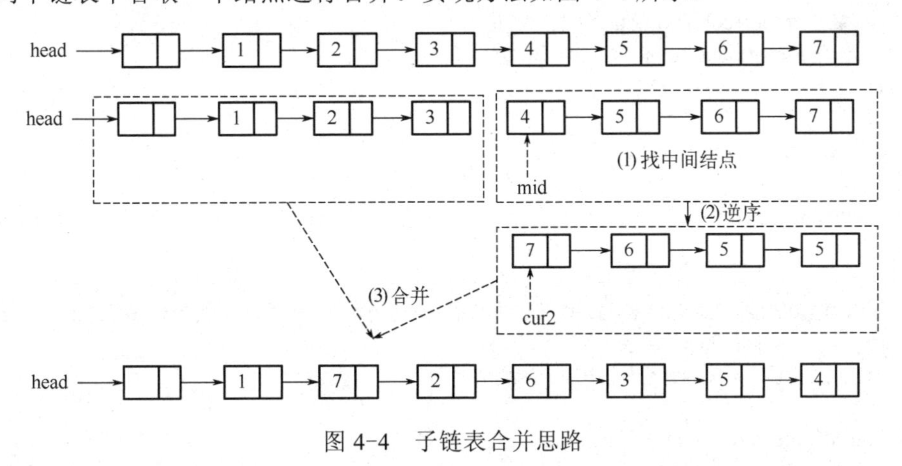

图 4-4 子链表合并思路

实现代码如下：

```
//链表结点
function node(id, data) {
    this.id = id;                    //结点 id
```

```
    this.data = data;                          //结点数据
    this.next = null;                          //下一结点
  }
  //单链表
  function linkList(id, data) {
    this.header = new node(id, data);                   //链表头结点
  }
  linkList.prototype = {
      addLink: function (node) {                        //添加结点数据
        var current = this.header;
        while (current.next != null) {
          if (current.next.id > node.id) {
            break;
          }
          current = current.next;
        }
        node.next = current.next;
        current.next = node;
      },
      clear: function () {                              //清空链表
        this.header = null;
      },
      getLinkList: function () {                        //获取链表
        var current = this.header;
        if (current.next == null) {
          console.log("链表为空");
          return;
        }
        var txt = "";
        while (current.next != null) {
          txt += current.next.data + " ";
          if (current.next.next == null) {
            break;
          }
          current = current.next;
        }
        console.log(txt);
      },
      /*
       ** 函数功能：找出链表 Head 的中间结点，把链表从中间断成两个子链表
       ** 输入参数：head:链表头结点
       ** 返回值：  指向链表的中间结点的指针
       */
      FindMiddleNode: function (head) {
        if (head == null || head.next == null)
          return head;
        var fast = head,                                //快指针每次走两步
          slow = head,                                  //慢指针每次走一步
          slowPre = head;
        //当 fast 到链表尾时，slow 恰好指向链表的中间结点
```

```
        while (fast != null && fast.next != null) {
            slowPre = slow;
            slow = slow.next;
            fast = fast.next.next;
        }
        //把链表断开成两个独立的子链表
        slowPre.next = null;
        return slow;
    },
    /*
     ** 函数功能：对不带头结点的单链表翻转
     ** 输入参数：head:指向链表头结点
     */
    Reverse: function (head) {
        if (head == null || head.next == null)
            return head;
        var pre = head,                                 //前驱结点
            cur = head.next,                            //当前结点
            next = cur.next;                            //后继结点
        pre.next = null;
        //使当前遍历到的结点 cur 指向其前驱结点
        while (cur != null) {
            next = cur.next;
            cur.next = pre;
            pre = cur;
            cur = cur.next;
            cur = next;
        }
        return pre;
    },
    /*
     ** 函数功能：对链表进行排序
     */
    Reorder: function () {
        var head = this.header;                         //指向链表头结点
        if (head == null || head.next == null)
            return;

        var cur1 = head.next,                           //前半部分链表第一个结点
            mid = this.FindMiddleNode(head.next),
            cur2 = this.Reverse(mid),                   //后半部分链表逆序后的第一个结点
            tmp = null;
        //合并两个链表
        while (cur1.next != null) {
            tmp = cur1.next;
            cur1.next = cur2;
            cur1 = tmp;

            tmp = cur2.next;
            cur2.next = cur1;
```

```
            cur2 = tmp;
        }
        cur1.next = cur2;
    }
};

var lists = new linkList();
for (var i = 1; i < 8; i++) {
    lists.addLink(new node(i, i));
}
console.log("排序前：");
lists.getLinkList();
lists.Reorder();
console.log("排序后：");
lists.getLinkList();
//释放链表所占的空间
lists.clear();
```

程序的运行结果为

```
排序前： 1 2 3 4 5 6 7
排序后： 1 7 2 6 3 5 4
```

算法性能分析：

查找链表中间结点的方法的时间复杂度为 O(N)，逆序子链表的时间复杂度也为 O(N)，合并两个子链表的时间复杂度还为 O(N)。因此，整个方法的时间复杂度为 O(N)，其中，N 表示链表的长度。由于这个方法只用了常数个额外指针变量，因此，空间复杂度为 O(1)。

引申：如何查找链表的中间结点

分析与解答：用两个指针从链表的第一个结点开始同时遍历结点，一个快指针每次走两步，另外一个慢指针每次走一步。当快指针先到链表尾部时，慢指针则恰好到达链表中部。快指针到链表尾部时，如果链表长度为奇数，那么慢指针指向的即是链表中间指针；如果链表长度为偶数，那么慢指针指向的结点和该结点的下一个结点都是链表的中间结点。在上面的代码中，FindMiddleNode()就是用来求链表中间结点的。

4.5 如何找出单链表中的倒数第 k 个元素

难度系数：★★★☆☆　　　　**被考查系数：**★★★★★

题目描述：

找出单链表中的倒数第 k 个元素，如给定单链表：1→2→3→4→5→6→7，则单链表的倒数第 3（即 k=3）个元素为 5。

分析与解答：

方法一：顺序遍历两遍

主要思路：首先遍历一次单链表，求出整个单链表的长度 n，然后把求倒数第 k 个元素转换为求顺数第 n－k 个元素，再去遍历一次单链表就可以得到结果。但是该方法需要对单链表进行两次遍历。

方法二：快慢指针法

由于单链表只能从头到尾依次访问链表的各个结点，所以，如果要找单链表的倒数第 k 个元素，只能从头到尾进行遍历查找。在查找过程中，设置两个指针，让其中一个指针比另一个指针先前移 k 步，然后两个指针同时往前移动。循环直到先行的指针值为 null 时，另一个指针所指的位置就是所要找的位置。程序代码如下:

```
//链表结点
function node(id, data) {
    this.id = id;                                   //结点 id
    this.data = data;                               //结点数据
    this.next = null;                               //下一结点
}
//单链表
function linkList(id, data) {
    this.header = new node(id, data);               //链表头结点
}
linkList.prototype = {
        addLink: function (node) {                  //添加结点数据
            var current = this.header;
            while (current.next != null) {
                if (current.next.id > node.id) {
                    break;
                }
                current = current.next;
            }
            node.next = current.next;
            current.next = node;
        },
        clear: function () {                        //清空链表
            this.header = null;
        },
        getLinkList: function () {                  //获取链表
            var current = this.header;
            if (current.next == null) {
                console.log("链表为空");
                return;
            }
            var txt = "";
            while (current.next != null) {
                txt += current.next.data + " ";
                if (current.next.next == null) {
                    break;
                }
                current = current.next;
            }
            console.log(txt);
        },
        FindLastK: function (k) {                   //找出链表倒数第 k 个结点
```

```
            var head = this.header;
            if (head == null || head.next == null)
                return head;
            var slow = null,
                fast = null;
            slow = fast = head.next;
            for (var i = 0; i < k && fast; ++i) {                   //前移 k 步
                fast = fast.next;
            }
            //判断 k 是否已超出链表长度
            if (i < k)
                return null;
            while (fast != null) {
                slow = slow.next;
                fast = fast.next;
            }
            return slow;
        }
};

var lists = new linkList();
for (var i = 1; i < 8; i++) {
    lists.addLink(new node(i, i));
}
console.log("链表：   ");
lists.getLinkList();
console.log("链表倒数第三个元素为：");
var result = lists.FindLastK(3);
console.log(result.data);
//释放链表所占的空间
lists.clear();
```

程序的运行结果为

```
链表： 1  2  3  4  5  6  7
链表倒数第 3 个元素为：5
```

算法性能分析：

这种方法只需要对链表进行一次遍历，因此，时间复杂度为 O(N)。另外，由于只需要常量个指针变量来保存结点的地址信息，因此，空间复杂度为 O(1)。

引申：如何将单链表向右旋转 k 个位置？

题目描述：给定单链表 1→2→3→4→5→6→7，并且设置 K=3，那么旋转后的单链表变为 5→6→7→1→2→3→4。

分析与解答：主要思路有 4 步，①首先找到链表倒数第 k+1 个结点 slow 和尾结点 fast（如图 4-5 示）；②然后把链表断开为两个子链表，其中后半部分子链表的结点个数为 k；③再使原链表的尾结点指向链表的第一个结点；④最后使链表的头结点指向原链表倒数第 k 个结点。

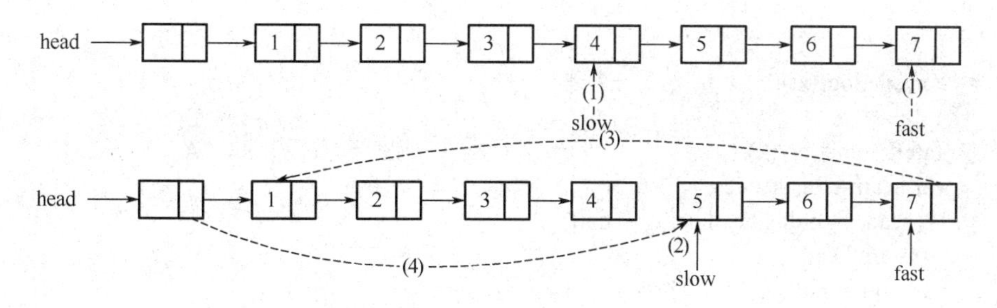

图 4-5　实现链表旋转的思路

实现代码如下：

```
//链表结点
function node(id, data) {
  this.id = id;                                          //结点 id
  this.data = data;                                      //结点数据
  this.next = null;                                      //下一结点
}
//单链表
function linkList(id, data) {
  this.header = new node(id, data);                      //链表头结点
}
linkList.prototype = {
    addLink: function (node) {                           //添加结点数据
      var current = this.header;
      while (current.next != null) {
        if (current.next.id > node.id) {
          break;
        }
        current = current.next;
      }
      node.next = current.next;
      current.next = node;
    },
    clear: function () {                                 //清空链表
      this.header = null;
    },
    getLinkList: function () {                           //获取链表
      var current = this.header;
      if (current.next == null) {
        console.log("链表为空");
        return;
      }
      var txt = "";
      while (current.next != null) {
        txt += current.next.data + " ";
        if (current.next.next == null) {
          break;
        }
        current = current.next;
```

```
        }
        console.log(txt);
    },
    RotateK: function (k) {                              //把链表右旋 k 个位置
        var head = this.header;
        if (head == null || head.next == null)
            return head;
        var slow = null,
            fast = null;
        //fast 指针先走 K 步，然后与 slow 指针同时向后走
        slow = fast = head.next;
        for (var i = 0; i < k && fast; ++i) {             //前移 k 步
            fast = fast.next;
        }
        //判断 k 是否已超出链表长度
        if (i < k)
            return null;
        //循环结束后 slow 指向链表倒数第 K+1 个元素，fast 指向链表最后一个元素
        while (fast.next != null) {
            slow = slow.next;
            fast = fast.next;
        }
        var tmp = slow;
        slow = slow.next;
        tmp.next = null;                                  //如图 4-5 中的步骤（2）
        fast.next = head.next;                            //如图 4-5 中的步骤（3）
        head.next = slow;                                 //如图 4-5 中的步骤（4）
        return slow;
    }
};

var lists = new linkList();
for (var i = 1; i < 8; i++) {
    lists.addLink(new node(i, i));
}
console.log("旋转前：");
lists.getLinkList();
console.log("旋转后：");
lists.RotateK(3);
lists.getLinkList();
//释放链表所占的空间
lists.clear();
```

程序的运行结果为

```
旋转前:  1  2  3  4  5  6  7
旋转后:  5  6  7  1  2  3  4
```

算法性能分析：

这种方法只需要对链表进行一次遍历，因此，时间复杂度为 O(N)。另外，由于只需要几

个指针变量来保存结点的地址信息，因此，空间复杂度为 O(1)。

4.6 如何检测一个较大的单链表是否有环

难度系数：★★★★☆ **被考查系数：★★★★★**

题目描述：

单链表有环指的是单链表中某个结点的 next 指针域指向链表中在它之前的某一个结点，这样在链表的尾部形成一个环形结构。如何判断单链表是否有环存在？

分析与解答：

方法一：蛮力法

定义一个 hash_set 用来存放结点指针，并将其初始化为空指针，从链表的头指针开始向后遍历。每次遇到一个指针就判断 hash Set 中是否有这个结点的指针，如果没有，说明这个结点是第一次访问，还没有形成环，那么将这个结点指针添加到指针 hash Set 中去。如果在 hash Set 中找到了同样的指针，那么说明这个结点已经被访问过了，于是就形成了环。这个方法的时间复杂度为 O(N)，空间复杂度也为 O(N)。

方法二：快慢指针遍历法

定义两个指针 fast（快）与 slow（慢），两者的初始值都指向链表头，指针 slow 每次前进一步，指针 fast 每次前进两步，两个指针同时向前移动。快指针每移动一次都要跟慢指针比较，如果快指针等于慢指针，就证明这个链表是带环的单向链表，否则证明这个链表是不带环的循环链表。实现代码见后面引申部分。

引申：如果链表存在环，那么如何找出环的入口点？

分析与解答：当链表有环时，如果知道环的入口点，那么在需要遍历链表或释放链表所占空间时将会非常简单，下面主要介绍查找链表环入口点的思路。

如果单链表有环，那么按照上述方法二的思路，当走得快的指针 fast 与走得慢的指针 slow 相遇时，slow 指针肯定没有遍历完链表，而 fast 指针已经在环内循环了 n 圈（$n \geq 1$）。如果 slow 指针走了 s 步，那么 fast 指针走了 2s 步（fast 步数还等于 s 加上在环上多转的 n 圈），假设环长为 r，则满足如下关系表达式：

$$2s=s+nr$$

由此可以得到：$s = nr$

设整个链表长为 L，入口环与相遇点距离为 x，起点到环入口点的距离为 a。则满足如下关系表达式：

$$a+x = nr$$

$$a+x = (n-1)r+r = (n-1)r+L-a$$

$$a = (n-1)r+(L-a-x)$$

(L−a−x)为相遇点到环入口点的距离，从链表头到环入口点的距离=(n−1)×环长+相遇点到环入口点的长度。于是从链表头与相遇点分别设一个指针，每次各走一步，两个指针必定相遇，且相遇第一点为环入口点。实现代码如下：

```
//链表结点
```

```
function node(id, data) {
    this.id = id;                                          //结点 id
    this.data = data;                                      //结点数据
    this.next = null;                                      //下一结点
}
//单链表
function linkList(id, data) {
    this.header = new node(id, data);                      //链表头结点
}
linkList.prototype = {
        addLink: function (node) {                         //添加结点数据
            var current = this.header;
            while (current.next != null) {
                if (current.next.id > node.id) {
                    break;
                }
                current = current.next;
            }
            node.next = current.next;
            current.next = node;
        },
        clear: function () {                               //清空链表
            this.header = null;
        },
        getLinkList: function () {                         //获取链表
            var current = this.header;
            if (current.next == null) {
                console.log("链表为空");
                return;
            }
            var txt = "";
            while (current.next != null) {
                txt += current.next.data + " ";
                if (current.next.next == null) {
                    break;
                }
                current = current.next;
            }
            console.log(txt);
        }
};
/*
 ** 函数功能：构建链表
 */
function ConstructList() {
    var list = new linkList(),
        cur = list,
        tmp;
    //构造第一个链表
    for (var i = 1; i < 8; i++) {
```

```
        tmp = new linkList();
        tmp.header.data = i;
        cur.header.next = tmp;
        cur = tmp;
    }
    cur.header.next = list.header.next.header.next.header.next;
    return list.header;
}
/*
 ** 函数功能:        判断单链表是否有环
 ** 输入参数:        head:链表头结点
 ** 返回值:    null:无环，否则返回 slow 与 fast 指针相遇点的指针
 */
function isLoop(head) {
    if (head == null || head.next == null)
        return null;
    //初始两个指针都指向链表第一个结点
    var slow = head.next,
        fast = head.next;
    while (fast && fast.header.next) {
        slow = slow.header.next;
        fast = fast.header.next.header.next;
        if (slow == fast)
            return slow;
    }
    return null;
}
/*
 ** 函数功能:        找出环的入口点
 ** 输入参数:        meetNode:fast 与 slow 指针相遇点
 ** 返回值:    null:无环，否则返回 slow 与 fast 指针相遇点的指针
 */
function FindLoopNode(head, meetNode) {
    var first = head.next,
        second = meetNode;
    while (first != second) {
        first = first.header.next;
        second = second.header.next;
    }
    return first;
}

var head = ConstructList(),
    meetNode = isLoop(head);
if (meetNode != null) {
    console.log("有环");
    loopNode = FindLoopNode(head, meetNode);
    console.log("环的入口点为：", loopNode.header.data);
} else {
    console.log("无环");
```

```
}
```

程序的运行结果为

```
有环
环的入口点为：3
```

运行结果分析：

示例代码给的链表为：1→2→3→4→5→6→7→3（3 实际代表链表第三个结点）。因此，IsLoop 函数返回的结果为两个指针相遇的结点，所以链表有环，通过 FindLoopNode 函数可以获取到环的入口点为 3。

算法性能分析：

这种方法只需要对链表进行一次遍历，因此，时间复杂度为 O(N)。另外，由于只需要几个指针变量来保存结点的地址信息，因此，空间复杂度为 O(1)。

4.7 如何把链表相邻元素翻转

难度系数：★★★☆☆　　　　**被考查系数：★★★★☆**

题目描述：

把链表相邻元素翻转，如给定链表为 1→2→3→4→5→6→7，则翻转后的链表变为 2→1→4→3→6→5→7。

分析与解答：

方法一：交换值法

最容易想到的方法就是交换相邻两个结点的数据域，这种方法由于不需要重新调整链表的结构，因此比较容易实现，但是这种方法并不是考官所期望的解法。

方法二：就地逆序

主要思路：通过调整结点指针域的指向来直接调换相邻的两个结点。如果单链表恰好有偶数个结点，那么只需要将奇偶结点对调，如果链表有奇数个结点，那么除最后一结点外的其他结点进行奇偶对调。为了便于理解，图 4-6 给出了其中第一对结点对调的方法。

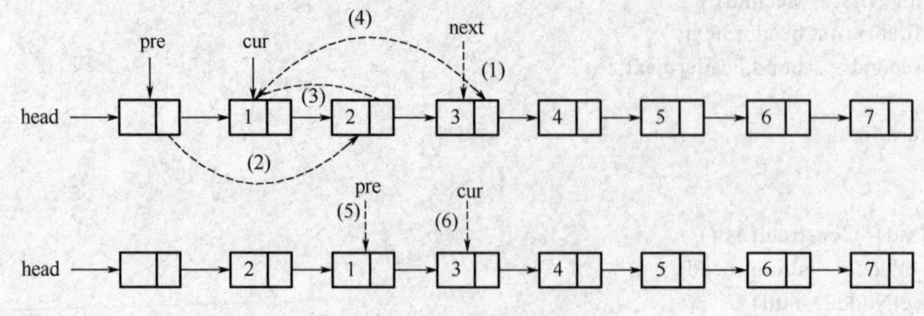

图 4-6　结点对调的过程

在图 4-6 中，当前遍历到结点 cur，通过（1）～（6）这 6 个步骤用虚线的指针来代替实线的指针，实现相邻结点的逆序。其中，步骤（1）～（4）实现了前两个结点的逆序操作，步骤（5）和步骤（6）向后移动指针，接着可以采用同样的方式实现后面两个相邻结点的逆序操作。实现代码如下：

```
//链表结点
function node(id, data) {
  this.id = id;                                   //结点 id
  this.data = data;                               //结点数据
  this.next = null;                               //下一结点
}
//单链表
function linkList(id, data) {
  this.header = new node(id, data);               //链表头结点
}
linkList.prototype = {
    addLink: function (node) {                    //添加结点数据
      var current = this.header;
      while (current.next != null) {
        if (current.next.id > node.id) {
          break;
        }
        current = current.next;
      }
      node.next = current.next;
      current.next = node;
    },
    clear: function () {                          //清空链表
      this.header = null;
    },
    getLinkList: function () {                    //获取链表
      var current = this.header;
      if (current.next == null) {
        console.log("链表为空");
        return;
      }
      var txt = "";
      while (current.next != null) {
        txt += current.next.data + " ";
        if (current.next.next == null) {
          break;
        }
        current = current.next;
      }
      console.log(txt);
    },
    Reverse: function () {                        //把链表相邻元素翻转
      var head = this.header;
      //判断链表是否为空
      if (head == null || head.next == null)
        return;
      var cur = head.next,                        //当前遍历结点
        pre = head,                               //当前结点的前驱结点
```

```
            next = null;                          //当前结点后继结点的后继结点
        while (cur && cur.next) {
            next = cur.next.next;                 //见图 4-6 中的步骤（1）
            pre.next = cur.next;                  //见图 4-6 中的步骤（2）
            cur.next.next = cur;                  //见图 4-6 中的步骤（3）
            cur.next = next;                      //见图 4-6 中的步骤（4）
            pre = cur;                            //见图 4-6 中的步骤（5）
            cur = next;                           //见图 4-6 中的步骤（6）
        }
    }
};

var lists = new linkList();
for (var i = 1; i < 8; i++) {
  lists.addLink(new node(i, i));
}
console.log("顺序输出：");
lists.getLinkList();
console.log("逆序输出：");
lists.Reverse();
lists.getLinkList();
//释放链表所占的空间
lists.clear();
```

程序的运行结果为

```
顺序输出：1  2  3  4  5  6  7
逆序输出：2  1  4  3  6  5  7
```

上例中，由于链表有奇数个结点，因此，链表前三对结点相互交换，而最后一个结点保持在原来的位置。

算法性能分析：

这种方法只需要对链表进行一次遍历，因此，时间复杂度为 O(N)。另外，由于只需要几个指针变量来保存结点的地址信息，因此，空间复杂度为 O(1)。

4.8 如何把链表以 k 个结点为一组进行翻转

难度系数：★★★☆☆　　　　**被考查系数：**★★★★☆

题目描述：

k 链表翻转是指把每 k 个相邻的结点看成一组进行翻转，如果剩余结点不足 k 个，则保持不变。假设给定链表 1→2→3→4→5→6→7 和一个数 k，如果 k 的值为 2，那么翻转后的链表为 2→1→4→3→6→5→7。如果 k 的值为 3，那么翻转后的链表为 3→2→1→6→5→4→7。

分析与解答：

主要思路：首先把前 k 个结点看成一个子链表，采用前面介绍的方法进行翻转，把翻转后的子链表链接到头结点后面，然后把接下来的 k 个结点看成另外一个单独的子链表进行翻转，把翻转后的子链表链接到上一个已经完成翻转的子链表后面。具体实现方法如图 4-7 所示。

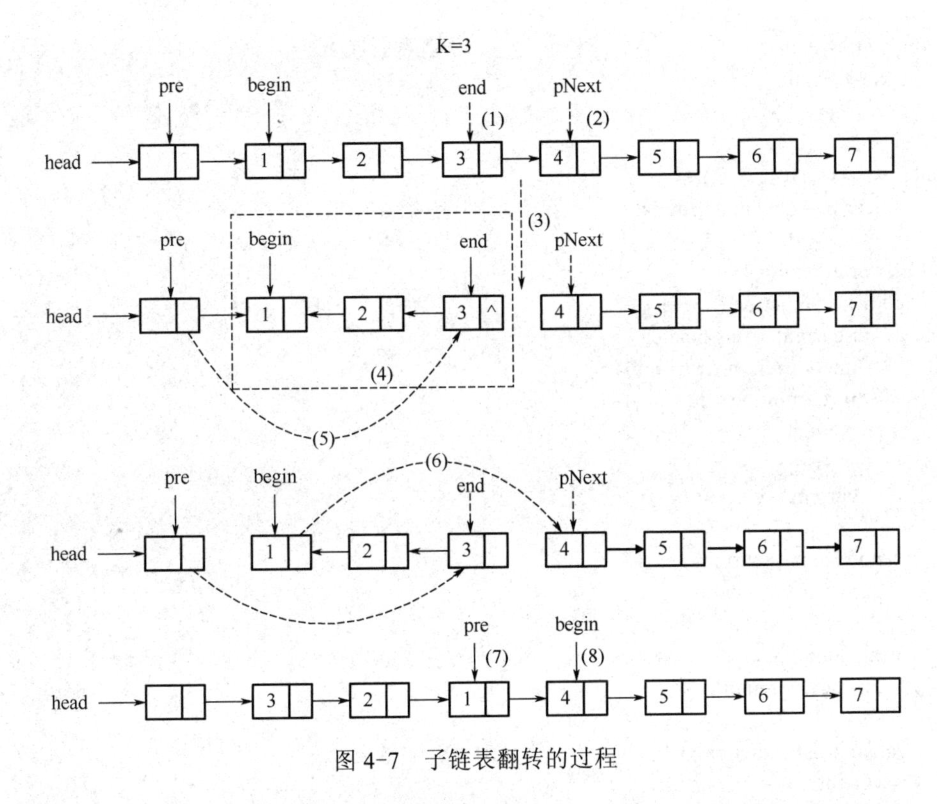

图 4-7　子链表翻转的过程

在图 4-7 中，以 k=3 为例介绍具体实现的方法：

1）首先设置 pre 指针指向头结点，然后让指针 begin 指向链表第一个结点，找到从 begin 开始的第 3 个结点 end。

2）为了采用 4.1 节中链表翻转的算法，需要使 end.next=null，在此之前需要记录下 end 指向的结点（end.next），用指针 pNext 来记录。

3）使 end.next=null，使得从 begin 到 end 为一个单独的子链表，然后可以对这个子链表采用 4.1 节介绍的方法进行翻转。

4）对以 begin 为头结点，end 为尾结点所对应的 3 个结点进行翻转。

5）由于翻转后子链表的头结点从 begin 变为 end，因此，执行 pre.next=end，把翻转后的子链表链接起来。

6）把链表中剩余的还未完成翻转的子链表链接到已完成翻转的子链表后面（主要是针对剩余的结点的个数小于 k 的情况）。

7）让 pre 指针指向已完成翻转的链表的最后一个结点。

8）让 begin 指针指向下一个需要被翻转的子链表的第一个结点（通过 begin=pNext 来实现）。

接下来可以反复使用步骤（1）～（8）来对链表进行翻转。

实现代码如下：

```
//链表结点
function node(id, data) {
  this.id = id;                                //结点 id
```

```
    this.data = data;                                    //结点数据
    this.next = null;                                    //下一结点
  }
  //单链表
  function linkList(id, data) {
    this.header = new node(id, data);                    //链表头结点
  }
  linkList.prototype = {
      addLink: function (node) {                         //添加结点数据
        var current = this.header;
        while (current.next != null) {
          if (current.next.id > node.id) {
            break;
          }
          current = current.next;
        }
        node.next = current.next;
        current.next = node;
      },
      clear: function () {                               //清空链表
        this.header = null;
      },
      getLinkList: function () {                         //获取链表
        var current = this.header;
        if (current.next == null) {
          console.log("链表为空");
          return;
        }
        var txt = "";
        while (current.next != null) {
          txt += current.next.data + " ";
          if (current.next.next == null) {
            break;
          }
          current = current.next;
        }
        console.log(txt);
      },
      /*
       ** 函数功能：对不带头结点的单链表翻转
       ** 输入参数：head:指向链表头结点
       */
      Reverse: function (head) {
        //判断链表是否为空
        if (head == null || head.next == null)
          return;
        var pre = head,                                  //前驱结点
          cur = head.next,                               //当前结点
          next = cur.next;                               //后继结点
        pre.next = null;
```

```
        //使当前遍历到的结点 cur 指向其前驱结点
        while (cur != null) {
            next = cur.next;
            cur.next = pre;
            pre = cur;
            cur = next;
        }
        return pre;
    },
    /*
     ** 函数功能：对链表 k 翻转
     ** 输入参数：head:指向链表头结点，k：表示以 k 个结点为一组进行翻转
     */
    ReverseK: function (k) {
        var head = this.header;
        if (head == null || head.next == null || k < 2)
            return;
        var pre = head,
            begin = head.next,
            end = null,
            pNext = null;
        while (begin != null) {
            end = begin;
            //对应图 4-7 中的步骤（1），找到从 begin 开始的第 k 个结点
            for (var i = 1; i < k; i++) {
                if (end.next == null)                    //剩余结点的个数小于 k
                    return;
                end = end.next;
            }
            pNext = end.next;                            //见图 4-7 中的步骤（2）
            end.next = null;                             //见图 4-7 中的步骤（3）
            pre.next = this.Reverse(begin);              //见图 4-7 中的步骤（4）和步骤（5）
            begin.next = pNext;                          //见图 4-7 中的步骤（6）
            pre = begin;                                 //见图 4-7 中的步骤（7）
            begin = pNext;                               //见图 4-7 中的步骤（8）
            i = 1;
        }
    }
};

var lists = new linkList();
for (var i = 1; i < 8; i++) {
    lists.addLink(new node(i, i));
}
console.log("顺序输出：");
lists.getLinkList();
console.log("逆序输出：");
lists.ReverseK(3);
lists.getLinkList();
```

```
//释放链表所占的空间

lists.clear();
```

程序的运行结果为

```
顺序输出：1  2  3  4  5  6  7
逆序输出：3  2  1  6  5  4  7
```

运行结果分析：

由于 k=3，因此，链表可以分成三组（1 2 3）、（4 5 6）和（7）。对（1 2 3）翻转后变为（3 2 1），对（4 5 6）翻转后变为（6 5 4）。由于（7）这个子链表只有一个结点（小于 3 个），所以不进行翻转，最终翻转后的链表就变为：3→2→1→6→5→4→7。

算法性能分析：

这种方法只需要对链表进行一次遍历，因此，时间复杂度为 O(N)。另外，由于只需要几个指针变量来保存结点的地址信息，因此，空间复杂度为 O(1)。

4.9 如何合并两个有序链表

难度系数：★★★☆☆　　　　**被考查系数：★★★★☆**

题目描述：

已知两个链表 head1 和 head2 各自有序（如升序排列），请把它们合并成一个链表，要求合并后的链表依然有序。

分析与解答：

分别用指针 head1 和 head2 来遍历两个链表，如果当前 head1 指向的数据小于 head2 指向的数据，则将 head1 指向的结点归入合并后的链表中，否则将 head2 指向的结点归入合并后的链表中。如果有一个链表遍历结束，则把未结束的链表连接到合并后的链表尾部。图 4-8 以一个简单的示例介绍合并的具体过程：

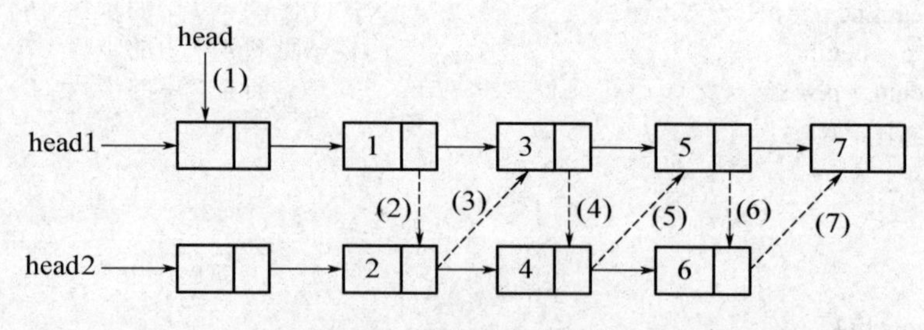

图 4-8　两个链表的合并

由于链表按升序排列，首先通过比较链表第一个结点中元素的大小来确定最终合并后链表的头结点。接下来每次都找两个链表中剩余结点的最小值链接到被合并的链表后面，如图 4-7 中的虚线所示。在实现的时候需要注意，要释放 head2 链表的头结点，实现代码如下：

```
//链表结点
function node(id, data) {
```

```
    this.id = id;                                          //结点 id

    this.data = data;                                      //结点数据
    this.next = null;                                      //下一结点
}
//单链表
function linkList(id, data) {
    this.header = new node(id, data);                      //链表头结点
}
linkList.prototype = {
        addLink: function (node) {                         //添加结点数据
            var current = this.header;
            while (current.next != null) {
                if (current.next.id > node.id) {
                    break;
                }
                current = current.next;
            }
            node.next = current.next;
            current.next = node;
        },
        clear: function () {                               //清空链表
            this.header = null;
        },
        getLinkList: function () {                         //获取链表
            var current = this.header;
            if (current.next == null) {
                console.log("链表为空");
                return;
            }
            var txt = "";
            while (current.next != null) {
                txt += current.next.data + " ";
                if (current.next.next == null) {
                    break;
                }
                current = current.next;
            }
            console.log(txt);
        }
};
/*
 *  合并两个链表
 */
function Merge(head1, head2) {
    if (head1 == null)
        return head2;
    if (head2 == null)
        return head1;
    var cur1 = head1.next,                                 //遍历 head1 的指针
```

```
        cur2 = head2.next,                              //遍历 head2 的指针
        head = null,                                    //合并后链表的头结点

        cur = null;                                     //合并后的链表在尾结点
    //合并后链表的头结点为第一个结点元素最小的那个链表的头结点
    if (cur1.data > cur2.data) {
        head = head2;
        cur = cur2;
        cur2 = cur2.next;
    } else {
        head = head1;
        cur = cur1;
        cur1 = cur1.next;
    }
    //每次找链表剩余结点的最小值对应的结点连接到合并后链表的尾部
    while (cur1 && cur2) {
        if (cur1.data < cur2.data) {
            cur.next = cur1;
            cur = cur1;
            cur1 = cur1.next;
        } else {
            cur.next = cur2;
            cur = cur2;
            cur2 = cur2.next;
        }
    }
    //当遍历完一个链表后把另外一个链表剩余的结点链接到合并后的链表后面
    if (cur1 != null) {
        cur.next = cur1;
    }
    if (cur2 != null) {
        cur.next = cur2;
    }
    return head;
}

var head1 = new linkList(),
    head2 = new linkList(),
    num = 0;
for (var i = 1; i < 7;) {
    head1.addLink(new node(i, i));
    num++;
    i += 2;
}
num = 0;
for (i = 2; i < 7;) {
    head2.addLink(new node(num, i));
    num++;
    i += 2;
}
```

```
console.log("head1: ");
head1.getLinkList();
console.log("head2: ");

head2.getLinkList();
console.log("合并后的链表：");
var heads = Merge(head1.header, head2.header),
    txt = "";
for (var cur = heads.next; cur != null;) {
    txt += cur.data + " ";
    cur = cur.next;
}
console.log(txt);
//释放链表所占的空间
head1.clear();
head2.clear();
```

程序的运行结果为

```
head1: 1   3   5
head2: 2   4   6
合并后的链表：1   2   3   4   5   6
```

算法性能分析：

这种方法只需要对链表进行一次遍历，因此，时间复杂度为 O(N)。另外，由于只需要几个指针变量来保存结点的地址信息，因此，空间复杂度为 O(1)。

第5章 栈与队列

栈与队列是在程序设计中被广泛使用的两种重要的线性数据结构，它们都是在一个特定范围的存储单元中存储的数据，这些数据都可以重新被取出使用。与线性表相比，它们的插入和删除操作受到了更多的约束和限定，故又被称为限定性的线性表结构。两者不同的是，栈就像一个很窄的桶，先存进去的数据只能最后被取出来，是 LIFO 结构（Last In First Out，后进先出），它将进出顺序逆序，即先进后出，后进先出，栈结构如图 5-1 所示。

队列像日常排队买东西的人的“队列”，先排队的人先买，后排队的人后买，是 FIFO 结构（First In First Out，先进先出），它保持进出顺序一致，即先进先出，后进后出，队列结构如图 5-2 所示。

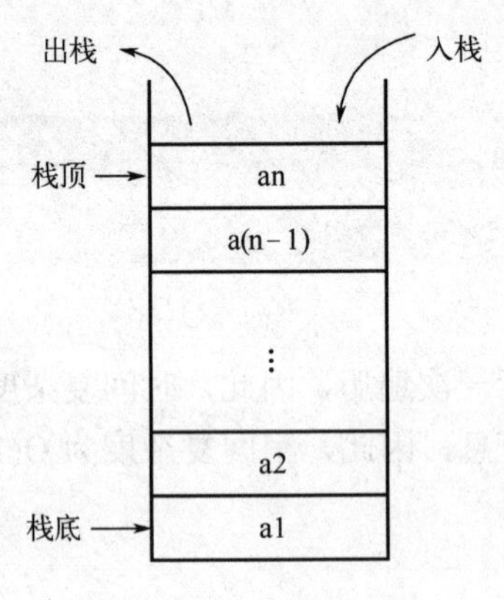

图 5-1 栈结构示意图

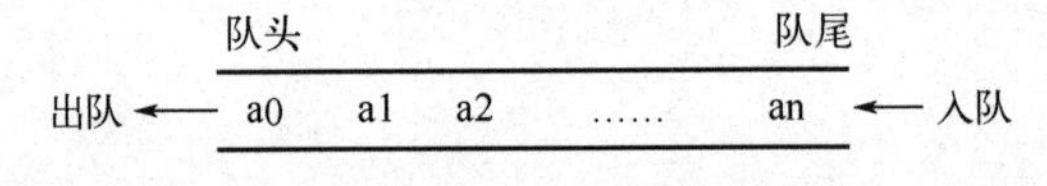

图 5-2 队列结构示意图

需要注意的是，有时在数据结构中还有可能出现按照大小排队或按照一定条件排队的数据队列，这时的队列属于特殊队列，就不一定按照“先进先出”的原则读取数据了。

5.1 如何实现栈

难度系数：★★★☆☆ **被考查系数：★★★★☆**

题目描述：

实现一个栈的数据结构，使其具有以下方法：压栈、弹栈、取栈顶元素、判断栈是否为空以及获取栈中元素个数。

分析与解答：

栈的实现有两种方法，分别是采用数组来实现和采用链表来实现。下面会详细介绍这两种方法。

方法一：数组实现

在采用数组来实现栈的时候，主要面临的问题是给数组申请多大的存储空间比较合理，因为在使用栈的时候并不确定以后栈中需要存放的数据元素的个数，申请多了会造成空间的浪费，而申请少了则会导致不够用。为了便于理解，这里采用的方法是给定一个初始值，假如这个值是10，那么就先申请能存储10个元素大小的数组作为栈的存储空间。在后期使用的过程中如果空间不够用了，再扩大这个空间。实现思路如图5-3所示。

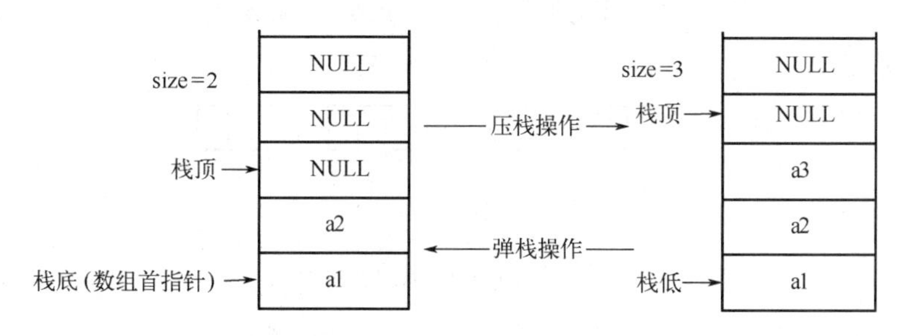

图5-3　数组模拟的栈结构

从图5-3中能够看出，可以把数组的首地址当作栈底，同时记录栈中元素的个数size，当然，根据栈底指针和size就可以计算出栈顶的地址了。假设数组首地址为arr，压栈的操作其实是把待压栈的元素放到数组Arr[size]中，然后执行size++操作；同理，弹栈操作其实是取数组Arr[size-1]元素，然后执行size--操作。根据这个原理可以非常容易的实现栈，实现代码如下：

```
//创建一个空数组作为栈
var stack = [];
//获取栈顶元素
function getTop(stack) {
  return stack[stack.length - 1];
}
//向数组压入一个元素
stack.push(1);
stack.push(2);
//输出栈顶元素
console.log(getTop(stack));
//让栈顶元素出栈
stack.pop();
console.log(getTop(stack));
```

方法二：链表实现

在创建链表的时候经常采用一种从头结点插入新结点的方法，可以采用这种方法来实现栈，最好使用带头结点的链表，这样可以保证对每个结点的操作都是相同的，实现思路如图5-4所示。

在图5-4中，当进行压栈操作时，首先需要创建新的结点，把待压栈的元素放到新结点的数据域中，然后只需要（1）和（2）两步就实现了压栈操作（把新结点加到了链表首部）。

同理，在弹栈的时候，只需要进行步骤（3）的操作就可以删除链表的第一个元素，从而实现弹栈操作（被删除的结点所占的存储空间需要被释放）。实现代码如下：

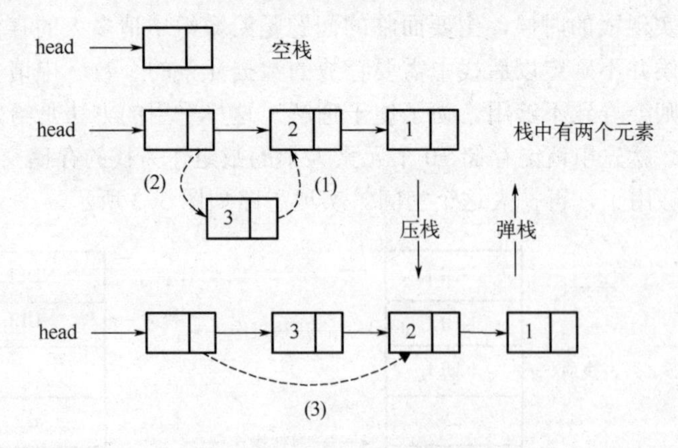

图 5-4　链表模拟的栈结构

```
function LNode() {
  this.mElem = null;
  this.mNext = null;
}
function StackLinked() {
  this.mNext = null;                                    //头“指针”，指向栈顶元素
  this.mLength = 0;                                     //栈内元素个数
}
StackLinked.prototype = {
    /**
     * 判断栈是否空栈
     * @return boolean 如果为空栈返回 true，否则返回 false
     */
    getIsEmpty: function () {
      return this.mNext == null;
    },
    /**
     * 将所有元素出栈
     * @return array 返回所有栈内元素
     */
    getAllPopStack: function () {
      var e = [];
      if (!this.getIsEmpty()) {
        while (this.mNext != null) {
          e.push(this.mNext.mElem);
          this.mNext = this.mNext.mNext;
        }
      }
      this.mLength = 0;
      return e;
    },
    /**
```

```
 * 返回栈内元素个数
 * @return int
 */
getLength: function () {
  return this.mLength;
},
/**
 * 元素进栈
 * @param mixed e 进栈元素值
 * @return void
 **/
push: function (e) {
  var newLn = new LNode();
  newLn.mElem = e;
  newLn.mNext = this.mNext;
  this.mNext = newLn;
  this.mLength++;
},
/**
 * 元素出栈
 * @return boolean 出栈成功返回 true,否则返回 false
 **/
pop: function () {
  if (this.getIsEmpty()) {
    return false;
  }
  var p = this.mNext,
    e = p.mElem;
  this.mNext = p.mNext;
  this.mLength--;
  return true;
},
/**
 * 仅返回栈内所有元素
 * @return array 栈内所有元素组成的一个数组
 */
getAllElem: function () {
  var sldata = [],
    p;
  if (!this.getIsEmpty()) {
    p = this.mNext;
    while (p != null) {
      sldata.push(p.mElem);
      p = p.mNext;
    }
  }
  return sldata;
},
/**
 * 返回栈顶元素
```

```
        * @return element  返回栈顶元素
        */
    top: function () {
        if (this.getIsEmpty()) {
            return false;
        }
        var list = this.getAllElem();
        return list[0];
    }
};

var stack = new StackLinked();
stack.push('1');
stack.push('2');
var list = stack.getAllElem();
console.log(stack.top());
stack.pop();
console.log(stack.top());
```

程序的运行结果为

```
栈顶元素：2
栈顶元素：1
弹栈成功，栈已经为空。
```

两种方法的对比：

采用数组实现栈的优点：一个元素值占用一个存储空间。它的缺点：如果初始化申请的存储空间太大，会造成空间的浪费；如果申请的存储空间太小，后期会经常需要扩充存储空间，扩充存储空间是个费时的操作，这样会造成性能的下降。

采用链表实现栈的优点：使用灵活方便，只有在需要的时候才会申请空间。它的缺点：除了要存储元素外，还需要额外的存储空间存储指针信息。

5.2 如何实现队列

难度系数：★★★☆☆ **被考查系数：★★★★☆**

题目描述：

实现一个队列的数据结构，使其具有入队列、出队列、查看队列首尾元素、查看队列大小等功能。

分析与解答：

与实现栈的方法类似，队列的实现也有两种方法，分别采用数组来实现和采用链表来实现。下面会详细介绍这两种方法。

方法一：数组实现

图 5-5 给出了一种最简单的实现方式，用 front 来记录队列首元素的位置，用 rear 来记录队列尾元素往后一个位置。入队列的时候只需要将待入队列的元素放到数组下标为 rear 的位置，同时 rear++，出队列的时候只需要执行 front++即可。

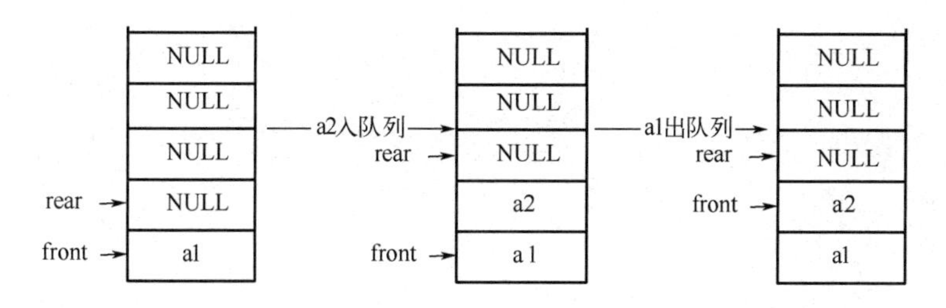

图 5-5　数组模拟的队列结构

为了简化实现，下面代码定义的队列最大的空间为 10，以向数组存入元素 1，2 为例，实现代码如下：

```
function queue() {
  this.queueList = [];
  this.size = 0;
}
queue.prototype = {
    enQueue: function (data) {                                          //入队操作
      this.queueList[this.size++] = data;
      return this;
    },
    outQueue: function () {                                             //出队操作
      if (!this.isEmpty()) {
        --this.size;
        var front = this.queueList.splice(0, 1);
        return front[0];
      }
      return false;
    },
    getQueue: function () {                                             //获取队列
      return this.queueList;
    },
    getFront: function () {                                             //获取队头元素
      if (!this.isEmpty()) {
        return this.queueList[0];
      }
      return false;
    },
    getRear: function () {                                              //获取队尾元素
      if (!this.isEmpty()) {
        var len = this.queueList.length;
        return this.queueList[len - 1];
      }
      return false;
    },
    getSize: function () {                                              //获取队列的长度
      return this.size;
    },
    isEmpty: function () {                                              //检测队列是否为空
```

```
        return 0 === this.size;
    }
};

var queue = new queue();
queue.enQueue(1);
queue.enQueue(2);
console.log("队列头元素为：", queue.getFront());
console.log("队列尾元素为：", queue.getRear());
console.log("队列大小为：", queue.getSize());
```

程序的运行结果为

```
队列头元素为：1
队列尾元素为：2
队列大小为：2
```

以上这种实现方法最大的缺点：出队列后数组前半部分的空间不能够充分的利用，解决这个问题的方法为，把数组看成一个环状的空间（循环队列）。当数组最后一个位置被占用后，可以从数组第一个位置开始循环利用，具体实现方法可以参考数据结构的课本。

方法二：链表实现

采用链表实现队列的方法与实现栈的方法类似，分别用两个指针指向队列的首元素与尾元素，如图 5-6 所示。用 pHead 来指向队列的首元素，用 pEnd 来指向队列的尾元素。

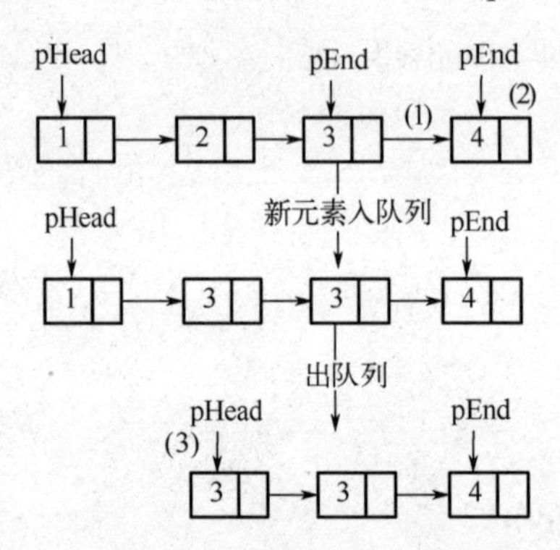

图 5-6　链表模拟的队列结构

在图 5-6 中，刚开始队列中只有元素 1、2 和 3，当新元素 4 要进队列的时候，只需要图中的（1）和（2）两步，就可以把新结点连接到链表的尾部，同时修改 pEnd 指针指向新增加的结点。出队列的时候只需要（3）这一步，改变 pHead 指针使其指向 pHead.next，此外也需要考虑结点所占空间释放的问题。在入队列与出队列的操作中也需要考虑队列为空的时候执行特殊操作，实现代码如下：

```
//链表结点
function node(id, data) {
    this.id = id;                    //结点 id
    this.data = data;                //结点名称
    this.next = null;                //下一结点
```

```
}
//单链表
function linkList(id, data) {
    this.header = new node(id, data, null);                    //链表头结点
}
linkList.prototype = {
      addLink: function (node) {                               //添加结点数据
         var current = this.header;
         while (current.next != null) {
            if (current.next.id > node.id) {
               break;
            }
            current = current.next;
         }
         node.next = current.next;
         current.next = node;
      },
      getLinkList: function () {                               //获取链表
         var current = this.header;
         if (current.next == null) {
            console.log("链表为空");
            return;
         }
         var txt = "";
         while (current.next != null) {
            txt += current.next.data + " ";
            if (current.next.next == null) {
               break;
            }
            current = current.next;
         }
         console.log(txt);
      },
      getFront: function () {                                  //返回队列首元素
         if (!this.header.next.data) {
            console.log("获取队列首元素失败，队列已经为空");
            return '';
         }
         return this.header.next.data;
      },
      getBack: function () {                                   //返回队列尾元素
         var i = 0,
            current = this.header;
         while (current.next != null) {
            i++;
            current = current.next;
         }
         if (!current) {
            console.log("获取队列尾元素失败，队列已经为空");
            return '';
```

```
        }
        return current.data;
    },
    getLinkLength: function () {                                    //获取链表长度
        var i = 0,
            current = this.header;
        while (current.next != null) {
            i++;
            current = current.next;
        }
        return i;
    }
}

var lists = new linkList();
lists.addLink(new node(0, 1));
lists.addLink(new node(1, 2));
if (lists.getFront()) {
    console.log("队列头元素为：", lists.getFront());
}
if (lists.getBack()) {
    console.log("队列尾元素为：", lists.getBack());
}
console.log("队列大小为：", lists.getLinkLength());
```

程序的运行结果为

```
队列头元素为：1
队列尾元素为：2
队列大小为：2
```

显然用链表来实现队列有更好的灵活性，与数组的实现方法相比，它多了用来存储结点关系的指针空间。此外，也可以用循环链表来实现队列，这样只需要一个指向链表最后一个元素的指针即可，因为通过指向链表尾元素可以非常容易地找到链表的首结点。

算法性能分析：

这两种方法压栈与弹栈的时间复杂度都为 O(1)。

5.3 如何翻转栈的所有元素

难度系数：★★★★☆　　　　　　　　**被考查系数：**★★★★☆

题目描述：

翻转（也叫颠倒）栈的所有元素，如输入栈{1, 2, 3, 4, 5}。其中，1 处在栈顶，翻转之后的栈为{5, 4, 3, 2, 1}，5 处在栈顶。

分析与解答：

最容易想到的办法是，申请一个额外的队列，先把栈中的元素依次出栈放到队列里，然后把队列里的元素按照出队列的顺序入栈，这样就可以实现栈的翻转，这种方法的缺点是需要申请额外的空间存储队列。因此，空间复杂度较高。下面介绍一种空间复杂度较低的递归方法。

递归程序有两个关键因素需要注意：递归定义和递归终止条件。经过分析后，很容易得到该问题的递归定义和递归终止条件。递归定义：将当前栈的最底元素移到栈顶，其他元素顺次下移一位，然后对不包含栈顶元素的子栈进行同样的操作。终止条件：递归下去，直到栈为空。递归的调用过程如图 5-7 所示。

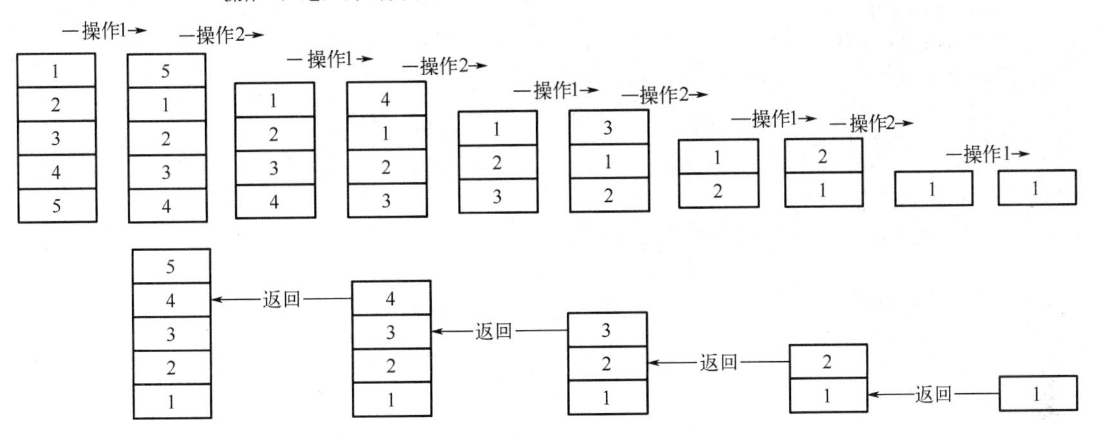

图 5-7　翻转栈的递归过程

在图 5-7 中，对栈{1, 2, 3, 4, 5}进行翻转的操作：首先把栈底元素移动到栈顶得到栈{5, 1, 2, 3, 4}，然后对不包含栈顶元素的子栈进行递归调用（对子栈元素进行翻转），子栈{1, 2, 3, 4}翻转的结果为{4, 3, 2, 1}，因此，最终得到翻转后的栈为{5, 4, 3, 2, 1}。

此外，由于栈的后进先出的特点，使得只能取栈顶的元素。因此，要把栈底的元素移动到栈顶也需要递归调用才能完成，主要思路为：把不包含该栈顶元素的子栈的栈底元素移动到子栈的栈顶，然后把栈顶的元素与子栈栈顶的元素（其实就是与栈顶相邻的元素）进行交换。

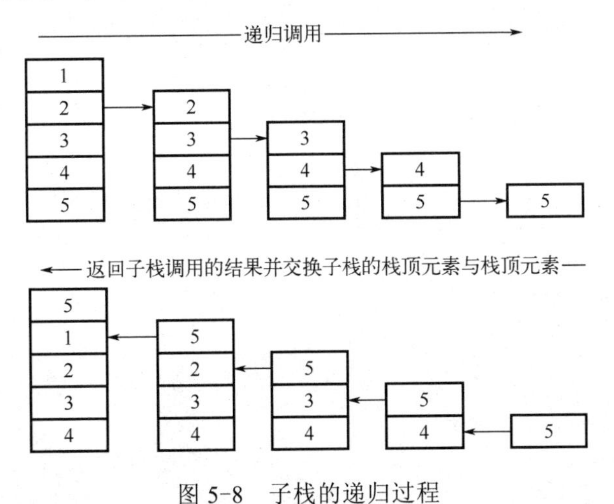

图 5-8　子栈的递归过程

为了容易理解递归调用，可以认为在进行递归调用时，子栈已经实现了把栈底元素移动到了栈顶。在图 5-8 中为了把栈{1, 2, 3, 4, 5}的栈底元素 5 移动到栈顶，首先对子栈{ 2, 3, 4, 5}进行递归调用，调用的结果为{ 5, 2, 3, 4}，然后对子栈顶元素 5，与栈顶元素 1 进行交换得到栈{5, 1, 2, 3, 4}，实现了把栈底元素移动到了栈顶。实现代码如下：

```
function LNode() {
    this.mElem = null;
    this.mNext = null;
}
function StackLinked() {
    this.mNext = null;                    //头“指针”，指向栈顶元素
    this.mLength = 0;                     //栈内元素个数
}
StackLinked.prototype = {
    /**
     * 判断栈是否空栈
     * @return boolean 如果为空栈返回 true,否则返回 false
     */
    getIsEmpty: function () {
        return this.mNext == null;
    },
    /**
     * 将所有元素出栈
     * @return array 返回所有栈内元素
     */
    getAllPopStack: function () {
        var e = [];
        if (!this.getIsEmpty()) {
            while (this.mNext != null) {
                e.push(this.mNext.mElem);
                this.mNext = this.mNext.mNext;
            }
        }
        this.mLength = 0;
        return e;
    },
    /**
     * 返回栈内元素个数
     * @return int
     */
    getLength: function () {
        return this.mLength;
    },
    /**
     * 元素进栈
     * @param mixed e 进栈元素值
     * @return void
     **/
    push: function (e) {
        var newLn = new LNode();
        newLn.mElem = e;
```

```
    newLn.mNext = this.mNext;
    this.mNext = newLn;
    this.mLength++;
},
/**
 * 元素出栈
 * @return boolean 出栈成功返回 true,否则返回 false
 **/
pop: function () {
    if (this.getIsEmpty()) {
        return false;
    }
    var p = this.mNext,
        e = p.mElem;
    this.mNext = p.mNext;
    this.mLength--;
    return true;
},
/**
 * 仅返回栈内所有元素
 * @return array 栈内所有元素组成的一个数组
 */
getAllElem: function () {
    var sldata = [],
        p;
    if (!this.getIsEmpty()) {
        p = this.mNext;
        while (p != null) {
            sldata.push(p.mElem);
            p = p.mNext;
        }
    }
    return sldata;
},
/**
 * 返回栈顶元素
 * @return element 返回栈顶元素
 */
top: function () {
    if (this.getIsEmpty()) {
        return false;
    }
    var list = this.getAllElem();
    return list[0];
},
/**
 * 把栈底元素移动到栈顶
 */
move_bottom_to_top: function () {
    if (this.getIsEmpty())
```

```
            return;
        var top1 = this.top(),
            top2;
        this.pop();                                         //弹出栈顶元素
        if (!this.getIsEmpty()) {
            //递归处理不包含栈顶元素的子栈
            this.move_bottom_to_top();
            top2 = this.top();
            this.pop();
            //交换栈顶元素与子栈栈顶元素
            this.push(top1);
            this.push(top2);
        } else {
            this.push(top1);
        }
    },
    /**
     * 翻转栈
     */
    reverse_stack: function () {
        if (this.getIsEmpty())
            return;
        //把栈底元素移动到栈顶
        this.move_bottom_to_top();
        var top = this.top();
        this.pop();
        //递归处理子栈
        this.reverse_stack();
        this.push(top);
    }
};

var stack = new StackLinked();
stack.push('5');
stack.push('4');
stack.push('3');
stack.push('2');
stack.push('1');
stack.reverse_stack();
console.log("翻转后的出栈顺序为：");
var txt = "";
while (!stack.getIsEmpty()) {
    txt += stack.top() + " ";
    stack.pop();
}
console.log(txt);
```

程序的运行结果为

```
翻转后的出栈顺序为：5 4 3 2 1
```

算法性能分析：

把栈底元素移动到栈顶操作的时间复杂度为 O(N)，在翻转操作中对每个子栈都进行了栈底元素移动到栈顶的操作，因此，翻转算法的时间复杂度为 $O(N^2)$。

引申：如何给栈排序

分析与解答：很容易通过对上述方法进行修改得到栈的排序算法。主要思路：首先对不包含栈顶元素的子栈进行排序，如果栈顶元素大于子栈的栈顶元素，则交换这两个元素。因此，在上述方法中，只需要在交换栈顶元素与子栈顶元素时增加一个条件判断即可实现栈的排序。实现代码如下。（代码只给出了关键的两个方法，其他方法可参考前面的代码。）

```
StackLinked.prototype = {
//省略前面的原型方法...

    /**
     * 把栈底元素移动到栈顶
     */
    move_bottom_to_top: function () {
      if (this.getIsEmpty())
        return;
      var top1 = this.top(),
        top2;
      this.pop();                                              //弹出栈顶元素
      if (!this.getIsEmpty()) {
        //递归处理不包含栈顶元素的子栈
        this.move_bottom_to_top();
        top2 = this.top();
        if (top1 > top2) {
          this.pop();
          this.push(top1);
          this.push(top2);
          return;
        }
      }
      this.push(top1);
    },
    /**
     * 给栈排序
     */
    sort_stack: function () {
      if (this.getIsEmpty())
        return;
      //把栈底元素移动到栈顶
      this.move_bottom_to_top();
      var top = this.top();
      this.pop();
      //递归处理子栈
      this.sort_stack();
      this.push(top);
    }
```

```
};

var stack = new StackLinked();
stack.push('1');
stack.push('3');
stack.push('2');
stack.sort_stack();
console.log("排序后的出栈顺序为：");
var txt = "";
while (!stack.getIsEmpty()) {
   txt += stack.top() + " ";
   stack.pop();
}
console.log(txt);
```

程序的运行结果为

```
排序后的出栈顺序为：1 2 3
```

算法性能分析：

算法的时间复杂度为 $O(N^2)$。

5.4 如何根据入栈序列判断可能的出栈序列

难度系数：★★★☆☆ **被考查系数：★★★★★**

题目描述：

输入两个整数序列，其中一个序列表示栈的 push（入）顺序，判断另一个序列有没有可能是对应的 pop（出）顺序。

分析与解答：

假如输入的 push 序列是 1、2、3、4、5，那么 3、2、5、4、1 就有可能是一个 pop 序列，但 5、3、4、1、2 就不可能是它的一个 pop 序列。

主要思路：使用一个栈来模拟入栈顺序，具体步骤如下：

1）把 push 序列依次入栈，直到栈顶元素等于 pop 序列的第一个元素，然后栈顶元素出栈，pop 序列移动到第二个元素。

2）如果栈顶继续等于 pop 序列现在的元素，则继续出栈并 pop 后移；否则对 push 序列继续入栈。

3）如果 push 序列已经全部入栈，但是 pop 序列未全部遍历，而且栈顶元素不等于当前 pop 元素，那么这个序列不是一个可能的出栈序列。如果栈为空，而且 pop 序列也全部被遍历过，则说明这是一个可能的 pop 序列。图 5-9 给出一个合理的 pop 序列的判断过程。

在图 5-9 中，（1）～（3）三步，由于栈顶元素不等于 pop 序列的第一个元素 3，因此，1、2、3 依次入栈，当 3 入栈后，栈顶元素等于 pop 序列的第一个元素 3。因此，第（4）步执行 3 出栈，然后指向 pop 序列的第二个元素 2，且栈顶元素等于 pop 序列的当前元素。第（5）步执行 2 出栈；接着由于栈顶元素 4 不等于当前 pop 序列 5，因此接下来的（6）和（7）两步分别执行 4 和 5 入栈；接着由于栈顶元素 5 等于 pop 序列的当前值，第（8）步执行 5 出栈；接下来（9）和（10）两步栈顶元素都等于当前 pop 序列的元素。因此，都执行出栈操作。最后由于栈为空，同时 pop 序列都完成了遍历，因此，{3, 2, 5, 4, 1}是一个合理的出栈序列。实现代码如下：

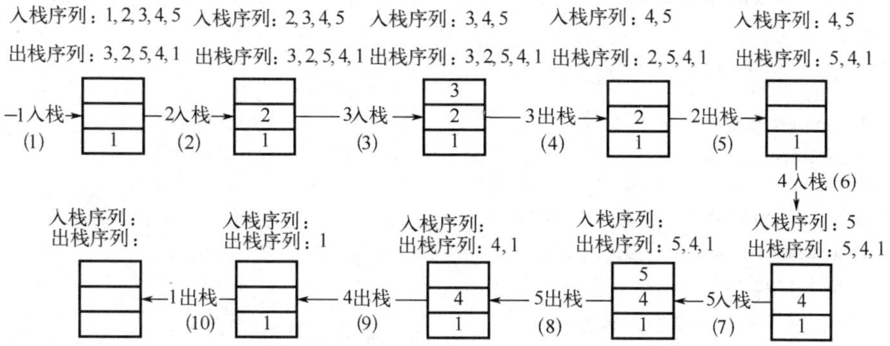

图 5-9　pop 序列的判断过程

```
function LNode() {
  this.mElem = null;
  this.mNext = null;
}
function StackLinked() {
  this.mNext = null;                              //头“指针”，指向栈顶元素
  this.mLength = 0;                               //栈内元素个数
}
StackLinked.prototype = {
    /**
     * 判断栈是否空栈
     * @return boolean  如果为空栈返回 true,否则返回 false
     */
    getIsEmpty: function () {
      return this.mNext == null;
    },
    /**
     * 将所有元素出栈
     * @return array  返回所有栈内元素
     */
    getAllPopStack: function () {
      var e = [];
      if (!this.getIsEmpty()) {
        while (this.mNext != null) {
          e.push(this.mNext.mElem);
          this.mNext = this.mNext.mNext;
        }
      }
      this.mLength = 0;
      return e;
    },
```

```
/**
 * 返回栈内元素个数
 * @return int
 */
getLength: function () {
  return this.mLength;
},
/**
 * 元素进栈
 * @param mixed e 进栈元素值
 * @return void
 **/
push: function (e) {
  var newLn = new LNode();
  newLn.mElem = e;
  newLn.mNext = this.mNext;
  this.mNext = newLn;
  this.mLength++;
},
/**
 * 元素出栈
 * @return boolean 出栈成功返回 true,否则返回 false
 **/
pop: function () {
  if (this.getIsEmpty()) {
    return false;
  }
  var p = this.mNext,
    e = p.mElem;
  this.mNext = p.mNext;
  this.mLength--;
  return true;
},
/**
 * 仅返回栈内所有元素
 * @return array 栈内所有元素组成的一个数组
 */
getAllElem: function () {
  var sldata = [],
    p;
  if (!this.getIsEmpty()) {
    p = this.mNext;
    while (p != null) {
      sldata.push(p.mElem);
      p = p.mNext;
    }
  }
  return sldata;
},
/**
```

```
        * 返回栈顶元素
        * @return element 返回栈顶元素
        */
       top: function () {
          if (this.getIsEmpty()) {
             return false;
          }
          var list = this.getAllElem();
          return list[0];
       }
};
/**
 * 根据入栈序列判断出栈后和另一个的出栈序列是否相等
 */
function isPopSerial(push, pop) {
   if (push.getIsEmpty() || pop.getIsEmpty())
      return false;
   var pushLen = push.getLength(),
      popLen = pop.getLength();
   if (pushLen != popLen)
      return false;
   var pushIndex = 0,
      popIndex = 0,
      stack = new StackLinked(),
      pushList = push.getAllElem(),
      popList = pop.getAllElem();
   while (pushIndex < pushLen) {
      //把 push 序列依次入栈，直到栈顶元素等于 pop 序列的第一个元素
      stack.push(pushList[pushIndex]);
      pushIndex++;
      //栈顶元素出栈，pop 序列移动到下一个元素
      while (!stack.getIsEmpty() && stack.top() == popList[popIndex]) {
         stack.pop();
         popIndex++;
      }
   }
   //栈为空，且 pop 序列中元素都被遍历过
   return stack.getIsEmpty() && popIndex == popLen;
}

var stackPUSH = new StackLinked(),
   stackPOP = new StackLinked(),
   push = '';
for (var i = 1; i <= 5; i++) {
   stackPUSH.push(i);
   push += i;
}
var pop = '52143';
stackPOP.push(5);
stackPOP.push(2);
```

```
stackPOP.push(1);
stackPOP.push(4);
stackPOP.push(3);
if (isPopSerial(stackPUSH, stackPOP)) {
    console.log(pop, "是", push, "的一个 pop 序列");
} else {
    console.log(pop, "不是", push, "的一个 pop 序列");
}
```

程序的运行结果为

```
52143 是 12345 的一个 pop 序列
```

算法性能分析：

这个算法在处理一个合理的 pop 序列的时候需要操作的次数最多，即把 push 序列进行一次压栈和出栈操作，操作次数为 2N。因此，时间复杂度为 O(N)。此外，这个算法使用了额外的栈空间，因此，空间复杂度为 O(N)。

5.5 如何用 O(1)的时间复杂度求栈中最小元素

难度系数：★★★☆☆ **被考查系数：★★★★☆**

分析与解答：

由于栈具有后进先出的特点，因此 push 和 pop 只需要对栈顶元素进行操作。如果使用上述的实现方式，只能访问到栈顶的元素，因此，无法得到栈中最小的元素。当然，可以用另外一个变量来记录栈底的位置，通过遍历栈中所有的元素找出最小值，但是这种方法的时间复杂度为 O(N)，那么如何才能用 O(1)的时间复杂度求出栈中最小的元素呢？

在算法设计中，经常会采用空间来换取时间的方式来提高时间复杂度。也就是说，采用额外的存储空间来降低操作的时间复杂度。具体而言，在实现时使用两个栈结构，一个栈用来存储数据，另外一个栈用来存储栈的最小元素。实现思路如下：如果当前入栈的元素比原来栈中的最小值还小，则把这个值压入保存最小元素的栈中；在出栈时，如果当前出栈的元素恰好为当前栈中的最小值，保存最小值的栈顶元素也出栈，使得当前最小值变为当前最小值入栈之前的那个最小值。为了简便，可以在栈中保存整数类型。通过数组作为栈，初始值为 5，再向栈中压入 6 和 2 求最小值，实现代码为

```
function Node() {
    this.data = null;
    this.min = null;
}
function Min_Stack(a) {
    var _this = this;
    this.data = [];
    this.top = 0;
    a.forEach(function (value, key) {
        _this.push(value);
    });
```

```
}
Min_Stack.prototype = {
  push: function (i) {
        var node = new Node();
        node.data = i;
/**
 *此处设置每个节点的 min 值，设置方法为若栈为空，
 *当前元素 data 则为当前结点的 min。
 *若栈非空，则当前元素 data 与前一个结点的 min 值比较，
 *取其小者作为当前结点的 min。
**/
        if (this.top == 0) {
          min = node.data;
        } else {
          min = this.data[this.top - 1].min < node.data ?
                this.data[this.top - 1].min :
                node.data;
        }
        node.min = min;
        this.data.push(node);
        this.top++;
        return node;
      },
      pop: function () {
        var r = this.data[--this.top];
        this.data.splice(this.top, 1);
        return r;
      },
      get_min: function () {
        return this.data[this.top - 1].min;
      }
};

var a = [5],
  min_stack = new Min_Stack(a);
console.log("栈中最小值为：", min_stack.get_min());
min_stack.push(6);
console.log("栈中最小值为：", min_stack.get_min());
min_stack.push(2);
console.log("栈中最小值为：", min_stack.get_min());
min_stack.pop();
console.log("栈中最小值为：", min_stack.get_min());
```

程序的运行结果为

```
栈中最小值为：5
栈中最小值为：5
栈中最小值为：2
栈中最小值为：5
```

算法性能分析：

这个算法申请了额外的一个栈空间来保存栈中最小的元素，从而实现了用 O(1)的时间复杂度求栈中最小元素，但是付出的代价是空间复杂度为 O(N)。

5.6 如何用两个栈模拟队列操作

难度系数：★★★☆☆ **被考查系数：★★★★☆**

分析与解答：

要求用两个栈来模拟队列，假设使用栈 A 与栈 B 模拟队列 Q，其中 A 为插入栈，B 为弹出栈以实现队列 Q。

再假设栈 A 和栈 B 都为空，可以认为栈 A 提供入队列的功能，栈 B 提供出队列的功能。

要入队列，入栈 A 即可，而出队列则需要分两种情况考虑：

1）如果栈 B 不为空，则直接弹出栈 B 的数据。

2）如果栈 B 为空，则依次弹出栈 A 的数据，放入栈 B 中，再弹出栈 B 的数据。

以数组 arr1 和 arr2 作为两个栈，实现代码为

```
var arr1 = [],                                    //栈 A
    arr2 = [];                                    //栈 B
function push(node) {
    arr1.push(node);
}
function pop() {
    if (arr2.length > 0) {
        return arr2.pop();
    }
    while (arr1.length > 0) {
        arr2.push(arr1.pop());
    }
    return arr2.pop();
}
push(1);
push(2);
console.log("队列首元素为：", pop());
console.log("队列首元素为：", pop());
```

程序的运行结果为

```
队列首元素为：1
队列首元素为：2
```

算法性能分析：

这个算法入队操作的时间复杂度为 O(1)，出队操作的时间复杂度则依赖于入队与出队执行的频率。总体来讲，出队操作的时间复杂度为 O(1)，当然会有个别操作需要耗费更多的时间（因为需要从两个栈来移动数据）。

第6章 二 叉 树

6.1 二叉树基础知识

二叉树（Binary Tree）也称为二分树、二元树或对分树等。它是 n（n≥0）个有限元素的集合，该集合或者为空，或者由一个称为根（root）的元素及两个不相交的、被分别称为左子树和右子树的二叉树组成。当集合为空时，称该二叉树为空二叉树。

在二叉树中，一个元素也称作一个结点。二叉树的递归定义为：二叉树或者是一棵空树，或者是一棵由一个根结点和两棵互不相交的分别称作根结点的左子树和右子树所组成的非空树，左子树和右子树又同样都是一棵二叉树。

以下是二叉树的一些常见的基本概念：

1）结点的度：结点所拥有的子树个数称为该结点的度。

2）叶结点：度为 0 的结点称为叶结点，或者称为终端结点。

3）分支结点：度不为 0 的结点称为分支结点，或者称为非终端结点。一棵树的结点除叶结点外，其余的都是分支结点。

4）左孩子、右孩子和双亲：树中一个结点的子树的根结点称为这个结点的孩子。这个结点称为它孩子结点的双亲。具有同一个双亲的孩子结点互称为兄弟。

5）路径和路径长度：如果一棵树的一串结点 n1、n2、…、nk 之间的关系为结点 ni 是 ni+1 的父结点（1≤i<k），那么就把 n1、n2、…、nk 称为一条由 n1～nk 的路径。这条路径的长度是 k-1。

6）祖先和子孙：在树中，如果有一条路径从结点 M 到结点 N，那么 M 就称为 N 的祖先，而 N 称为 M 的子孙。

7）结点的层数：规定树的根结点的层数为 1，其余结点的层数等于它的双亲结点的层数加 1。

8）树的深度：树中所有结点的最大层数称为树的深度。

9）树的度：树中各结点度的最大值称为该树的度，叶子结点的度为 0。

10）满二叉树：在一棵二叉树中，如果所有分支结点都存在左子树和右子树，并且所有叶子结点都在同一层上，这样的一棵二叉树称作满二叉树。

11）完全二叉树：一棵深度为 k 的有 n 个结点的二叉树，对树中的结点按从上至下、从左到右的顺序进行编号，如果编号为 i（1≤i≤n）的结点与满二叉树中编号为 i 的结点在二叉树中的位置相同，则这棵二叉树称为完全二叉树。完全二叉树的特点：叶子结点只能出现在最下层和次下层，且最下层的叶子结点集中在树的左部。需要注意的是满二叉树肯定是完全二叉树，而完全二叉树不一定是满二叉树。

二叉树的基本性质如下：

性质 1：一棵非空二叉树的第 i 层上最多有 2^{i-1} 个结点（i≥1）。

性质 2：一棵深度为 k 的二叉树中，最多具有 2^k-1 个结点，最少有 k 个结点。

性质 3：对于一棵非空的二叉树，度为 0 的结点（即叶子结点）总是比度为 2 的结点多一个，即如果叶子结点数为 n0，度数为 2 的结点数为 n2，则有 n0=n2+1。

证明：用 n0 表示度为 0（叶子结点）的结点总数，用 n1 表示度为 1 的结点总数，n2 表示度为 2 的结点总数，n 表示整个完全二叉树的结点总数,则 n=n0+n1+n2。根据二叉树和树的性质可知 n=n1+2×n2+1（所有结点的度数之和+1=结点总数），根据两个等式可知 n0+n1+n2=n1+2×n2+1，所以，n2=n0−1，即 n0=n2+1。因此，答案为 1。

性质 4：具有 n 个结点的完全二叉树的深度为 $\lfloor \log_2 n \rfloor +1$，其中“⌊ ⌋”表示向下取整。

证明：根据性质 2 可知，深度为 k 的二叉树最多只有 2^k-1 个结点，且完全二叉树的定义是与同深度的满二叉树前面的编号相同，即它的总结点数 n 位于 k 层和 k−1 层满二叉树容量之间，即 $2^{k-1}-1<n\leqslant 2^k-1$ 或 $2^{k-1}\leqslant n<2^k$。不等式的三部分同时取对数，于是有 $k-1\leqslant \log_2 n<k$，因为 k 是整数，所以，k=$\lfloor \log_2 n \rfloor$+1。

性质 5：对于具有 n 个结点的完全二叉树，如果按照从上至下和从左到右的顺序对二叉树中的所有结点从 1 开始顺序编号，则对于任意的序号为 i 的结点，有：

① 如果 i＞1，则序号为 i 的结点的双亲结点的序号为 i/2（其中“/”表示整除）；如果 i＝1，则序号为 i 的结点是根结点，无双亲结点。

② 如果 2i≤n，则序号为 i 的结点的左孩子结点的序号为 2i；如果 2i＞n，则序号为 i 的结点无左孩子。

③ 如果 2i+1≤n，则序号为 i 的结点的右孩子结点的序号为 2i+1；如果 2i+1＞n，则序号为 i 的结点无右孩子。

此外，若对二叉树的根结点从 0 开始编号，则相应的 i 号结点的双亲结点的编号为(i−1)/2，左孩子的编号为 2i+1，右孩子的编号为 2i+2。

例题 1：一棵完全二叉树上有 1001 个结点，其中叶子结点的个数是多少？

分析：二叉树的公式：n＝n0+n1+n2＝n0+n1+(n0−1)＝2×n0+n1−1。而在完全二叉树中，n1 只能取 0 或 1。若 n1＝1，则 2×n0＝1001，可推出 n0 为小数，不符合题意；若 n1＝0，则 2×n0−1＝1001，则 n0＝501。所以，答案为 501。

例题 2：如果根的层次为 1，具有 61 个结点的完全二叉树的高度为多少？

分析：根据二叉树的性质，具有 n 个结点的完全二叉树的深度为 $\lfloor \log_2 n \rfloor +1$，因此，含有 61 个结点的完全二叉树的高度为 6 层。所以，答案为 6。

例题 3：在具有 100 个结点的树中，其边的数目为多少？

分析：在一棵树中，除了根结点之外，每一个结点都有一条入边，因此，总边数应该是 100−1，即 99 条。所以，答案为 99。

下面是一个用 JavaScript 构造二叉树的方法：

```
/***
 * 以指定的值构造二叉树，并指定左右子树
 * @param mixed key       结点的值.
 * @param mixed left      左子树结点.
 * @param mixed right     右子树结点.
```

```
 */
function BinaryTree(key, left, right) {
  this.key = key;                          //当前结点的值
  if (key === null) {
    this.left = null;                      //左子树
    this.right = null;                     //右子树
  } else if (left === null) {
    this.left = new BinaryTree();
    this.right = new BinaryTree();
  } else {
    this.left = left;
    this.right = right;
  }
}
```

6.2 如何实现二叉树

难度系数：★★★★☆　　　　　　　　被考查系数：★★★☆☆

分析与解答：

方法一：用数组构造简单的二叉树

使用数组构造一个二叉树，将二叉树的每个结点存储到数组中，数组的键名代表二叉树的结点，数组的键值代表二叉树的结点值。初始化时，创建一个指定长度的二叉树，设置数组的第一个值为根结点。实现代码如下：

```
/**
 * 用数组表示的二叉树
 */
function BinaryTree(size, root) {
  this.size = size;
  this.array = [];
  for (i = 0; i < size; i++) {
    this.array[i] = i;
  }
  this.array[0] = root;
}
BinaryTree.prototype = {
    searchNode: function (nodeCode) {                              //查询结点
      if (nodeCode >= this.size || nodeCode < 0) {
        return false;
      }
      return this.array[nodeCode];
    },
    addNode: function (nodeCode, place, nodeValue) {               //增加树结点
      if (nodeCode < this.size || nodeCode < 0) {
        return false;
      }
      //当添加左孩子时，索引加 1；当添加右孩子时，索引加 2
```

```
        var index = place == 0 ? (nodeCode + 1) : (nodeCode + 2);
        //存在 nodeCode 这个结点就结束接下来的添加操作
        if (this.array[nodeCode + 1]) {
            return false;
        }
        //新结点在相应位置补值
        if (nodeCode >= this.size) {
            for (var i = this.size; i < nodeCode + 1; i++) {
                this.array[i] = i;
            }
            this.size = index;
        }
        this.array[index] = nodeValue;
    },
    deleteNode: function (nodeCode) {                    //删除树结点
        if (nodeCode >= this.size || nodeCode < 0) {
            return false;
        }
        this.array.splice(nodeCode, 1);
    },
    showTree: function () {                              //遍历树
        var txt = "";
        this.array.forEach(function (value, key) {
            txt += value + " ";
        });
        console.log(txt);
    }
};

//产生一个以 2 为根结点，9 个子结点的二叉树
var BinaryTree = new BinaryTree(10, 2);
console.log("初始化的二叉树：");
BinaryTree.showTree();                                   //遍历树
console.log("搜索根结点：");
console.log(BinaryTree.searchNode(0));                   //搜索第一个结点
BinaryTree.addNode(10, 1, 0);
console.log("增加 0 结点后的二叉树：");
BinaryTree.showTree();                                   //遍历树
BinaryTree.deleteNode(1);                                //删除根结点的下一个结点
console.log("删除根结点下一个结点后的二叉树：");
BinaryTree.showTree();                                   //遍历树
```

程序的运行结果为

```
初始化的二叉树：2 1 2 3 4 5 6 7 8 9
搜索根结点：2
增加 0 结点后的二叉树：2 1 2 3 4 5 6 7 8 9 10 0
删除根结点下一个结点后的二叉树：2 2 3 4 5 6 7 8 9 10 0
```

方法二：用链表结构构造二叉树

先构造一个链表结构，在链表中构造出根结点、左子树和右子树的结构。构造一棵二叉树的方法：从二叉树类中创建一个链表，根据链表结构构造一棵二叉树，通过二叉树类去操作链表类，从而构造出二叉树。代码实现如下：

```
var printTxt;                                    //要在控制台输出的文本
/**
 * 二叉树的结点类
 */
function Node(index, data, parentNode, lChild, rChild) {
  this.index = index;                            //索引
  this.data = data;                              //结点值
  this.lChild = lChild;                          //左孩子
  this.rChild = rChild;                          //右孩子
  this.parentNode = parentNode;                  //父结点
}
Node.prototype = {
    SearchNode: function (nodeIndex) {           //搜索结点
      if (this.index == nodeIndex) {
        return this;
      }
      if (this.lChild != null) {
        if (this.lChild.index == nodeIndex) {
          return this.lChild;
        } else {
          tempNode = this.lChild.SearchNode(nodeIndex);
          if (tempNode != null) {
            return tempNode;
          }
        }
      }
      if (this.rChild != null) {
        if (this.rChild.index == nodeIndex) {
          return this.rChild;
        } else {
          tempNode = this.rChild.SearchNode(nodeIndex);
          if (tempNode != null) {
            return tempNode;
          }
        }
      }
      return null;
    },
    DeleteNode: function () {                        //删除结点
      if (this.lChild != null) {
        this.lChild.DeleteNode();
      }
      if (this.rChild != null) {
        this.rChild.DeleteNode();
      }
      if (this.parentNode != null) {
```

```
                if (this.parentNode.lChild == this) {
                    this.parentNode.lChild = null;
                } else if (this.parentNode.rChild == this) {
                    this.parentNode.rChild = null;
                }
            }
        },
        PreOrderTraversal: function () {                          //前序遍历
            printTxt += this.data + " ";
            if (this.lChild != null) {
                this.lChild.PreOrderTraversal();
            }
            if (this.rChild != null) {
                this.rChild.PreOrderTraversal();
            }
        },
        InOrderTraversal: function () {                           //中序遍历
            if (this.lChild != null) {
                this.lChild.InOrderTraversal();
            }
            printTxt += this.data + " ";
            if (this.rChild != null) {
                this.rChild.InOrderTraversal();
            }
        },
        PostOrderTraversal: function () {                         //后序遍历
            if (this.lChild != null) {
                this.lChild.PostOrderTraversal();
            }
            if (this.rChild != null) {
                this.rChild.PostOrderTraversal();
            }
            printTxt += this.data + " ";
        }
    };

    function Tree(index, data) {
        this.root = new Node(index, data);
    }
    Tree.prototype = {
    SearchNode: function (nodeIndex) {                            //搜索结点
            return this.root.SearchNode(nodeIndex);
        },
        AddNode: function (nodeIndex, direction, node) {          //增加结点
            searchResult = this.root.SearchNode(nodeIndex);
            if (searchResult == null) {
                return false;
            }
            if (direction == 0) {
                searchResult.lChild = node;
```

```
            searchResult.lChild.parentNode = searchResult;
        } else if (direction == 1) {
            searchResult.rChild = node;
            searchResult.rChild.parentNode = searchResult;
        }
    },
    DeleteNode: function (nodeIndex) {                     //删除结点
        if (this.SearchNode(nodeIndex) != null) {
            this.SearchNode(nodeIndex).DeleteNode();
        }
    },
    PreOrderTraversal: function () {                       //前序遍历
        printTxt = "";
        this.root.PreOrderTraversal();
        console.log(printTxt);
    },
    InOrderTraversal: function () {                        //中序遍历
        printTxt = "";
        this.root.InOrderTraversal();
        console.log(printTxt);
    },
    PostOrderTraversal: function () {                      //后序遍历
        printTxt = "";
        this.root.PostOrderTraversal();
        console.log(printTxt);
    }
};

var LinkTree = new Tree(0, 2);                             //产生一个以 2 为根结点的二叉树
//创建一棵二叉树
LinkTree.AddNode(0, 0, new Node(1, 1));
LinkTree.AddNode(0, 1, new Node(2, 2));
LinkTree.AddNode(2, 0, new Node(3, 3));
LinkTree.AddNode(2, 1, new Node(4, 4));
LinkTree.AddNode(4, 0, new Node(5, 5));
LinkTree.AddNode(4, 1, new Node(6, 6));
LinkTree.AddNode(6, 0, new Node(7, 7));
LinkTree.AddNode(6, 1, new Node(8, 8));
LinkTree.AddNode(8, 0, new Node(9, 9));

console.log("初始化的二叉树：");
LinkTree.PreOrderTraversal();                              //前序遍历
console.log("搜索根结点：");
console.log(LinkTree.SearchNode(0).data);                  //搜索第一个结点
LinkTree.AddNode(9, 0, new Node(10, 0));
console.log("增加 0 结点后的二叉树：");
LinkTree.PreOrderTraversal();                              //前序遍历
LinkTree.DeleteNode(1);                                    //删除根结点的下一个结点
console.log("删除根结点下一个结点后的二叉树：");
LinkTree.PreOrderTraversal();                              //前序遍历
```

程序的运行结果为

```
初始化的二叉树：2 1 2 3 4 5 6 7 8 9
搜索根结点：2
增加 0 结点后的二叉树：2 1 2 3 4 5 6 7 8 9 0
删除根结点下一个结点后的二叉树：2 2 3 4 5 6 7 8 9 0
```

以上两种方法中，方法一简单直接明了，但是只能线性结构排序出二叉树，不能对二叉树进行前序、中序或后序的遍历。而方法二更接近二叉树的结构，可以对二叉树进行前序、中序或后序的遍历，更具有结构性，更像二叉树。所以要实现一个二叉树结构的方法更推荐使用方法二。

6.3 如何把一个有序的整数数组放到二叉树中

难度系数：★★★★☆　　　　被考查系数：★★★☆☆

分析与解答：

如果要把一个有序的整数数组放到二叉树中，那么所构造出来的二叉树必定也是一棵有序二叉树。因此，实现思路为：取数组的中间元素作为根结点，将数组分成两部分，对数组的两部分用递归的方法分别构建左右子树。如图 6-1 所示。

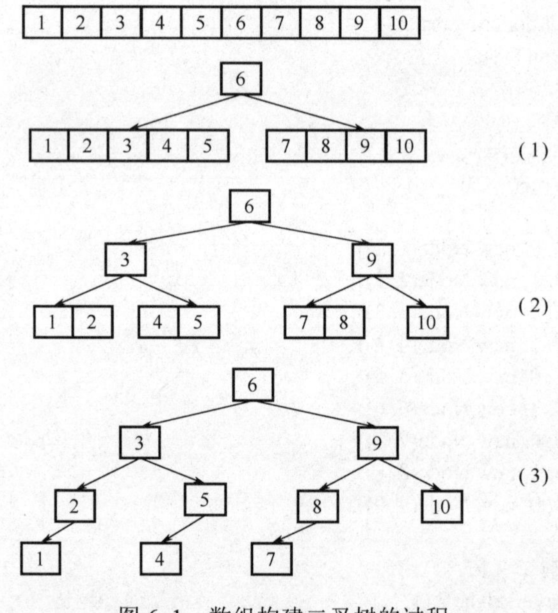

图 6-1　数组构建二叉树的过程

如图 6-1 所示，首先取数组的中间结点 6 作为二叉树的根结点，把数组分成左右两部分；然后对于数组的左右两部分子数组分别运用同样的方法进行二叉树的构建。例如，对于左半部分子数组，取中间结点 3 作为树的根结点，再把数组分成左右两部分。以此类推，就可以完成二叉树的构建，实现代码如下：

```
var printTxt = "";              //要在控制台输出的文本
```

```
/**
 * 二叉树的定义
 * 用指定的值构造二叉树，并定义左右子树
 * @param mixed key        结点值
 * @param mixed left        左子树结点
 * @param mixed right       右子树结点
 */
function BinaryTree(key, left, right) {
  this.key = key || null;
  this.left = left;
  this.right = right;
}
BinaryTree.prototype = {
    /**
     * 检测当前结点是否是叶结点
     * @return boolean 当结点非空并且有两个空的子树时为 true，否则为 false
     */
    isLeaf: function () {
      return !this.isEmpty() &&
        this.left.isEmpty() &&
        this.right.isEmpty();
    },
    /**
     * 检测结点是否为空
     * @return boolean 如果结点为空返回 true，否则为 false
     */
    isEmpty: function () {
      return this.key === null;
    },
    getKey: function () {                          //读取结点值
      if (this.isEmpty()) {
        return false;
      }
      return this.key;
    },
    attachKey: function (obj) {                    //给结点指定值
      if (!this.isEmpty())
        return false;
      this.key = obj;
      this.left = new BinaryTree();
      this.right = new BinaryTree();
    },
    detachKey: function () {                       //删除结点值，使得结点为空
      if (!this.isLeaf())
        return false;
      this.key = null;
      this.left = null;
      this.right = null;
      return this.key;
    },
```

```
        getLeft: function () {                                    //读取左子树
            if (this.isEmpty())
                return false;
            return this.left;
        },
        getRight: function () {                                   //读取右子树
            if (this.isEmpty())
                return false;
            return this.right;
        },
        preorderTraversal: function () {                          //前序遍历
            if (this.isEmpty()) {
                return;
            }
            printTxt += ' ' + this.getKey();
            this.getLeft().preorderTraversal();
            this.getRight().preorderTraversal();
        },
        inorderTraversal: function () {                           //中序遍历
            if (this.isEmpty()) {
                return;
            }
            this.getLeft().inorderTraversal();
            printTxt += ' ' + this.getKey();
            this.getRight().inorderTraversal();
        },
        postorderTraversal: function () {                         //后序遍历
            if (this.isEmpty()) {
                return;
            }
            this.getLeft().postorderTraversal();
            this.getRight().postorderTraversal();
            printTxt += ' ' + this.getKey();
        },
        insert: function (obj) {                                  //给二叉排序树插入指定值
            if (this.isEmpty()) {
                this.attachKey(obj);
                return;
            }
            var diff = this.compare(obj);
            if (diff < 0)
                this.getLeft().insert(obj);
            else if (diff > 0)
                this.getRight().insert(obj);
        },
        compare: function (obj) {                                 //当前结点值与传入的值做比较
            return obj - this.getKey();
        }
    };
```

```
var arr = [1, 2, 3, 4, 5, 6, 7, 8, 9, 10],
    txt = arr.reduce(function (accumulator, current, index, array) {
        return accumulator + " " + current;
    });
console.log("数组：", txt);

var root = new BinaryTree();
/**
 * 对数组的两部分用递归的方法分别构建左右子树
 */
function setTree(arr, root) {
    var len = arr.length;
    if (len < 2) {
        root.insert(arr[0]);
        return;
    }
    var middle = Math.floor(len / 2),
        left = arr.slice(0, middle),                    //数组的左边部分
        right = arr.slice(middle + 1);                  //数组的右边部分
    root.insert(arr[middle]);                           //添加中间结点
    setTree(left, root.left);                           //左子树
    if (len > 2)
        setTree(right, root.right);                     //右子数
}
setTree(arr, root);
root.inorderTraversal();                                //中序遍历
console.log("转换成树的中序遍历为：", printTxt);
```

程序的运行结果为

```
数组：1  2  3  4  5  6  7  8  9  10
转换成树的中序遍历为：1  2  3  4  5  6  7  8  9  10
```

算法性能分析：

由于这个方法只遍历了一次数组，因此，算法的时间复杂度为 O(N)。其中，N 表示的是数组长度。

6.4 如何用二叉树实现多层级分类

难度系数：★★★☆☆ **被考查系数：★★★★☆**

题目描述：

假设存在以下一个省市区结构的数组，需要按多层级结构排序输出，请使用 JavaScript 代码实现该功能。

```
var items = [
        {'id': 1, 'pid': 0, 'name': '江西省'},
        {'id': 2, 'pid': 0, 'name': '黑龙江省'},
        {'id': 3, 'pid': 1, 'name': '南昌市'},
```

```
            {'id': 4, 'pid': 2, 'name': '哈尔滨市'},
            {'id': 5, 'pid': 2, 'name': '鸡西市'},
            {'id': 6, 'pid': 4, 'name': '香坊区'},
            {'id': 7, 'pid': 4, 'name': '南岗区'},
            {'id': 8, 'pid': 6, 'name': '和兴路'},
            {'id': 9, 'pid': 7, 'name': '西大直街'},
            {'id': 10, 'pid': 8, 'name': '东北林业大学'},
            {'id': 11, 'pid': 9, 'name': '哈尔滨工业大学'},
            {'id': 12, 'pid': 8, 'name': '哈尔滨师范大学'},
            {'id': 13, 'pid': 1, 'name': '赣州市'},
            {'id': 14, 'pid': 13, 'name': '赣县'},
            {'id': 15, 'pid': 13, 'name': '于都县'},
            {'id': 16, 'pid': 14, 'name': '茅店镇'},
            {'id': 17, 'pid': 14, 'name': '大田乡'},
            {'id': 18, 'pid': 16, 'name': '义源村'},
            {'id': 19, 'pid': 16, 'name': '上坝村'},
];
```

分析与解答：

方法一：非递归，通过引用实现多层级结构排序

对数组进行遍历，利用引用的方法，将每个分类添加到父类的 son 数组中，一次遍历就可以实现层级树的结构排序并返回结果。实现代码如下：

```
function arrayToTree1(items) {
  var tree = [],
    current;
  items.forEach(function (value, key) {
    if (value.pid == 0) {                          //代表根结点
      tree.push(value);
    } else {                                       //找到其父类
      current = items[value.pid - 1];
      current.son ? current.son.push(value) : (current.son = [value]);
    }
  });
  return tree;
}
```

方法二：递归实现多层级结构排序

通过对数组遍历，找到父结点，再对父结点下的数组递归遍历找到子结点，然后存到父结点的 son 数组中，再把排序好的多层级结构返回。实现代码如下：

```
function arrayToTree2(items, pid) {
  var tree = [];
  items.forEach(function (v, k) {
    if (v.pid == pid) {
      v.son = arrayToTree2(items, v.id);
      tree.push(v);
    }
  });
```

```
    return tree;
}
```

由于以上程序运行结果较长，这里暂不罗列。

方法一通过引用的方法构造数组，只需要一次遍历就可以把生成的层级关系返回。而方法二需要多次递归遍历找到子结点，再给到父结点才能得到层级结构。对比方法一和方法二，方法一的执行效率要比方法二更高。

6.5 如何找到二叉树中的最大最小值

难度系数：★★★★☆　　　　**被考查系数：**★★★★☆

题目描述：

在日常的开发中经常需要从数据中找到最大值和最小值，现要求编程实现从一个二叉树中找出最大值和最小值。

分析与解答：

在初始化一棵二叉树时，每次将插入的结点和父结点进行对比，比父结点小的子结点插到左子树中，比父结点大的子结点插到右子树中。当需要查找最小值时从左子树中递归查找，当需要查找最大值时从右子树中递归查找。

例如：存在一个数组，其值为[8, 3, 10, 1, 6, 14, 4, 7, 13]，需要从中找出最大值和最小值。

（1）查找最小值：

构造一棵二叉树，8 为根结点，存在左子树和右子树。当根结点 8 和子结点 3 比较时，8 大于 3，将子结点插入到左子树中，在插入到左子树时还要判断根结点下的左子树是否已存在结点，如果为空结点则直接插入结点。若不是空结点则将父结点和新结点做对比，若父结点大于子结点则插入到左子树中，否则插入到右子树。注意：如果存在父结点和子结点相等，那么不用插入或做其他操作。初始化对比判断过程如图 6-2 所示。

经多次遍历对比后，得到的结果如图 6-3 所示。

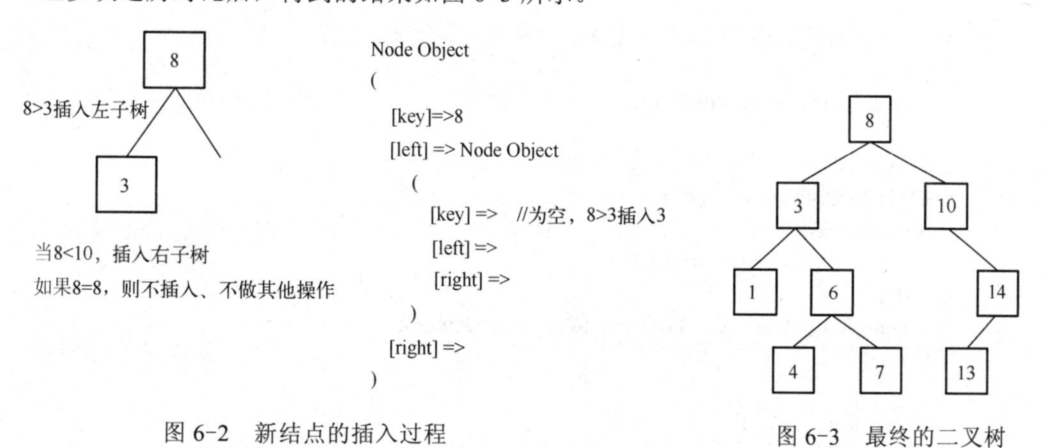

图 6-2　新结点的插入过程　　　　图 6-3　最终的二叉树

这样保证了左子树永远存的是最小值，求最小值时，对左子树遍历，判断父结点下的左子树是否存在结点，若不存在结点则该父结点就是最小值。

（2）查找最大值：

与查找左子树同理，在最初插入结点时已经将每个根结点和新结点进行了对比，保证了插入到右子树的结点都是最大值。当要求出最大值时，只需对右子树进行遍历，判断父结点下的右子树是否存在结点，若不存在结点则该父结点就是最大值。代码实现如下：

```
function Node(key, left, right) {
    this.key = key;
    this.left = left;
    this.right = right;
}
function BinaryTree() {
    this.root = null;
}
BinaryTree.prototype = {
    insertNode: function (node, newNode) {                    //插入结点
        if (node.key < newNode.key) {
            //如果父结点小于子结点，插到右边
            node.right ? this.insertNode(node.right, newNode) : (node.right = newNode);
        } else if (node.key > newNode.key) {
            //如果父结点大于子结点，插到左边
            node.left ? this.insertNode(node.left, newNode) : (node.left = newNode);
        }
    },
    insert: function (key) {
        var newNode = new Node(key);
        if (this.root) {
            this.insertNode(this.root, newNode);
        } else {
            this.root = newNode;
        }
    },
    findMin: function () {                                    //寻找最小值
        //不断的找它的左子树，直到这个左子树的结点为叶子结点
        if (this.root) {
            this.findMinNode(this.root);
        }
    },
    findMinNode: function (node) {
        if (node.left) {
            this.findMinNode(node.left);
        } else {
            console.log('这个二叉树的最小值为：', node.key);
        }
    },
    findMax: function () {                                    //寻找最大值
        if (this.root) {
            this.findMaxNode(this.root);
        }
    },
```

```
        findMaxNode: function (node) {
            if (node.right) {
                this.findMaxNode(node.right);
            } else {
                console.log('这个二叉树的最大值为：', node.key);
            }
        }
    };

    var tree = new BinaryTree(),
        nodes = [8, 3, 10, 1, 6, 14, 4, 7, 13],
        txt = "";
    nodes.forEach(function (value, key) {
        tree.insert(value);
        txt += value + " ";
    });
    console.log("二叉树的结构：", txt);
    tree.findMin();
    tree.findMax();
```

程序的运行结果为

```
二叉树的结构：8 3 10 1 6 14 4 7 13
这个二叉树的最小值为：1
这个二叉树的最大值为：14
```

求最小值时，需要对左子树进行多次递归判断，如果左子树的父结点下有结点则需判断该结点下是否还有结点，如果没有结点，则该结点就是最小值，否则需要继续遍历下去。求最大值时，对右子树递归判断右结点时，如果右结点下面没有子结点则该结点就是最大值，否则，需要继续遍历右结点下的结点，直至找到右子树的最后一个右结点。

6.6 如何对二叉树进行遍历

难度系数：★★★★☆ **被考查系数：★★★★☆**

分析与解答：

1．使用前序遍历二叉树

先看前序遍历，步骤如下：

1）如果当前结点的左孩子为空，则输出当前结点并将其右孩子作为当前结点。

2）如果当前结点的左孩子不为空，那么在当前结点的左子树中找到当前结点在中序遍历下的前驱结点。

① 如果前驱结点的右孩子为空，那么将它的右孩子设为当前结点，输出当前结点并把当前结点更新为当前结点的左孩子。

② 如果前驱结点的右孩子为当前结点，那么将它的右孩子重新设为空，当前结点更新为当前结点的右孩子。

3）重复步骤 1）和步骤 2)，直到当前结点为空。

实现代码如下：

```
/**
 * 前序遍历（递归实现）
 */
function preOrder(root) {
  if (!root|| root.key == null) {
    return;
  }
  console.log(root.key);
  preOrder(root.left);
  preOrder(root.right);
}
```

2．使用中序遍历二叉树

中序遍历和前序遍历相比只改动一句代码，步骤如下：

1）如果当前结点的左孩子为空，则输出当前结点并将其右孩子作为当前结点。

2）如果当前结点的左孩子不为空，那么在当前结点的左子树中找到当前结点在中序遍历下的前驱结点。

① 如果前驱结点的右孩子为空，那么将它的右孩子设为当前结点，当前结点更新为当前结点的左孩子。

② 如果前驱结点的右孩子为当前结点，那么将它的右孩子重新设为空，输出当前结点，当前结点更新为当前结点的右孩子。

3）重复步骤1）和步骤2），直到当前结点为空。

实现代码如下：

```
/**
 * 中序遍历（递归实现）
 */
function midOrder(root) {
  if (!root|| root.key == null) {
    return;
  }
  midOrder(root.left);
  console.log(root.key);
  midOrder(root.right);
}
```

3．使用后序遍历二叉树

后序遍历的步骤如下：

1）如果当前结点的左孩子为空，则将其右孩子作为当前结点。

2）如果当前结点的左孩子不为空，那么在当前结点的左子树中找到当前结点在中序遍历下的前驱结点。

① 如果前驱结点的右孩子为空，那么将它的右孩子设为当前结点，当前结点更新为当前结点的左孩子。

② 如果前驱结点的右孩子为当前结点，那么将它的右孩子重新设为空，倒序输出从当前结点的左孩子到该前驱结点这条路径上的所有结点，当前结点更新为当前结点的右孩子。

3）重复步骤 1）和步骤 2），直到当前结点为空。

实现代码如下：

```
/**
 * 后序遍历（递归实现）
 */
function backOrder(root) {
  if (!root|| root.key == null) {
    return;
  }
  backOrder(root.left);
  backOrder(root.right);
  console.log(root.key);
}
```

4．使用层序遍历二叉树

层序遍历步骤如下：

1）二叉树的根结点所在层数为 1，层序遍历就是从所在二叉树的根结点出发。

2）首先访问第 1 层的根结点，然后从左到右访问第 2 层上的结点。

3）接着是第 3 层的结点，以此类推，自上而下，自左至右逐层访问树的结点的过程就是层序遍历。

实现代码如下：

```
/**
 * 层序遍历（递归实现）
 * 由于是逐层遍历，因此还要传递当前的层数
 */
function levelOrder(root, level) {
  if (!root || root.key == null || level < 1) {
    return;
  }
  if (level == 1) {
    console.log(root.key);
    return;
  }
  if (root.left) {
    levelOrder(root.left, level - 1);
  }
  if (root.right) {
    levelOrder(root.right, level - 1);
  }
}
/**
 * 获取树的深度（即层数）
 */
function getDepthNode(root) {
```

```
    if (!root || root.key == null) {
        return 0;
    }
    var left = getDepthNode(root.left),
        right = getDepthNode(root.right),
        depth = left > right ? (left + 1) : (right + 1);
    return depth;
}
//执行层序遍历
var level = getDepthNode(root);
for (var i = 1; i <= level; i++) {
    levelOrder(root, i);
}
```

6.7 如何判断一棵二叉树是否是二叉树

难度系数：★★★★☆ **被考查系数：★★★★☆**

题目描述：

若二叉树的深度为 h，除第 h 层外，其他各层（1～h-1）的结点数都达到最大个数，第 h 层的所有结点都连续集中在最左边，这种二叉树称为完全二叉树。请编程判断一个二叉树是否是完全二叉树。

分析与解答：

可以使用层序遍历，通过以下条件判断一棵二叉树结构是不是完全二叉树：

1）遍历到的结点只有右子树没有左子树的二叉树不是完全二叉树。

2）如果遍历到一个结点只有左子树，那么后面遍历到的结点必须是叶子结点（即没有子结点的结点），否则也不是完全二叉树。

3）除最后一层之外，其他各层只要有一层的结点数没能达到最大个数，那么就不是完全二叉树。

4）不满足条件（1）、（2）和（3）的二叉树，可以认为该二叉树是完全二叉树。

实现代码如下：

```
function Node(key, left, right) {
    this.key = key;
    this.left = left;
    this.right = right;
}
function BinaryTree() {
    this.root = null;
    this.perfect = true;                              //标记是否是完全二叉树
    this.levelNumber = 0;                             //每层的结点数
}
BinaryTree.prototype = {
        insertNode: function (node, newNode) {        //插入结点
            if (node.key < newNode.key) {
                //如果父结点小于子结点，插到右边
```

```
            node.right ? this.insertNode(node.right, newNode) : (node.right = newNode);
        } else if (node.key > newNode.key) {
            //如果父结点大于子结点，插到左边
            node.left ? this.insertNode(node.left, newNode) : (node.left = newNode);
        }
    },
    insert: function (key) {
        var newNode = new Node(key);
        if (this.root) {
            this.insertNode(this.root, newNode);
        } else {
            this.root = newNode;
        }
    },
    levelOrder: function (root, level) {                    //层序遍历
        if (root == null || level < 1) {
            return;
        }
        if (level == 1) {
/**
 *   1. 如果一个结点只有右子树没有左子树，
 *   那么不是完全二叉树
 **/
            if (!root.left && root.right) {
                this.perfect = false;
            }
/**
 *   2. 如果一个结点只有左子树并且后面的子结点不是叶子结点，
 *   那么也不是完全二叉树
 **/
            if (root.left && !root.right) {
                if (root.left.left || root.left.right) {
                    this.perfect = false;
                }
            }
            this.levelNumber++;                              //统计该层的结点数
            return;
        }
        if (root.left) {
            this.levelOrder(root.left, level - 1);
        }
        if (root.right) {
            this.levelOrder(root.right, level - 1);
        }
    },
    getDepthNode: function (root) {                          //获取树的深度（即层数）
        if (!root) {
            return 0;
        }
        var left = this.getDepthNode(root.left),
```

```
            right = this.getDepthNode(root.right),
            depth = left > right ? (left + 1) : (right + 1);
        return depth;
    },
    isPerfectTree: function () {                    //判断该树是否是完全二叉树
        var root = this.root;
        var level = this.getDepthNode(root);        //层序遍历
        for (var i = 1; i <= level; i++) {
            this.levelNumber = 0;
            this.levelOrder(root, i);               //传递当前的层数以及该层的可包含的最多结点
/**
 *   3. 如果当前不是最后一层并且该层的结点数没有达到最大个数，
 *   那么不是完全二叉树
 **/
            if (this.levelNumber < Math.pow(2, i - 1) && i != level) {
                this.perfect = false;
            }
        }
        if (this.perfect) {
            console.log("该树是完全二叉树");
        } else {
            console.log("该树不是完全二叉树");
        }
    }
};

var tree = new BinaryTree(),
    nodes = [9, 3, 10];
//构建二叉树
nodes.forEach(function (value, key) {
    tree.insert(value);
});
tree.isPerfectTree();
```

程序的运行结果为

```
该树是完全二叉树
```

由于在创建该二叉树时，新增结点比父结点及后续父结点小的都放在该父结点的左子树中，新增结点及后续结点比父结点大的都放在该父结点的右结点下，所以，该二叉树的结构如下：

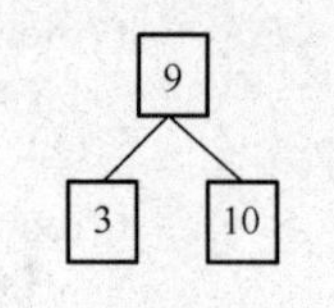

图 6-4　完全二叉树

最终解出该树是完全二叉树。需要注意的是，一棵树是满二叉树则该树一定是完全二叉树，但一棵树是完全二叉树，不一定是满二叉树。

第7章 数　　组

数组是某种类型的数据按照一定的顺序组成的数据集合。如果把有限个类型相同或不同的变量的集合命名，那么这个名称可称为数组名。组成数组的各个变量称为数组的分量，也称为数组的元素，有时也称为下标变量。用于区分数组的各个元素的数字编号称为下标。

数组是最基本的数据结构，关于数组的面试、笔试题在企业的招聘中也是屡见不鲜，求解此类题目，不仅需要扎实的编程基础，更需要清晰的解题思路。本章列出了众多数组相关面试笔试题，都非常具有代表性，需要读者重点关注。

7.1 如何找出数组中唯一的重复元素

难度系数：★★★☆☆　　**被考查系数：★★★★☆**

题目描述：

数字 1～1000 放在含有 1001 个元素的数组中，其中只有唯一的一个元素值重复，其他数字均只出现一次。设计一个算法，将重复元素找出来，要求每个数组元素只能访问一次。如果不使用辅助存储空间，能否设计一个算法实现？

分析与解答：

看完题目，首先需要做的就是分析题目所要达到的目标及其中的限定条件。从题目的描述可以发现，本题的目标就是在一个有且仅有一个元素值重复的数组中找出这个唯一的重复元素，而限定条件就是，每个数组元素只能访问一次，并且不许使用辅助存储空间。如果题目没有对是否可以使用辅助数组做限制的话，那么最简单的方法就是使用 Hash 法。

方法一：Hash 法

当使用 Hash 法时，具体过程：首先定义一个长度为 1000 的 Hash 数组，将 Hash 数组中的元素值都初始化为 0，然后将原数组中的元素逐一映射到该 Hash 数组中。当对应的 Hash 数组中的值为 0 时，则置该 Hash 数组中该处的值为 1；当对应的 Hash 数组中该处的值为 1 时，则表明该位置的数在原数组中是重复的，输出即可。实现代码如下：

```
function findDup(array) {
  var len = array.length,
    newArr = [];
  if (!array || len < 1)
    return -1;
  for (var i = 0; i < 1000; i++)
    newArr[i] = 0;
  for (i = 0; i < len; i++) {
    if (newArr[array[i] - 1] == 0) {
      newArr[array[i] - 1] = 1;
    } else {
      return array[i];
    }
```

```
    }
    return -1;      //无重复元素则返回-1
}

var array = [1, 3, 4, 2, 5, 3];
console.log(findDup(array));
```

程序的运行结果为

```
3
```

算法性能分析：

上述方法是一种典型的以空间换时间的方法，它的时间复杂度为 O(N)，空间复杂度为 O(N)。很显然，在题目没有明确限制的情况下，上述方法不失为一种好方法。但是由于题目要求不能用额外的辅助空间，所以上述方法不可取，是否存在其他满足题意的方法呢？

方法二：累加求和法

计算机技术与数学本身是一家，抛开计算机专业知识，上述问题其实可以回归成一个数学问题。数学问题的目标是在一个数字序列中寻找重复的那个数。根据题目意思可以看出，1～1000 个数中除了唯一一个数重复以外，其他各数有且仅出现一次。由数学性质可知，这 1001 个数包括 1～1000 中的每一个数各 1 次，外加 1～1000 中的某一个数。很显然，1001 个数中有 1000 个数是固定的，唯一一个不固定的数也知道其范围（1～1000 中某一个数），那么最容易想到的方法就是累加求和法。

所谓累加求和法，指的是将数组中的所有 N+1（此处 N 的值取 1000）个元素相加，然后用得到的和减去 1+2+3+…+N（此处 N 的值为 1000）的和，得到的差即为重复的元素的值。这一点不难证明。

由于 1001 个数的数据量较大，不方便说明以上算法。为了简化问题，以数组序列[1, 3, 4, 2, 5, 3]为例。该数组长度为 6，除了数字 3 以外，其他 4 个数字都没有重复。按照上述方法，首先计算数组中所有元素的和 sumb，sumb=1+3+4+2+5+3=18，数组中只包含 1～5 的数，计算 1～5 一共 5 个数字的和 suma，suma=1+2+3+4+5=15；所以，重复的数字值为 sumb−suma=3。由于本方法的代码实现较为简单，此处就不提供代码，有兴趣的读者可以自己实现。

算法性能分析：

上述方法的时间复杂度为 O(N)，空间复杂度为 O(1)。

在使用求和法计算时，需要注意一个问题，即当数据量巨大时，有可能会导致计算结果溢出。以本题为例，1～1000 范围内的 1000 个数累加，其和为(1+1000)×1000/2，即 500500，普通的数字型变量能够表示出来，所以，本题中不存在此问题。但如果累加的数值巨大时，就很有可能溢出了。

此处是否还可以继续发散一下，如果累加求和法能够成立，累乘求积法是不是也是可以成立呢？只是累加求积法在使用的过程中很有可能会存在数据越界的情况，如果再由此定义一个大数乘法来，那就有点得不偿失了。所以，求积的方式是理论上成立的，只是在实际的使用过程中可操作性不强而已，一般更加推荐累加求和法。

方法三：异或法

采用以上累加求和的方法，虽然能够解决本题的问题，但也存在一个潜在的风险，就是当数组中的元素值太大或者数组太长时，计算的和有可能会出现溢出的情况，进而无法求解出数组中的唯一重复元素。

鉴于求和法存在的局限性，可以采用位运算中异或的方法。根据异或运算的性质可知，当相同元素异或时，其运算结果为 0；当相异元素异或时，其运算结果为非 0。任何数与数字 0 进行异或运算，其运算结果为该数。本题中，正好可以使用到此方法，即将数组里的元素逐一进行异或运算，得到的值再与数字 1、2、3、…、N 进行异或运算，得到的最终结果即为所求的重复元素。

以数组[1, 3, 4, 2, 5, 3]为例。(1^3^4^2^5^3)^(1^2^3^4^5)=(1^1)^(2^2)^(3^3^3)^(4^4)^(5^5)=0^0^3^0^0=3。实现代码如下：

```
function findDup3(array) {
    var len = array.length,
        result = 0;
    if (!array || len < 1)
        return -1;
    for (var i = 0; i < len; i++)
        result ^= array[i];
    for (i = 1; i < len; i++)
        result ^= i;
    return result;
}

var array = [1, 3, 4, 2, 5, 3];
console.log(findDup3(array));
```

程序的运行结果为

```
3
```

算法性能分析：

上述方法的时间复杂度为 O(N)，并且没有申请辅助的存储空间。

方法四：数据映射法

数组取值操作可以看作一个特殊的函数 f:D→R，定义域为下标 0～1000，值域为 1～1000。如果对任意一个数字 i，把 f(i)称为它的后继，i 称为 f(i)的前驱。0 只有后继，没有前驱，其他数字既有后继也有前驱，重复的那个数字有两个前驱。

采用此种方法，可以发现一个规律，即从 0 开始画一个箭头指向它的后继，从它的后继继续指向后继的后继。这样，必然会有一个结点指向之前已经出现过的数，即为重复的数。

利用下标与单元中所存储的内容之间的特殊关系进行遍历，一旦访问过该单元就赋予它一个标记（把数组中的元素变为它的相反数），再利用标记作为发现重复数字的关键。

以数组 array=[1, 3, 4, 3, 5, 2]为例，从下标 0 开始遍历数组：

1）array[0]的值为 1，说明没有被遍历过，接下来遍历下标为 1 的元素，同时标记为已遍历过的元素（即变为相反数）：array=[-1, 3, 4, 3, 5, 2]。

2）array[1]的值为 3，说明没被遍历过，接下来遍历下标为 3 的元素，同时标记为已遍历过的元素：array=[-1, -3, 4, 3, 5, 2]。

3）array[3]的值为 3，说明没被遍历过，接下来遍历下标为 3 的元素，同时标记为已遍历过的元素：array=[−1, −3, 4, −3, 5, 2]。

4）array[3]的值为−3，说明 3 已经被遍历过了，找到了重复的元素。

实现代码如下：

```
function findDup4(array) {
    var len = array.length,
        index = 0;
    if (!array || len < 1)
        return -1;
    for (var i = 0; i < len; i++) {
        //数组中的元素值只能小于 len，否则会越界
        if (array[i] >= len)
            return -1;
        if (array[index] < 0)
            break;
        array[index] *= -1;            //对于访问过的元素，通过变为相反数的方法进行标记
        index = -1 * array[index];   //index 的后继为 array[index]
    }
    return index;
}

var array = [1, 3, 4, 2, 5, 3];
console.log(findDup4(array));
```

现在对上述算法做简单说明：每个数在数组中都有自己的位置，如果一个数是在自己应该在的位置（在本题中就是它的值），那么永远不会对它进行调换，也就是不会访问到它，除非它就是那个多出的数，那与它相同的数访问到它的时候便是结果了；如果一个数不是在它应该待的位置，那它会去找它应该在的位置。并且，在它位置的数也应该去找它应该在的位置，碰到了负数，就是说已经出现了这个数，就得出结果了。

算法性能分析：

上述方法的时间复杂度为 O(N)，并且没有申请辅助的存储空间。

这个方法的缺点是，修改了数组中元素的值，当然也可以在找到重复元素之后对数组进行一次遍历，把数组中的元素改为它的绝对值，以此来恢复对数组的修改。

方法五：环形相遇法

该方法就是采用类似于单链表是否存在环的方法进行问题求解。“判断单链表是否存在环”是一个非常经典的问题，同时单链表可以采用数组实现，此时每个元素值作为 next 指针指向下一个元素。本题可以转化为“已知一条单链表中存在环，找出环的入口点”。具体思路：将 array[i]看作第 i 个元素的索引，即 array[i].array[array[i]].array[array[array[i]]].array[array[array[array[i]]]]…，最终形成一条单链表，由于数组 a 中存在重复元素，则一定存在一个环，且环的入口元素即为重复元素。

该题的关键是，数组 array 的大小是 n，而元素的范围是[1,n−1]，所以 array[0]不会指向自己，进而不会陷入错误的自循环。如果元素的范围中包含 0，则该题不可直接采用该方法。以数组序列[1, 3, 4, 2, 5, 3]为例。按照上述规则，这个数组序列对应的单链表如图 7−1：

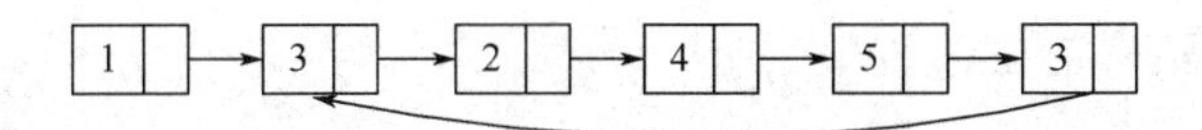

图 7-1　根据规则得到的单链表

从图 7-1 可以看出这个链表有环，且环的入口点为 3，所以，这个数组中重复元素为 3。

在实现时可以参考求单链表环入口点的算法：用两个速度不同的变量 slow 和 fast 来访问，其中 slow 每次前进一步，fast 每次前进两步。在有环的结构中，它们总会相遇。接着从数组首元素与相遇点开始分别遍历，每次各走一步，它们必定相遇，且相遇第一点为环入口点。实现代码如下：

```
function findDup5(array) {
  if (!array)
    return -1;
  var slow = 0,
    fast = 0;
  do {
    fast = array[array[fast]];      //fast 一次走两步
    slow = array[slow];             //slow 一次走一步
  } while (slow != fast);           //找到相遇点
  fast = 0;
  do {
    fast = array[fast];
    slow = array[slow];
  } while (slow != fast);           //找到入口点
  return slow;
}

var array = [1, 3, 4, 2, 5, 3];
console.log(findDup5(array));
```

程序的运行结果为

```
3
```

算法性能分析：

上述方法的时间复杂度为 O(N)，并且没有申请辅助的存储空间。

当数组中的元素不合理时，上述算法会有数组越界的可能性。因此，为了安全性和健壮性，可以在执行 fast = array[array[fast]]和 slow = array[slow]操作的时候分别检查 array[slow]与 array[fast]的值是否会越界，如果越界，则说明提供的数据不合理。

引申：对于一个给定的自然数 N，有一个 N + M 个元素的数组，其中存放了小于或等于 N 的所有自然数，求重复出现的自然数序列{X}。

分析与解答：对于这个扩展需要，已经标记过的数字在后面一定不会再访问到，除非它是重复的数字，也就是说，只要每次将重复数字中的一个改为靠近 N+M 的自然数，让遍历能访问到数组后面的元素，就能将整个数组遍历完。此种方法非常不错，而且它具有可扩展性。实现代码如下：

```
function FindRepeat(array, num) {
    var len = array.length,
        newArr = [];
    if (!array || len < 1 || num < 1 || len <= num)
        return newArr;
    var index = array[0],
        num = num - 1;
    while (true) {
        if (array[index] < 0) {
            num--;
            /**
             * 找到了重复的数字 index，为了保证能遍历数组中所有的数，
             * 把 index 下标对应的值修改为尽可能接近 N+M 的数
             */
            array[index] = len - num;
            newArr.push(index);
        }
        if (num == 0) {
            return newArr.filter(function (value, index, self) {
                return self.indexOf(value) == index;
            });
        }
        array[index] *= -1;
        index = array[index] * (-1);
    }
}

var array = [1, 2, 3, 3, 3, 4, 5, 5, 5, 5, 6],
    num = 6,
    newArr = FindRepeat(array, num);
var txt = "";
newArr.forEach(function (value) {
    txt += value + " ";
});
console.log(txt);
```

程序的运行结果为

```
3 5
```

算法性能分析：

上述方法的时间复杂度为 O(N)，并且没有申请辅助的存储空间。

当数组中的元素不合理时，上述方法会有数组越界的可能性，也可能会进入死循环，为了避免这种情况发生，可以增加适当的安全检查代码。

7.2 如何查找数组中元素的最大值和最小值

难度系数：★★★☆☆　　　　被考查系数：★★★★☆

题目描述：

给定数组 a1, a2, a3, …, an，要求找出数组中的最大值和最小值。假设数组中的值两两各不相同（以数组[8, 6, 5, 2, 3, 9, 4, 1, 7]为例）。

分析与解答：

虽然题目没有时间复杂度与空间复杂度的要求，但是给出的算法时间复杂度肯定是越低越好。

方法一：蛮力法

查找数组中元素的最大值与最小值并不是一件困难的事情，比较容易想到的方法就是蛮力法。具体过程如下：首先定义两个变量 max 与 min，分别记录数组中最大值与最小值，并将其都初始化为数组的首元素的值。然后从数组的第二个元素开始遍历数组元素，如果遇到的数组元素的值比 max 大，则该数组元素的值为当前的最大值，并将该值赋给 max；如果遇到的数组元素的值比 min 小，则该数组元素的值为当前的最小值，并将该值赋给 min。实现代码如下：

```
function getMaxMin1(arr) {
   var len = arr.length;
   if (!arr || len < 1) {
      return;
   }
   var max = arr[0],
      min = arr[0];
   for (var i = 1; i < len; i++) {
      if (arr[i] > max) {
         max = arr[i];
      } else if (arr[i] < min) {
         min = arr[i];
      }
   }
   console.log("最大值：", max);
   console.log("最小值：", min);
}

var arr = [8, 6, 5, 2, 3, 9, 4, 1, 7];
getMaxMin1(arr);
```

程序的运行结果为

```
最大值：9
最小值：1
```

算法性能分析：

上述方法的时间复杂度为 O(N)，但很显然，以上这个方法称不上是最优算法，因为最差情况下比较的次数达到了 2n−2 次（数组第一个元素首先赋值给 max 与 min，接下来的 n−1 个元素都需要分别跟 max 与 min 比较一次，比较次数为 2n−2），最好的情况下比较次数为 n−1。是否可以将比较次数降低呢？回答是肯定的，分治法就是一种高效的方法。

方法二：分治法

分治法就是将一个规模为 n 的、难以直接解决的大问题，分割为 k 个规模较小的子问题，采取各个击破、分而治之的策略得到各个子问题的解，然后将各个子问题的解进行合并，从而得到原问题的解的一种方法。

本题中，当采用分治法求解时，就是将数组两两一对分组。如果数组元素个数为奇数个，就把最后一个元素单独分为一组，再分别对每一组中相邻的两个元素进行比较，把二者中值小的数放在数组的左边，值大的数放在数组右边，只需要比较 n/2 次就可以将数组分组完成。然后可以得出结论：最小值一定在每一组的左边部分，最大值一定在每一组的右边部分，接着只需要在每一组的左边部分找最小值，右边部分找最大值，查找分别需要比较 n/2-1 次和 n/2-1 次。因此，总共比较的次数大约为 n/2×2-2 次。实现代码如下：

```
function getMaxMin2(arr) {
  var len = arr.length;
  if (!arr || len < 1) {
    return;
  }
  var max, min, tmp;
  //两两分组，把较小的数放到左半部分，较大的放到右半部分
  for (var i = 0; i < len; i++) {
    if (arr[i + 1] && arr[i] > arr[i + 1]) {
      tmp = arr[i];
      arr[i] = arr[i + 1];
      arr[i + 1] = tmp;
    }
  }
  //在各个分组的左半部分找最小值
  min = arr[0]
  for (i = 2; i < len; i++) {
    if (arr[i] < min) {
      min = arr[i];
    }
  }
  //在各个分组的右半部分找最大值
  max = arr[1];
  for (i = 3; i < len; i++) {
    if (arr[i] > max) {
      max = arr[i];
    }
  }
  //如果数组中元素个数是奇数个，最后一个元素被分为一组，需要特殊处理
  if (len % 2 == 1) {
    if (max < arr[len - 1])
      max = arr[len - 1];
    if (min > arr[len - 1])
      min = arr[len - 1];
  }
  console.log("最大值：", max);
```

```
    console.log("最小值：", min);
}

var arr = [8, 6, 5, 2, 3, 9, 4, 1, 7];
getMaxMin2(arr);
```

程序的运行结果为

```
最大值：9
最小值：1
```

方法三：变形的分治法

除了以上所示的分治法以外，还有一种分治法的变形，其具体步骤如下：将数组分成左右两部分，先求出左半部分的最大值和最小值，再求出右半部分的最大值和最小值。然后综合起来，左右两部分的最大值中的较大值即为合并后的数组的最大值，左右两部分的最小值中的较小值即为合并后的数组的最小值。通过此种方法即可求合并后的数组的最大值与最小值。

以上过程是个递归过程，对于划分后的左右两部分，同样重复这个过程，直到划分区间内只剩一个元素或者两个元素为止。实现代码如下：

```
/**
 * 找出数组的最大值或最小值
 * @param arr   要遍历的数组
 * @param start 起始位置
 * @param end        结束位置
 * @param type       1 表示查找最大值，2 表示查找最小值
 * @return 最大值或最小值
 **/
function getMaxMin3(arr, start, end, type) {
    if (start == end) {          //左半部分与右半部分之间只有一个元素
        return arr[start];
    }
    var mid = Math.floor((start + end) / 2),              //算出中间位置
        left = getMaxMin3(arr, start, mid, type),          //在左半部分中查找
        right = getMaxMin3(arr, mid + 1, end, type);       //在右半部分中查找
    if (type == 1) {
        return left > right ? left : right;
    }
    return left > right ? right : left;
}

var arr = [8, 6, 5, 2, 3, 9, 4, 1, 7],
    len = arr.length,
    start = 0,
    end = len - 1;
console.log("最大值：", getMaxMin3(arr, start, end, 1));
console.log("最小值：", getMaxMin3(arr, start, end, 2));
```

算法性能分析：

这个方法与方法二的思路从本质上讲是相同的，只不过这个方法是使用递归的方式实现的。因此，比较次数为 3n/2-2。

7.3 如何找出旋转数组的最小元素

难度系数：★★★☆☆ **被考查系数：★★★★☆**

题目描述：

把一个有序数组最开始的若干个元素搬到数组的末尾，称之为数组的旋转。输入一个排好序的数组的一个旋转，输出旋转数组的最小元素。例如，数组[3, 4, 5, 1, 2]为数组[1, 2, 3, 4, 5]的一个旋转，该数组的最小值为 1。

分析与解答：

其实这是一个非常基本的数组操作，它的描述如下：

有一个数组 X[0…n-1]，现在把它分为两个子数组：x1[0…m]和 x2[m+1…n-1]，交换这两个子数组，使数组 x 由 x1x2 变成 x2x1，例如 x=[1, 2, 3, 4, 5, 6, 7, 8, 9]，x1=[1, 2, 3, 4, 5]，x2=[6, 7, 8, 9]，交换后，x=[6, 7, 8, 9, 1, 2, 3, 4, 5]。

对于本题的解决方案，最容易想到的，也是最简单的方法就是直接遍历法。但是这种方法显然没有用到题目中旋转数组的特性，因此，它的效率比较低。下面介绍一种比较高效的二分查找法。

通过数组的特性可以发现，数组元素首先是递增的，然后突然下降到最小值，再递增。虽然如此，但是还有下面三种特殊情况需要注意：

1）数组本身是没有发生过旋转的，还是一个有序的数组，如序列[1, 2, 3, 4, 5, 6]。

2）数组中元素值全部相等，例如序列[1, 1, 1, 1, 1, 1]。

3）数组中元素值大部分都相等，例如序列[1, 0, 1, 1, 1, 1]。

通过旋转数组的定义可知，经过旋转之后的数组实际上可以划分为两个有序的子数组，前面子数组的元素值都大于或者等于后面子数组的元素值。可以根据数组元素的这个特点，采用二分查找的思想不断缩小查找范围，最终找出问题的解决方案，具体解题思路如下：

按照二分查找的思路，给定数组 arr，首先定义两个变量 low 和 high，分别表示数组的第一个元素和最后一个元素的下标。按照题目中对旋转规则的定义，第一个元素应该是大于或者等于最后一个元素的（当旋转个数为 0，即没有旋转时，要单独处理，直接返回数组第一个元素）。接着遍历数组中间的元素 arr[mid]，其中 mid=(high+low)/2。

1）如果 arr[mid]＜arr[mid - 1]，则 arr[mid]一定是最小值；

2）如果 arr[mid + 1]＜arr[mid]，则 arr[mid + 1]一定是最小值；

3）如果 arr[high]＞arr[mid]，则最小值一定在数组左半部分；

4）如果 arr[mid]＞arr[low]，则最小值一定在数组右半部分；

5）如果 arr[low]==arr[mid] 且 arr[high]==arr[mid]，则此时无法区分最小值是在数组的左半部分还是右半部分（例如[2, 2, 2, 2, 1, 2]或[2, 1, 2, 2, 2, 2, 2]）。在这种情况下，只能分别在数组的左右两部分找最小值 minL 与 minR，最后求出 minL 与 minR 的最小值。

实现代码如下：

```
function minNum(x, y) {
    return (x < y) ? x : y;
}
function findMin(arr, low, high) {
    //如果旋转个数为 0（即没有旋转），则单独处理，直接返回数组头元素
    if (high < low)
        return arr[0];
    //只剩下一个元素一定是最小值
    if (high == low)
        return arr[low];
    var mid = low + ((high - low) >> 1);        //采用这种写法防止溢出
if (arr[mid] < arr[mid - 1])                //判断 arr[mid]是否为最小值
        return arr[mid];
    if (arr[mid + 1] < arr[mid])                //判断 arr[mid + 1]是否为最小值
        return arr[mid + 1];
    if (arr[high] > arr[mid])                   //最小值一定在数组左半部分
        return findMin(arr, low, mid - 1);
    if (arr[mid] > arr[low])                    //最小值一定在数组右半部分
        return findMin(arr, mid + 1, high);
    //这种情况下无法确定最小值所在的位置，需要在左右两部分分别进行查找
    return minNum(findMin(arr, low, mid - 1), findMin(arr, mid + 1, high));
}

var arr1 = [5, 6, 1, 2, 3, 4],
    len1 = arr1.length;
console.log(findMin(arr1, 0, len1 - 1));
var arr2 = [1, 1, 0, 1],
    len2 = arr2.length;
console.log(findMin(arr2, 0, len2 - 1));
```

程序的运行结果为

```
1
0
```

算法性能分析：

一般而言，二分查找的时间复杂度为 O(logN)，对于这道题而言，大部分情况下时间复杂度为 O(logN)，只有每次都满足上述条件 5）的时候才需要对数组中所有元素都进行遍历。因此，这个算法在最坏的情况下的时间复杂度为 O(N)。

引申：如何实现旋转数组功能？

分析与解答：先分别把两个子数组的内容交换，然后把整个数组的内容交换，即可得到问题的解。

以数组 x1[1, 2, 3, 4, 5]与数组 x2[6, 7, 8, 9]为例，交换两个数组后，x1=[5, 4, 3, 2, 1]，x2=[9, 8, 7, 6]，即 x=[5, 4, 3, 2, 1, 9, 8, 7, 6]。交换整个数组后，x=[6, 7, 8, 9, 1, 2, 3, 4, 5]。实现代码如下：

```
function swap(arr, low, high) {
    var tmp;
```

```
    //交换数组 low 到 high 之间的内容
    for (var i = 0; low < high; low++, high--) {
        tmp = arr[low];
        arr[low] = arr[high];
        arr[high] = tmp;
    }
}
function rotateArr(arr, len, div) {
    if (!arr || len < 1 || div < 0 || div >= len) {
        console.log("参数不合法");
        return;
    }
    if (div == 0 || div == len - 1)   //不需要旋转
        return;
    swap(arr, 0, div);                //交换第一个子数组的内容
    swap(arr, div + 1, len - 1);      //交换第二个子数组的内容
    swap(arr, 0, len - 1);            //交换整个数组的元素
}

var arr = [1, 2, 3, 4, 5],
    length = arr.length,
    txt = "";
rotateArr(arr, length, 2);
for (var i = 0; i < length; i++)
    txt += arr[i] + " ";
console.log(txt);
```

程序的运行结果为

```
4 5 1 2 3
```

算法性能分析：

由于这个方法需要遍历两次数组，因此，它的时间复杂度为 O(N)。而交换两个变量的值，只需要使用一个辅助储存空间，所以，它的空间复杂度为 O(1)。

7.4 如何找出数组中丢失的数

难度系数：★★☆☆☆　　　　被考查系数：★★★☆☆

题目描述：

给定一个由 n-1 个整数组成的未排序的数组序列，其元素都是 1～n 中的不同整数。请写出一个寻找数组序列中缺失整数的线性时间算法。

分析与解答：

方法一：累加求和

首先分析一下数学性质。假设缺失的数字是 X，那么这 n-1 个数一定是 1～n 之间除了 X 以外的所有数。试想一下，1～n 一共 n 个数的和是可以求出来的，数组中的元素和也是可以求出来的，二者相减，其值是不是就是缺失的数字 X 的值呢？

为了更好地说明上述方法，举一个简单的例子加以说明。假设数组序列为[2, 1, 4, 5]一共

4 个元素，n 的值为 5，要想找出这个缺失的数字，可以首先对 1～5 五个数字求和，求和结果为 15（1+2+3+4+5=15），而数组元素的和为 array[0]+array[1]+array[2]+array[3]=2+1+4+5=12，所以，缺失的数字为 15-12=3。

通过上面的例子很容易形成以下具体思路：定义两个数 suma 与 sumb，其中 suma 表示的是这 n-1 个数的的和，sumb 表示的是这 n 个数的和，很显然，缺失的数字的值即为 sumb-suma 的值。实现代码如下：

```
function getNum1(arr) {
    var len = arr.length;
    if (!arr || len <= 0) {
        return -1;
    }
    var suma = 0,
        sumb = 0;
    for (var i = 0; i < len; i++) {
        suma += arr[i];          //数组元素相加
        sumb += i + 1;           //1~n-1 相加
    }
    //与第 n 个数相加
    sumb += len + 1;
    return sumb - suma;
}

var arr = [1, 4, 3, 2, 7, 5];
console.log(getNum1(arr));
```

程序的运行结果为

```
6
```

算法性能分析：

这个方法的时间复杂度为 O(N)。需要注意的是，在求和的过程中，计算结果有溢出的可能性。所以，为了避免这种情况的发生，在进行数学运算时，可以考虑位运算，毕竟位运算性能最好，下面介绍如何用位运算来解决这个问题。

方法二：异或法

在解决这个问题前，首先回顾一下异或运算的性质。简单地说，在进行异或运算时，当参与运算的两个数相同时，异或结果为假；当参与异或运算的两个数不相同时，异或结果为真。

1～n 这 n 个数异或的结果为 a=1^2^3^…^n。假设数组中缺失的数为 m，那么数组中这 n-1 个数异或的结果为 b=1^2^3^…(m-1)^(m+1)^…^n。由此可知，a^b=(1^1)^(2^2)^…(m-1)^ (m-1) ^m^ (m+1)^(m+1)^…^(n^n)=m。根据这个公式可以得知本题的主要思路：定义两个数 a 与 b，其中 a 表示的是 1～n 这 n 个数的异或运算结果，b 表示的是数组中的 n-1 个数的异或运算结果，缺失的数字的值即为 a^b 的值。实现代码如下：

```
function getNum2(arr) {
```

```
    var len = arr.length;
    if (!arr || len <= 0) {
      return -1;
    }
    var a = arr[0],
      b = 1;
    for (var i = 1; i < len; i++) {
      a ^= arr[i];              //数组元素进行异或
    }
    for (i = 2; i <= len + 1; i++) {
      b ^= i;                   //1~n 进行异或
    }
    return a ^ b;
  }
```

算法性能分析：

这个方法在计算 a 的时候对数组进行了一次遍历，时间复杂度为 O(N)，接着在计算 b 的时候循环执行的次数为 N，时间复杂度也为 O(N)。因此，这个算法的时间复杂度为 O(N)。

7.5 如何找出数组中出现奇数次的数

难度系数：★★★☆☆　　　　**被考查系数：**★★★★☆

题目描述：

数组中有 N+2 个数，其中 N 个数出现了偶数次，两个数出现了奇数次（这两个数不相等），请用 O(1)的空间复杂度，找出这两个数。注意：不需要知道具体位置，只需要找出这两个数。

分析与解答：

方法一：Hash 法

对于本题而言，定义一个 Hash 表，把数组元素的值作为 key，遍历整个数组。如果 key 值不存在，则将 value 设为 1，如果 key 值已经存在，则翻转该值（如果为 0，则翻转为 1；如果为 1，则翻转为 0）。在完成数组遍历后，Hash 表中 value 为 1 的就是出现奇数次的数。

例如，给定数组=[3, 5, 6, 6, 5, 7, 2, 2];

首先遍历 3，map（Hash 表）中的元素为：<3,1>;

遍历 5，map 中的元素为：<3,1>，<5,1>;

遍历 6，map 中的元素为：<3,1>，<5,1>，<6,1>;

遍历 6，map 中的元素为：<3,1>，<5,1>，<6,0>;

遍历 5，map 中的元素为：<3,1>，<5,0>，<6,0>;

遍历 7，map 中的元素为：<3,1>，<5,0>，<6,0>，<7,1>;

遍历 2，map 中的元素为：<3,1>，<5,0>，<6,0>，<7,1>，<2,1>;

遍历 2，map 中的元素为：<3,1>，<5,0>，<6,0>，<7,1>，<2，0>;

显然，出现 1 次的数组元素为 3 和 7。

方法二：异或法

根据异或运算的性质不难发现，任何一个数字异或它自己其结果都等于 0。所以，对于本题中的数组元素而言，如果从头到尾依次异或每一个元素，那么异或运算的结果自然也就是那个只出现奇数次的数字，因为出现偶数次的数字会通过异或运算全部消掉。

但是通过异或运算，也仅仅只是消除掉了所有出现偶数次数的数字，最后异或运算的结果肯定是那两个出现了奇数次的数异或运算的结果。假设这两个出现奇数次的数分别为 a 与 b，根据异或运算的性质，将二者异或运算的结果记为 c，由于 a 与 b 不相等，所以，c 的值自然也不会为 0。此时只需知道 c 对应的二进制数中某一个位为 1 的位数 N。例如，十进制数 44 可以由二进制 0010 1100 表示，此时 N 可取 2、或者 3、或者 5，然后将 c 与数组中第 N 位为 1 的数进行异或，异或结果就是 a 或 b 中的一个，再用 c 异或其中一个数，就可以求出另外一个数了。

通过上述方法为什么就能得到问题的解呢？其实很简单，因为 c 中第 N 位为 1 表示 a 或 b 中有一个数的第 N 位也为 1。假设该数为 a，那么当 c 与数组中第 N 位为 1 的数进行异或时，也就是将 x 与 a 外加上其他第 N 位为 1 的出现过偶数次的数进行异或，即为 x 与 a 异或，结果就是 b。实现代码如下：

```
function get2Num(arr) {
    var len = arr.length;
    if (!arr || len < 1) {
        return;
    }
    var i = 0,
        result = 0,
        position = 0;
    //计算数组中所有数字异或的结果
    for (var i = 0; i < len; i++) {
        result = result ^ arr[i];
    }
    var tmpResult = result;    //临时保存异或结果
/**
 *找出异或结果中其中一个位值为 1 的位数，
 *例如 1100，位值为 1 位的数为 2 和 3
**/
    for (i = result; (i & 1) == 0; i = i >> 1) {
        position++;
    }
    for (i = 0; i < len; i++) {
/**
*异或的结果与所有第 position 位为 1 的数异或，
*结果一定是出现一次的两个数中的其中一个
**/
        if ((arr[i] >> position) & 1) {
            result = result ^ arr[i];
        }
    }
    //得到另外一个出现一次的数
```

```
    var another = result ^ tmpResult;
    console.log(result, another);
}

var arr = [3, 5, 6, 6, 5, 7, 2, 2];
get2Num(arr);
```

程序的运行结果为

```
3 7
```

算法性能分析：

这个方法首先对数组进行了一次遍历，其时间复杂度为 O(N)，接着找 result 对应二进制数中位值为 1 的位数，时间复杂度为 O(1)。接着又遍历了一次数组，时间复杂度为 O(N)，因此，这个算法整体的时间复杂度为 O(N)。

7.6 如何找出数组中第 k 小的数

难度系数：★★★★☆　　　　**被考查系数：★★★★☆**

题目描述：

给定一个整数数组，如何快速地求出该数组中第 k 小的数。假如数组为[4, 0, 1, 0, 2, 3]，那么第三小的元素是 1。

分析与解答：

由于对一个有序的数组而言，能非常容易地找到数组中第 k 小的数，因此，可以通过对数组进行排序的方法来找出第 k 小的数。同时，由于只要求第 k 小的数，没有必要对数组进行完全排序，只需要对数组进行局部排序就可以了。下面分别介绍几种不同的实现方法。

方法一：排序法

最简单的方法就是先对数组进行排序，在排序后的数组中，下标为 k-1 的值就是第 k 小的数。例如，对数组[4, 0, 1, 0, 2, 3]进行排序后的序列变为[0, 0, 1, 2, 3, 4]，第 3 小的数就是排序后数组中下标为 2 对应的数：1。由于最高效的排序算法（如快速排序）的平均时间复杂度为 O(NlogN)，因此，该方法的平均时间复杂度为 O(NlogN)，其中 N 为数组的长度。

方法二：部分排序法

由于只需要找出第 k 小的数，因此，没必要对数组中所有的元素进行排序，可以采用部分排序的方法。具体思路为通过对选择排序进行改造，第一次遍历从数组中找出最小的数，第二次遍历从剩下的数中找出最小的数（在整个数组中是第二小的数），第 k 次遍历就可以从 n-k+1（n 为数组的长度）个数中找出最小的数（在整个数组中是第 k 小的）。这个算法的时间复杂度为 O(nk)。当然也可以采用堆排序进行 k 趟排序找出第 k 小的值。

方法三：类快速排序方法

快速排序的基本思路：将数组 array[low…high]中某一个元素（取第一个元素）作为划分依据，然后把数组划分为三部分：①array[low…i-1]（所有元素的值都小于或等于 array[i]）、②array[i]、③array[i+1…high]（所有元素的值都大于 array[i]）。在此基础上可以用下面的方法求出第 k 小的元素：

1）如果 i-low==k-1，说明 array[i]就是第 k 小的元素，那么直接返回 array[i]；

2）如果 i-low＞k-1，说明第 k 小的元素肯定在 array[low…i-1]中，那么只需要递归地在 array[low…i-1]中找第 k 小的元素即可；

3）如果 i-low＜k-1，说明第 k 小的元素肯定在 array[i+1…high]中，那么只需要递归地在 array[i+1…high]中找第 k-(i-low)-1 小的元素即可。

对于数组[4, 0, 1, 0, 2, 3]，第一次划分为下面三部分：

[3, 0, 1, 0, 2]，[4]，[]

然后需要在[3, 0, 1, 0, 2]中找第三小的元素，把[3, 0, 1, 0, 2]划分为三部分：

[2, 0, 1, 0]，[3]，[]

接下来需要在[2, 0, 1, 0]中找第三小的元素，把[2, 0, 1, 0]划分为三部分：

[0, 0, 1]，[2]，[]

最后需要在[0, 0, 1]中找第三小的元素，把[0, 0, 1]划分为三部分：

[0]，[0]，[1]

此时 i=1，low=0；(i-0=1)＜(k-1=2)，接下来需要在[1]中找第 k-(i-low)-1=1 小的元素即可。显然，[1]中第 1 小的元素就是 1。实现代码如下：

```
/*
 ** 函数功能：在数组 array 中找出第 k 小的值
 ** 输入参数：array 为数组，low 为数组起始下标
 ** 输入参数：high 为数组右边界的下标，k 为整数
 ** 返回值：数组中第 k 小的值
 */
function findSmallK(array, low, high, k) {
  var i = low,
    j = high,
    splitElem = array[i];
/**
 *把小于等于 splitElem 的数放到数组的左边，
 *把大于 splitElem 的数放到数组的右边
**/
  while (i < j) {
    while (i < j && array[j] >= splitElem)
      j--;
    if (i < j) {
      array[i++] = array[j];
    }
    while (i < j && array[i] <= splitElem)
      i++;
    if (i < j)
      array[j--] = array[i];
  }
  array[i] = splitElem;
  //splitElem 在 array[low~high]中下标的偏移量
  var subArrayIndex = i - low;
  //splitElem 所在的位置恰好为 k-1，那么它就是第 k 小的元素
```

```
    if (subArrayIndex == k - 1)
        return array[i];
    //splitElem 所在的位置大于 k-1，那么在 array[low~i-1]中找第 k 小的元素
    if (subArrayIndex > k - 1)
        return findSmallK(array, low, i - 1, k);
    //在 array[i+1~high]中找第(k-i+low-1)小的元素
    return findSmallK(array, i + 1, high, k - (i - low) - 1);
}

var k = 3,
    array = [4, 0, 1, 0, 2, 3],
    length = array.length;
console.log("第", k, "小的值为：", findSmallK(array, 0, length - 1, k));
```

程序的运行结果为

```
第 3 小的值为：1
```

算法性能分析：

快速排序的平均时间复杂度为 O(NlogN)。快速排序需要对划分后的所有子数组继续排序处理，而本方法只需要取划分后的其中一个子数组进行处理即可，因此，平均时间复杂度肯定小于 O(NlogN)。由此可以看出，这个方法的效率要高于方法一。但是这个方法也有缺点，改变了数组中数据原来的顺序。当然可以申请额外的 N（其中 N 为数组的长度）个空间来解决这个问题，但是这样做会增加算法的空间复杂度，所以，通常做法是根据实际情况选取合适的方法。

引申：在 O(N)时间复杂度内查找数组中前三名。

分析与解答：这道题可以转换为在数组中找出前 k 大的值（例如 k=3）。

如果没有时间复杂度的要求，可以首先对整个数组进行排序，然后根据数组下标就可以非常容易地找出最大的三个数，即前三名。由于这种方法的效率高低取决于排序算法的效率高低，因此，这种方法在最好的情况下时间复杂度都为 O(NlogN)。

通过分析发现，最大的三个数比数组中其他的数都大。因此，可以采用类似求最大值的方法来求前三名。具体思路：初始化前三名（r1：第一名，r2：第二名，r3：第三名）为 Number.MIN_VALUE（表示最小数值），然后开始遍历数组：

1）如果当前值 tmp 大于 r1，则 r3=r2，r2=r1，r1=tmp；

2）如果当前值 tmp 大于 r2 且不等于 r1，则 r3=r2，r2=tmp；

3）如果当前值 tmp 大于 r3 且不等于 r2，则 r3=tmp。

实现代码如下：

```
function findTop3(arr) {
    var len = arr.length;
    if (!arr || len < 3) {
        return;
    }
    var r1 = Number.MIN_VALUE,
        r2 = Number.MIN_VALUE,
```

```
        r3 = Number.MIN_VALUE;
    for (var i = 0; i < len; ++i) {
        if (arr[i] > r1) {
            r3 = r2;
            r2 = r1;
            r1 = arr[i];
        } else if (arr[i] > r2 && arr[i] != r1) {
            r3 = r2;
            r2 = arr[i];
        } else if (arr[i] > r3 && arr[i] != r2) {
            r3 = arr[i];
        }
    }
    console.log("前三名分别为：", r1, r2, r3);
}

var arr = [4, 7, 1, 2, 3, 5, 3, 6, 3, 2];
findTop3(arr);
```

程序的运行结果为

```
前三名分别为：7, 6, 5
```

算法性能分析：

这个方法虽然能够在 O(N)的时间复杂度求出前三名，但是当 k 取值很大的时候，比如求前 10 名，这种方法就不是很好了。比较经典的方法就是维护一个大小为 k 的堆来保存最大的 k 个数。具体思路为：维护一个大小为 k 的小顶堆用来存储最大的 k 个数，堆顶保存了最小值，每次遍历一个数 m，如果 m 比堆顶元素小，说明 m 肯定不是最大的 k 个数，因此，不需要调整堆；如果 m 比堆顶与元素大，则用这个数替换堆顶元素，替换后重新调整堆为小顶堆。这种方法的时间复杂度为 O(Nlogk)。这种方法适用于数据量大的情况。

7.7 如何求数组中两个元素的最小距离

难度系数：★★★★☆　　　　被考查系数：★★★☆☆

题目描述：

给定一个数组[4, 5, 6, 4, 7, 4, 6, 4, 7, 8, 5, 6, 4, 3, 10, 8]，数组中含有重复元素，给定两个数字 num1 和 num2，求这两个数字在数组中出现位置的最小距离。

分析与解答：

对于这类问题，最简单的方法就是对数组进行双重遍历，找出最小距离，但是这种方法效率比较低下。由于在求距离时只关心 num1 与 num2 这两个数，因此，只需要对数组进行一次遍历即可，在遍历的过程中分别记录 num1 或 num2 的位置就可以非常方便地求出最小距离，下面分别介绍这两种实现方法。

方法一：蛮力法

主要思路为：对数组进行双重遍历，外层循环遍历查找 num1，只要找到 num1，就开始内层循环，即对数组从头开始遍历查找 num2，当遍历到 num2 时，就计算它们的距离 dist。当遍历结束后，最小的 dist 值就是它们之间的最小距离。实现代码如下：

```
function minDistance1(arr, num1, num2) {
   var len = arr.length;
   if (!arr || len <= 0) {
      return;
   }
   //初始化 num1 与 num2 之间的最小距离
   var minDis = Math.max.apply(null, arr),
      dist = 0;
   for (var i = 0; i < len; ++i) {
      if (arr[i] == num1) {
         for (var j = 0; j < len; ++j) {
            if (arr[j] == num2) {
               //计算当前遍历到的 num1 与 num2 之间的距离
               dist = Math.abs(i - j);
               if (dist < minDis)
                  minDis = dist;
            }
         }
      }
   }
   return minDis;
}

var arr = [4, 5, 6, 4, 7, 4, 6, 4, 7, 8, 5, 6, 4, 3, 10, 8],
   num1 = 4,
   num2 = 8;
console.log(minDistance1(arr, num1, num2));
```

程序的运行结果为

```
2
```

算法性能分析：

这个算法需要对数组进行两次遍历，因此，时间复杂度为 $O(n^2)$。

方法二：动态规划

上述方法一的内层循环对 num2 的位置进行了很多次重复的查找。但是，可以采用动态规划的方法把每次遍历的结果都记录下来从而可以减少遍历次数。具体实现思路：当遍历数组时，会遇到以下两种情况：

1）当遇到 num1 时，记录下 num1 值对应的数组下标的位置 lastPos1，通过求 lastPos1 与上次遍历到 num2 下标的位置 lastPos2 的差可以求出最近一次遍历到的 num1 与 num2 的距离。

2）当遇到 num2 时，同样记录下它所对应的数组下标的位置 lastPos2，然后通过求 lastPos2 与上次遍历到 num1 的下标的位置 lastPos1，求出最近一次遍历到的 num1 与 num2 的距离。

假设给定数组为：[4, 5, 6, 4, 7, 4, 6, 4, 7, 8, 5, 6, 4, 3, 10, 8]，num1=4，num2=8。根据以上方法，执行过程如下：

1）在遍历时首先会遍历到 4，下标为 lastPos1=0，由于此时还没有遍历到 num2，因此，没必要计算 num1 与 num2 的最小距离；

2）然后往下遍历，又遍历到 num1=4，更新 lastPos1=3；

3）继续往下遍历，又遍历到 num1=4，更新 lastPos1=7；

4）接着往下遍历，又遍历到 num2=8，更新 lastPos2=9；此时由于前面已经遍历到过 num1，因此，可以求出当前 num1 与 num2 的最小距离为|lastPos2- lastPos1|=2；

5）再往下遍历，又遍历到 num2=8，更新 lastPos2=15；此时由于前面已经遍历到过 num1，因此，可以求出当前 num1 与 num2 的最小距离为|lastPos2- lastPos1|=8；由于 8>2，所以，num1 与 num2 的最小距离为 2。

实现代码如下：

```
function minNum(x, y) {
  return (x < y) ? x : y;
}
function minDistance2(arr, num1, num2) {
  var len = arr.length;
  if (!arr || len <= 0) {
    return;
  }
  var lastPos1 = -1,          //上次遍历到 num1 的位置
    lastPos2 = -1,          //上次遍历到 num2 的位置
    minDis = Math.max.apply(null, arr);          //num1 与 num2 的最小距离
  for (var i = 0; i < len; ++i) {
    if (arr[i] == num1) {
      lastPos1 = i;
      if (lastPos2 >= 0)
        minDis = minNum(minDis, lastPos1 - lastPos2);
    }
    if (arr[i] == num2) {
      lastPos2 = i;
      if (lastPos1 >= 0)
        minDis = minNum(minDis, lastPos2 - lastPos1);
    }
  }
  return minDis;
}
```

算法性能分析：

这个算法只需要对数组进行一次遍历，因此，时间复杂度为 O(N)。

7.8 如何求解最小三元组距离

难度系数：★★★★☆ **被考查系数：★★★★☆**

题目描述：

已知三个升序整数数组 a[l]，b[m]和 c[n],请在三个数组中各找一个元素，使得组成的三

元组距离最小。三元组距离的定义是：假设 a[i]、b[j]和 c[k]是一个三元组，那么距离：Distance = max(|a[i]–b[j]|, |a[i]–c[k]|, |b[j]–c[k]|)，请设计一个求最小三元组距离的最优算法。

分析与解答：

最简单的方法就是找出所有可能的组合，从所有的组合中找出最小的距离，但是显然这种方法的效率比较低下。通过分析发现，当 $a_i \leqslant b_i \leqslant c_i$ 时，此时它们的距离肯定为 $D_i=c_i-a_i$。此时就没必要求 b_i-a_i 与 c_i-a_i 的值了，从而可以省去很多没必要的步骤，下面分别详细介绍这两种方法。

方法一：蛮力法

最容易想到的方法就是分别遍历三个数组中的元素，对遍历到的元素分别求出它们的距离，然后从这些值里面查找最小值，实现代码如下：

```
function maxNum(a, b, c) {
  var max = a < b ? b : a;
  max = max < c ? c : max;
  return max;
}
function getMinDistance1(a, b, c) {
  var aLen = a.length,
    bLen = b.length,
    cLen = c.length,
    minDist = maxNum(Math.abs(a[0] - b[0]),
      Math.abs(a[0] - c[0]),
      Math.abs(b[0] - c[0])),
    dist = 0;
  for (var i = 0; i < aLen; i++) {
    for (var j = 0; j < bLen; j++) {
      for (var k = 0; k < cLen; k++) {
        dist = maxNum(Math.abs(a[i] - b[j]),
          Math.abs(a[i] - c[k]),
          Math.abs(b[j] - c[k]));            //计算距离
        if (minDist > dist) {                //找出最小距离
          minDist = dist;
        }
      }
    }
  }
  return minDist;
}

var a = [3, 4, 5, 7, 15],
  b = [10, 12, 14, 16, 17],
  c = [20, 21, 23, 24, 37, 30];
console.log("最小距离为：", getMinDistance1(a, b, c));
```

程序的运行结果为

```
最小距离为：5
```

算法性能分析：

这个方法的时间复杂度为 $O(l \times m \times n)$，显然这个方法没有用到数组升序这一特性，因此，该方法肯定不是最好的方法。

方法二：最小距离法

假设当前遍历到这三个数组中的元素分别为 a_i，b_i，c_i，并且 $a_i \leqslant b_i \leqslant c_i$，此时它们的距离肯定为 $D_i=c_i-a_i$，那么接下来可以分如下三种情况讨论：

1）如果接下来求 a_i，b_i，c_{i+1} 的距离，由于 $c_{i+1} \geqslant c_i$，此时它们的距离必定为 $D_{i+1}=c_{i+1}-a_i$，显然 $D_{i+1} \geqslant D_i$，因此，D_{i+1} 不可能为最小距离。

2）如果接下来求 a_i，b_{i+1}，c_i 的距离，由于 $b_{i+1} \geqslant b_i$，如果 $b_{i+1} \leqslant c_i$，那么此时它们的距离仍然为 $D_{i+1}=c_i-a_i$；如果 $b_{i+1} > c_i$，那么此时它们的距离为 $D_{i+1}=b_{i+1}-a_i$，显然 $D_{i+1} \geqslant D_i$，因此，D_{i+1} 不可能为最小距离。

3）如果接下来求 a_{i+1}，b_i，c_i 的距离，由于 $a_{i+1} < c_i-|c_i-a_i|$，此时它们的距离 $D_{i+1}=\max(c_i-a_{i+1}, c_i-b_i)$，显然 $D_{i+1} < D_i$，因此，D_{i+1} 有可能是最小距离。

综上所述，在求最小距离的时候只需要考虑第 3 种情况即可。具体实现思路：从三个数组的第一个元素开始，首先求出它们的距离 minDist，然后找出这三个数中最小数所在的数组，只对这个数组的下标往后移一个位置，接着求三个数组中当前遍历元素的距离，如果比 minDist 小，则把当前距离赋值给 minDist，以此类推，直到遍历完其中一个数组为止。

例如给定数组：a = [3, 4, 5, 7 ,15]; b = [10, 12, 14, 16, 17]; c = [20, 21, 23, 24, 37, 30];

1）首先从三个数组中找出第一个元素 3,10,20，显然它们的距离为 20−3=17。

2）由于 3 最小，所以数组 a 往后移一个位置，求 4,10,20 的距离为 16，由于 16<17，所以当前数组的最小距离为 16。

3）同理，对数组 a 后移一个位置，依次类推直到遍历到 15 的时候，当前遍历到三个数组中的值分别为 15,10,20，最小距离为 10。

4）由于 10 最小，所以数组 b 往后移动一个位置遍历到 12，此时三个数组遍历到的数字分别为 15,12,20，距离为 8，当前最小距离是 8。

5）由于 12 最小，所以数组 b 往后移动一个位置遍历到 14，依然是三个数中最小值；再往后移动一个位置遍历到 16，当前的最小距离变为 5；由于 15 是数组 a 的最后一个数字，因此遍历结束，求得最小距离为 5。

实现代码如下：

```
function maxNum(a, b, c) {
    var max = a < b ? b : a;
    max = max < c ? c : max;
    return max;
}
function minNum(a, b, c) {
    var min = a < b ? a : b;
    min = min < c ? min : c;
    return min;
}
function getMinDistance2(a, b, c) {
    var aLen = a.length,
```

```
        bLen = b.length,
        cLen = c.length,
        curDist = 0,
        min = 0,
        minDist = Math.max.apply(null, a),
        i = 0,              //数组 a 的下标
        j = 0,              //数组 b 的下标
        k = 0;              //数组 c 的下标
    while (1) {
        curDist = maxNum(Math.abs(a[i] - b[j]),
            Math.abs(a[i] - c[k]),
            Math.abs(b[j] - c[k]));
        if (curDist < minDist)
            minDist = curDist;
        min = minNum(a[i], b[j], c[k]);    //找出当前遍历到三个数组中的最小值
        if (min == a[i]) {
            if (++i >= aLen)
                break;
        } else if (min == b[j]) {
            if (++j >= bLen)
                break;
        } else {
            if (++k >= cLen)
                break;
        }
    }
    return minDist;
}
```

算法性能分析：

采用这种算法最多只需要对三个数组分别遍历一边，因此，时间复杂度为 O(l+m+n)。

7.9 如何求数组连续最大和

难度系数：★★★★☆ **被考查系数：★★★★★**

考查知识点：动态规划

题目描述：

一个有 n 个元素的数组，这 n 个元素既可以是正数也可以是负数，数组中连续的一个或多个元素可以组成一个连续的子数组，一个数组可能有多个这种连续的子数组，求子数组和的最大值。例如：对于数组[1, -2, 4, 8, -4, 7, -1, -5]而言，其最大和的子数组为[4, 8, -4, 7]，最大值为 15。

分析与解答：

在笔试、面试中，这是一道非常经典的算法题，有多种解决方法，下面分别从简单到复杂逐个介绍。

方法一：蛮力法

比较容易想到的方法就是找出所有的子数组，然后求出子数组的和，在所有子数组的和

中取最大值。实现代码如下：

```
function maxSubArray1(arr) {
    var len = arr.length,
        sum = 0,
        maxSum = 0;
    for (var i = 0; i < len; i++)
        for (var j = i; j < len; j++) {
            sum = 0;
            for (var k = i; k < j; k++)
                sum += arr[k];
            if (sum > maxSum)
                maxSum = sum;
        }
    return maxSum;
}

var arr = [1, -2, 4, 8, -4, 7, -1, -5];
console.log("连续最大和为：", maxSubArray1(arr));
```

程序的运行结果为

```
连续最大和为：15
```

算法性能分析：

这个算法的时间复杂度为 $O(N^3)$，显然效率太低，通过对该方法进行分析发现，许多子数组都重复计算了，鉴于此，下面给出一种优化的方法。

方法二：重复利用已经计算的子数组和

由于 Sum[i,j]=Sum[i,j-1]+arr[j]，所以在计算 Sum[i,j]的时候可以使用前面已计算出的 Sum[i,j-1]而不需要重新计算。采用这种方法可以省去计算 Sum[i,j-1]的时间，因此，可以提高程序的效率。实现代码如下：

```
function maxSubArray2(arr) {
    var maxSum = Math.min.apply(null, arr),
        len = arr.length,
        sum;
    for (var i = 0; i < len; i++) {
        sum = 0;
        for (var j = i; j < len; j++) {
            sum += arr[j];
            if (sum > maxSum) {
                maxSum = sum;
            }
        }
    }
    return maxSum;
}
```

算法性能分析：

这个方法使用了双重循环，因此，时间复杂度为 $O(N^2)$。

方法三：动态规划方法

可以采用动态规划的方法来降低算法的时间复杂度。实现思路如下：

首先可以根据数组的最后一个元素 arr[n-1]与最大子数组的关系，分为以下三种情况讨论：

1）最大子数组包含 arr[n-1]，即最大子数组以 arr[n-1]结尾。

2）arr[n-1]单独构成最大子数组。

3）最大子数组不包含 arr[n-1]，那么求 arr[1…n-1]的最大子数组可以转换为求 arr[1…n-2]的最大子数组。

通过上述分析可以得出如下结论：假设已经计算出子数组 arr[1…i-2]的最大子数组和 All[i-2]，同时也计算出 arr[0…i-1]中包含 arr[i-1]的最大子数组和为 End[i-1]。则可以得出如下关系：All[i-1]=max(End[i-1],arr[i-1],All[i-2])。利用这个公式和动态规划的思想可以得到如下代码：

```
function maxNum(m, n) {
  return m > n ? m : n;
}
function maxSubArray3(arr) {
  var End = [],
    All = [],
    n = arr.length;
  End[n - 1] = arr[n - 1];
  All[n - 1] = arr[n - 1];
  End[0] = All[0] = arr[0];
  for (var i = 1; i < n; ++i) {
    End[i] = maxNum(End[i - 1] + arr[i], arr[i]);
    All[i] = maxNum(End[i], All[i - 1]);
  }
  var maxSum = All[n - 1];
  return maxSum;
}
```

算法性能分析：

与前面几个方法相比，这种方法的时间复杂度为 O(N)，显然效率更高，但是由于在计算的过程中额外申请了两个数组，因此，该方法的空间复杂度也为 O(N)。

方法四：优化的动态规划方法

方法三中每次其实只用到了 End[i-1]与 All[i-1]，而不是整个数组中的值，因此，可以定义两个变量来保存 End[i-1]与 All[i-1]的值，并且还可以反复利用。实现代码如下：

```
function maxSubArray4(arr) {
  var nAll = arr[0],         //最大子数组和
    nEnd = arr[0],           //包含最后一个元素的最大子数组和
    n = arr.length;
```

```
    for (i = 1; i < n; ++i) {
      nEnd = maxNum(nEnd + arr[i], arr[i]);
      nAll = maxNum(nEnd, nAll);
    }
    return nAll;
}
```

算法性能分析：

这个方法在保证时间复杂度为 O(N)的基础上，把算法的空间复杂度也降到了 O(1)。

引申：在知道子数组最大值后，如何才能确定最大子数组的位置？

分析与解答：为了得到最大子数组的位置，首先介绍另外一种计算最大子数组和的方法。在上例的方法三中，通过对公式 End[i] = max(End[i−1]+arr[i],arr[i])的分析可以看出，当 End[i−1]＜0 时，End[i]=array[i]，其中 End[i]表示包含 array[i]的子数组和，如果某一个值使得 End[i−1]＜0，那么就从 arr[i]重新开始。可以利用这个性质非常容易地确定最大子数组的位置。实现代码如下：

```
function maxSubArray(arr) {
    var maxSum = Math.min.apply(null, arr),                //最大子数组和
      nSum = 0,          //包含子数组最后一位的最大值
      nStart = 0,
      n = arr.length,
      begin,
      end;
    for (var i = 0; i < n; i++) {
      if (nSum < 0) {
        nSum = arr[i];
        nStart = i;
      } else {
        nSum += arr[i];
      }
      if (nSum > maxSum) {
        maxSum = nSum;
        begin = nStart;
        end = i;
      }
    }
    console.log("连续最大和为：", maxSum);
    console.log("最大和对应的数组起始与结束坐标分别为：", begin, end);
}

var arr = [1, -2, 4, 8, -4, 7, -1, -5];
maxSubArray(arr);
```

程序的运行结果为

```
连续最大和为：15
最大和对应的数组起始与结束坐标分别为：25
```

7.10 如何求数组中绝对值最小的数

难度系数：★★★★☆　　　　　　　　　　被考查系数：★★★☆☆

题目描述：

有一个升序排列的数组，数组中可能有正数、负数或 0，求数组中元素的绝对值最小的数。例如数组[-10, -5, -2, 7, 15, 50]，该数组中绝对值最小的数是-2。

分析与解答：

可以对数组进行顺序遍历，对每个遍历到的数求绝对值进行比较就可以很容易地找出数组中绝对值最小的数。在本题中，由于数组是升序排列的，那么绝对值最小的数一定在正数与非正数的分界点处，利用这种方法可以省去很多求绝对值的操作，下面会详细介绍几种求解方法。

方法一：顺序比较法

最简单的方法就是从头到尾遍历数组元素，对每个数字求绝对值，然后通过比较就可以找出绝对值最小的数。

以数组[-10, -5, -2, 7, 15, 50]为例，实现方式如下：

1）首先遍历第一个元素-10，其绝对值为 10，所以，当前最小值为 min=10。

2）遍历第二个元素-5，其绝对值为 5，由于 5<10，因此，当前最小值 min=5。

3）遍历第三个元素-2，其绝对值为 2，由于 2<5，因此，当前最小值为 min=2。

4）遍历第四个元素 7，其绝对值为 7，由于 m>2，因此，当前最小值 min 还是 2。

5）以此类推，直到遍历完数组为止就可以找出绝对值最小的数为-2。

实现代码如下：

```
function findMin1(arr) {
    var len = arr.length;
    if (!arr || len <= 0) {
        return;
    }
    var min = Number.MAX_VALUE;
    for (var i = 0; i < len; i++) {
        if (Math.abs(arr[i]) < Math.abs(min))
            min = arr[i];
    }
    return min;
}

var arr = [-10, -5, -2, 7, 15, 50];
console.log("绝对值最小的数为：", findMin1(arr));
```

程序的运行结果为

```
绝对值最小的数为：-2
```

算法性能分析：

该方法的平均时间复杂度为 O(N)，空间复杂度为 O(1)。

方法二：数学性质法

在求绝对值最小的数时可以分为如下三种情况：

1）如果数组第一个元素为非负数，那么绝对值最小的数肯定为数组第一个元素。

2）如果数组最后一个元素的值为负数，那么绝对值最小的数肯定是数组的最后一个元素。

3）如果数组中既有正数又有负数，首先找到正数与负数的分界点，如果分界点恰好为 0，那么 0 就是绝对值最小的数。否则通过比较分界点左右的正数与负数的绝对值来确定最小的数。

那么如何来查找正数与负数的分界点呢？最简单的方法仍然是顺序遍历数组，找出第一个非负数（前提是数组中既有正数又有负数），接着通过比较分界点左右两个数的值来找出绝对值最小的数。这种方法在最坏的情况下时间复杂度为 O(N)。下面主要介绍采用二分法来查找正数与负数分界点的方法。主要思路：取数组中间位置的值 a[mid]，并将它与 0 值比较，比较结果分为以下三种情况：

1）如果 a[mid]==0，那么这个数就是绝对值最小的数。

2）如果 a[mid]＞0，a[mid-1]＜0，那么就找到了分界点，通过比较 a[mid]与 a[mid-1]的绝对值就可以找到数组中绝对值最小的数；如果 a[mid-1]==0，那么 a[mid-1]就是要找的数；否则接着在数组的左半部分查找。

3）如果 a[mid]＜0，a[mid+1]＞0，那么通过比较 a[mid]与 a[mid+1]的绝对值即可；如果 a[mid+1]==0，那么 a[mid+1]就是要查找的数；否则接着在数组的右半部分继续查找。

为了更好地说明以上方法，可以参考以下几个示例进行分析：

1）如果数组为[1, 2, 3, 4, 5, 6, 7]，由于数组元素全部为正数，而且数组是升序排列，所以此时绝对值最小的元素为数组的第一个元素 1。

2）如果数组为[-7, -6, -5, -4, -3, -2, -1]，此时数组长度 length 的值为 7，由于数组元素全部为负数，而且数组是升序排列，此时绝对值最小的元素为数组的第 length-1 个元素，该元素的绝对值为 1。

3）如果数组为[-7, -6, -5, -3, -1, 2, 4]，此时数组长度 length 为 7，数组中既有正数，也有负数，此时采用二分查找法，判断数组中间元素的符号。中间元素的值为-3，小于 0。所以判断中间元素后面一个元素的符号，中间元素后面的元素值为-1（小于 0）。因此，绝对值最小的元素一定位于右半部分数组[-1, 2, 4]中，继续在右半部分数组中查找，中间元素为 2 大于 0，2 前面一个元素的值为-1，小于 0。所以-1 与 2 中绝对值最小的元素即为所求数组的绝对值最小的元素值。由此可知，数组中绝对值最小的元素值为-1。

实现代码如下：

```
function findMin2(arr) {
    var len = arr.length;
    if (!arr || len <= 0) {
        return;
    }
    if (arr[0] >= 0)                //数组中没有负数
        return arr[0];
    if (arr[len - 1] <= 0)          //数组中没有正数
        return arr[len - 1];
    var mid = 0,
```

```
        begin = 0,
        end = len - 1,
        absMin = 0;
    while (1) {                      //数组中既有正数又有负数
        mid = begin + Math.floor (end - begin) / 2;
        if (arr[mid] == 0) {         //如果中间值等于 0，那么就是绝对值最小的数
            return 0;
        }
        if (arr[mid] > 0) {          //如果中间值大于 0，并且正负数的分界点在左侧
            if (arr[mid - 1] == 0)
                return 0;
            if (arr[mid - 1] > 0)
                end = mid - 1;       //继续在数组的左半部分查找
            else
                break;               //找到正负数的分界点
        } else {                     //如果中间值小于 0，那么在数组右半部分查找
            if (arr[mid + 1] == 0)
                return 0;
            if (arr[mid + 1] < 0)
                begin = mid + 1;     //在数组右半部分继续查找
            else
                break;               //找到正负数的分界点
        }
    }
    //求出正负数分界点中绝对值最小的值
    absMin = Math.abs(arr[mid]) < Math.abs(arr[mid + 1]) ?
        arr[mid] :
        arr[mid + 1];
    return absMin;
}
```

算法性能分析：

通过上面的分析可知，由于采取了二分查找的方式，算法的平均时间复杂度得到了大幅降低，最终为 O(NlogN)。其中，N 为数组的长度。

7.11 如何找出数组中出现一次的数

难度系数：★★★☆☆ **被考查系数：★★★☆☆**

题目描述：

一个数组里，除了三个数是唯一出现的，其余的数都出现偶数次，找出这三个数中的任意一个。比如，数组序列为[1, 2, 4, 5, 6, 4, 2]，只有 1、5、6 这三个数字是唯一出现的，数字 2 与 4 均出现了偶数次（2 次），只需要输出数字 1、5、6 中的任意一个就可以。

分析与解答：

根据题目描述可以得到如下几个有用的信息：

1）数组中元素个数一定是奇数个；

2）由于只有三个数字出现过一次，显然这三个数字不相同，因此，这三个数对应的二进

制数也不可能完全相同。

由此可知，必定能找到二进制数中的某一个位（bit）来区分这三个数（这一个位的取值或者为 0，或者为 1），当通过这一个位的值对数组进行分组时，这三个数一定可以被分到两个子数组中，并且其中一个子数组分配了两个数字，而另一个子数组分配了一个数字，而其他出现两次的数字肯定是成对出现在子数组中的。此时只需要重点关注哪个子数组分配了这三个数中的其中一个，就可以很容易地找出这个数字了。当数组被分成两个子数组时，这一个位的值为 1 的数被分到一个子数组 subArray1，这一个位的值为 0 的数被分到另外一个子数组 subArray0。

1）如果 subArray1 中元素个数为奇数个，那么对 subArray1 中的所有数字进行异或操作。由于 a^a=0，a^0=a，出现两次的数字通过异或操作得到的结果为 0，然后再与只出现一次的数字执行异或操作，得到的结果就是只出现一次的数字。

2）如果 subArray0 中元素个数为奇数个，那么对 subArray0 中所有元素进行异或操作得到的结果就是其中一个只出现一次的数字。

为了实现上面的思路，必须先找到能区分这三个数字的二进制位，根据以上的分析给出本算法的实现思路：以 32 位平台为例，一个数字类型的值占用 32 位空间，从右向左使用每一位对数组进行分组，分组的过程中，计算这个位值为 0 的数字异或的结果是 result0，出现的次数是 count0；这个位值为 1 的数字异或的结果是 result1，出现的次数是 count1。

如果 count0 是奇数且 result1!=0，那么说明这三个数中的其中一个被分配到这一位为 0 的子数组中了，因此，这个子数组中所有数字异或的值 result0 一定是出现一次的数字。如果 result1==0，说明这一个位不能用来区分这三个数字，此时这三个数字都被分配到子数组 subArray0 中了，因此，result1!=0 就可以确定这一个位可以被用来区分这三个数字。

同理，如果 count1 是奇数且 result0!=0，那么 result1 就是其中一个出现一次的数。

以[6, 3, 4, 5, 9, 4, 3]为例，出现一次的数字为 6（110）、5（101）和 9（1001），从右向左第一位就可以区分这三个数字，用这个位可以把数字分成两个子数组 subArray0=[6,4,4]和 subArray1=[3,5,9,3]。subArray1 中所有元素异或的值不等于 0，说明出现一次的数字一定在 subArray1 中出现了；而 subArray0 中元素个数为奇数个，说明出现一次的数字，只有一个被分配到 subArray0 中了。所以 subArray0 中所有元素异或的结果一定就是这个出现一次的数字 6。实现代码如下：

```
//32 位平台
var PLATFORM = 32;
//判断数字 n 的二进制数从右往左数第 i 位是否为 1
function isOne(n, i) {
  return n & (1 << i);
}
function findSingle(arr) {
  var size = arr.length,
    result1,result0,
    count1,count0;
  for (var i = 0; i < PLATFORM; i++) {
    result1 = result0 = count1 = count0 = 0;
    for (var j = 0; j < size; j++) {
```

```
            if (isOne(arr[j], i)) {
                result1 ^= arr[j];          //第 i 位为 1 的值异或操作
                count1++;                   //第 i 位为 1 的数字个数
            } else {
                result0 ^= arr[j];          //第 i 位为 0 的值异或操作
                count0++;                   //第 i 位为 0 的数字个数
            }
        }
        /*
         ** 位值为 1 的子数组元素个数为奇数，
         ** 且出现 1 次的数字被分配到位值为 0 的子数组中，
         ** 说明只有一个出现一次的数字被分配到了位值为 1 的子数组中，
         ** 异或结果就是这个出现一次的数字
         */
        if (count1 % 2 == 1 && result0 != 0) {
            return result1;
        }
        //只有一个出现一次的数字被分配到位值为 0 的子数组中
        if (count0 % 2 == 1 && result1 != 0) {
            return result0;
        }
    }
    //没有找到出现的数字
    return -1;
}

var arr = [6, 3, 4, 5, 9, 4, 3];
console.log(findSingle(arr));
```

程序的运行结果为

```
6
```

算法性能分析：

这个方法使用了两层循环，循环执行的次数为 32×N（N 为数组的长度），因此，算法的时间复杂度为 O(N)。

7.12 如何在不排序的情况下求数组的中位数

难度系数：★★★★☆　　　　**被考查系数：★★★☆☆**

题目描述：

所谓中位数就是一组数据从小到大排列后中间的那个数字。如果数组长度为偶数，那么中位数的值就是中间两个数字相加除以 2；如果数组长度为奇数，那么中位数的值就是中间那个数字。

分析与解答：

根据定义，如果数组是一个已经排序好的数组，那么可以直接通过索引获取到所需的中位数。如果题目允许排序的话，那么本题的关键在于选取一个合适的排序算法对数组进行排序。一般而言，快速排序的平均时间复杂度较低，所以如果采用排序方法的话，算法的平均时间复杂度为 O(NlogN)。

可是题目要求不许使用排序算法，那么前一种方法显然不行。此时，可以换一种思维，使用分治的思想。快速排序算法在每一次局部递归后都保证某个元素左侧的元素值都比它小，右侧的元素值都比它大，因此，可以利用这个思路快速地找到第 N 大的元素。与快速排序算法不同的是，这个算法关注的并不是元素的左右两边，而仅仅是某一边。

根据快速排序的方法，可以采用一种类似快速排序的方法，找出这个中位数来。具体而言，首先把问题转化为求一列数中第 i 小的数的问题，求中位数就是求一列数的第（length/2+1）小的数的问题（其中 length 表示的是数组序列的长度）。

当使用一次类快速排序算法后，分割元素的下标为 pos：

1）当 pos＞length/2 时，说明中位数在数组左半部分，那么继续在左半部分查找。

2）当 pos==lengh/2 时，说明找到该中位数，返回 arr[pos]即可。

3）当 pos＜length/2 时，说明中位数在数组右半部分，那么继续在数组右半部分查找。

以上默认此数组序列长度为奇数，如果为偶数就是调用上述方法两次，找到中间的两个数求平均。实现代码如下：

```
function partition(arr, low, high) {
  var key = arr[low];
  while (low < high) {
    while (low < high && arr[high] > key) {
      high--;
    }
    arr[low] = arr[high];
    while (low < high && arr[low] < key) {
      low++;
    }
    arr[high] = arr[low];
  }
  arr[low] = key;
  return low;
}
function getMid(arr) {
  var length = arr.length,
    low = 0,
    high = length - 1,
    mid = Math.ceil(length / 2) - 1,
    pos = 0;
  while (1) {
    pos = partition(arr, low, high);    //以 arr[low]为基准把数组分成两部分
    if (pos == mid)                     //找到中位数
      break;
    else if (pos > mid)                 //继续在右半部分查找
      high = pos - 1;
    else                                //继续在左半部分查找
      low = pos + 1;
  }
```

```
    var midKey = arr[mid];
    arr.splice(mid, 1);              //移除数组中间的元素
    return midKey;
}

var arr = [7, 5, 3, 1, 11, 9],
    mid;
if ((arr.length % 2) != 0) {         //如果数组长度是奇数，中位数为中间的元素
    mid = getMid(arr);
} else {                             //如果数组长度是偶数，取中间两个数的平均值
    mid = getMid(arr);
    mid += getMid(arr);
    mid /= 2;
}
console.log(mid);
```

程序的运行结果为

```
6
```

算法性能分析：

这个算法在平均情况下的时间复杂度为 O(N)。

7.13 如何求集合的所有子集

难度系数：★★★★☆ **被考查系数：★★★☆☆**

题目描述：

有一个集合，求它的全部子集（包含集合自身）。给定一个集合 s，它包含两个元素<a,b>，则它的全部子集为<a,ab,b>。

分析与解答：

根据数学性质分析，不难得知，子集个数 Sn 与原集合元素个数 n 之间的关系满足等式：$Sn=2^n-1$。

方法一：位图法

具体步骤如下：

1）构造一个和集合一样大小的数组 A，分别与集合中的某个元素对应，数组 A 中的元素只有两种状态："1"和"0"，代表子集中的对应元素是否要输出，这样数组 A 可以看作是原集合的一个标记位图。

2）数组 A 模拟整数"加 1"的操作，每执行"加 1"操作之后，就输出原集合内所有与数组 A 中值为"1"的相对应元素。

设原集合为<a,b,c,d>，数组 A 的某次"加 1"后的状态为[1, 0, 1, 1]，则本次输出的子集为<a,c,d>。使用非递归的思想，如果有一个数组，大小为 n，那么就使用 n 位的二进制，如果对应的位是 1，那么就输出这个位；如果对应的位是 0，那么就不输出这个位。例如，集合{a, b, c}的所有子集可如表 7-1 所示：

表 7-1　子集对应的二进制

集合	二进制
{}(空集)	0 0 0
{a}	0 0 1
{b}	0 1 0
{c}	1 0 0
{a, b}	0 1 1
{a, c}	1 0 1
{b, c}	1 1 0
{a, b, c}	1 1 1

算法的重点是模拟数组加 1 的操作。数组可以一直加 1，直到数组内所有元素都是 1 为止。实现代码如下：

```
function getAllSubset(array, mask, length, c) {
  var txt;
  if (length == c) {
    txt = "{ ";
    for (i = 0; i < length; i++) {
      if (mask[i]) {
        txt += array[i];
      }
    }
    txt += " }";
    console.log(txt);
    return;
  }
  mask[c] = 1;
  getAllSubset(array, mask, length, c + 1);
  mask[c] = 0;
  getAllSubset(array, mask, length, c + 1);
}

var array = ['a', 'b', 'c'],
  length = array.length,
  mask = [0];
getAllSubset(array, mask, length, 0);
```

程序的运行结果为

```
{ a b c }
{ a b }
{ a c }
{ a }
{ b c }
{ b }
{ c }
{ }
```

该方法的缺点在于，如果数组中有重复数时，这种方法将会得到重复的子集。

算法性能分析：

上述算法的时间复杂度为 $O(N\times2^N)$，空间复杂度为 O(N)。

7.14 如何对数组进行循环移位

难度系数：★★★☆☆　　被考查系数：★★★☆☆

题目描述：

把一个含有 N 个元素的数组循环右移 k（k 是正数）位，要求时间复杂度为 O(N)，且只允许使用两个附加变量。

分析与解答：

由于有空间复杂度的要求，因此，只能在原数组中就地进行右移。

方法一：蛮力法

蛮力法也是最简单的方法，题目中需要将数组元素循环右移 k 位，只需要每次将数组中的元素右移一位，循环 k 次即可。例如,假设原数组为 abcd1234，那么按照此种方式，具体移动过程如下：abcd1234→4abcd123→34abcd12→234abcd1→1234abcd。

此种方法也很容易实现，实现代码如下：

```
function rightShift1(arr, k) {
    var len = arr.length;
    if (!arr || len < 1) {
        return;
    }
    var tmp;
    while (k--) {
        tmp = arr[len - 1];
        for (var i = len - 1; i > 0; i--)
            arr[i] = arr[i - 1];
        arr[0] = tmp;
    }
}

var arr = [1, 2, 3, 4, 5, 6, 7, 8],
    k = 4;
rightShift1(arr, k);
console.log(arr.join(" "));
```

程序的运行结果为

```
5 6 7 8 1 2 3 4
```

以上方法虽然可以实现数组的循环右移，但是由于每移动一次，其时间复杂度就为 O(N)。所以移动 k 次，其总的时间复杂度为 $O(k\times N)$，$0<k<N$，与题目要求的 O(N)不符合，需要继续往下探索。

对于上述代码，需要考虑到，k 不一定小于 N，有可能等于 N，也有可能大于 N。当 k>

N 时，右移（k−N）之后的数组序列跟右移 k 位的结果一样。当 k＞N 时，右移 k 位与右移 k'（其中 k'= k%N）位等价，根据以上分析，相对完备的代码如下：

```
function rightShift2(arr, k) {
    var len = arr.length;
    if (!arr || len < 1) {
        return;
    }
    var tmp;
    k %= len;
    while (k--) {
        tmp = arr[len - 1];
        for (var i = len - 1; i > 0; i--)
            arr[i] = arr[i - 1];
        arr[0] = tmp;
    }
}
```

算法性能分析：

上例中，算法的时间复杂度为 $O(N^2)$，与 k 值无关，但时间复杂度仍然太高，是否还有其他更好的方法呢？

仔细分析上面的方法，不难发现，上述方法的移动采取的是一步步移动的方式，可问题是，题目中已经告知了需要移动的位数为 k，为什么不能一步到位呢？

方法二：空间换时间法

通常情况下，以空间换时间往往能够降低时间复杂度，本题也不例外。

首先定义一个辅助数组 T，把数组 A 的第(n−k+1)到 n 位数组中的元素存储到辅助数组 T 中，然后把数组 A 中的第 1 到 n−k 位数组元素存储到辅助数组 T 中，再将数组 T 中的元素复制回数组 A，这样就完成了数组的循环右移，此时的时间复杂度为 O(N)。

虽然时间复杂度满足要求，但是空间复杂度却提高了。由于需要创建一个新的数组，所以此时的空间复杂度为 O(N)，鉴于此，还可以对此方法继续优化。

方法三：翻转法

把数组看成由两段组成的，记为 XY。左旋转相当于要把数组 XY 变成 YX。先在数组上定义一种翻转的操作，就是翻转数组中数字的先后顺序。把 X 翻转后记为 X^T。显然有$(X^T)^T=X$。

首先对 X 和 Y 两段分别进行翻转操作，这样就能得到 X^TY^T。接着再对 X^TY^T 进行翻转操作，得到$(X^TY^T)^T=(Y^T)^T(X^T)^T=YX$。正好是期待的结果。

回到原来的题目。要做的仅仅是把数组分成两段，再定义一个翻转子数组的函数，按照前面的步骤翻转三次就行了。时间复杂度和空间复杂度都符合要求。

对于数组序列 A=[1,2,3,4,5,6]，如何实现对其循环右移 2 位的功能呢？将数组 A 分成两个部分：A[0～n−k−1]和 A[n−k～n−1]，将这两个部分分别翻转，然后放在一起再翻转（反序）。具体步骤：

1）翻转 1234：123456→432156。

2）翻转 56：432156→432165。

3）翻转 432165：432165→561234。

实现代码如下：

```
function reverse(arr, start, end) {
    var temp;
    while (start < end) {
        temp = arr[start];
        arr[start] = arr[end];
        arr[end] = temp;
        start++;
        end--;
    }
}
function rightShift3(arr, k) {
    var len = arr.length;
    if (!arr || len < 1) {
        return;
    }
    k %= len;
    reverse(arr, 0, len - k - 1);
    reverse(arr, len - k, len - 1);
    reverse(arr, 0, len - 1);
}
```

算法性能分析：

此时的时间复杂度为 O(N)，主要是完成翻转（逆序）操作，并且只用了一个辅助空间。

引申：上述问题中 k 不一定为正整数，有可能为负整数。当 k 为负整数的时候，右移 k 位，可以理解为左移（-k）位，所以此时可以将其转换为能够求解的情况。

7.15 如何在有规律的二维数组中进行高效的数据查找

难度系数：★★★☆☆ **被考查系数：★★★★☆**

题目描述：

在一个二维数组中，每一行都按照从左到右递增的顺序排序，每一列都按照从上到下递增的顺序排序。实现一个函数，输入这样的一个二维数组和一个整数，判断数组中是否含有该整数。

例如，下面的二维数组就是符合这种约束条件的。在这个数组中查找数字 7，如果数组中含有该数字，则返回 true；在这个数组中查找数字 5，如果数组中不含有该数字，则返回 false。

1	2	8	9
2	4	9	12
4	7	10	13
6	8	11	15

分析与解答：

最简单的方法就是对二维数组进行顺序遍历，然后判断待查找元素是否在数组中，这个算法的时间复杂度为 O(M×N)，其中，M、N 分别为二维数组的行数和列数。

虽然上述方法能够解决问题，但这种方法显然没有用到二维数组中数组元素有序的特点，因此，该方法不是最好的。

此时需要转换一种思路进行思考，一般情况下，当数组中元素有序时，二分查找是一个很好的方法，对于本题而言，同样适用二分查找，实现思路如下。

给定数组 array（行数：rows，列数：columns，待查找元素：data），首先遍历数组右上角的元素（i=0，j=columns-1），如果 array[i][j] == data，则在二维数组中找到了 data，直接返回；如果 array[i][j]＞data，则说明这一列其他的数字也一定大于 data。因此，没有必要在这一列继续查找了，通过 j--操作排除这一列。同理，如果 array[i][j]＜data，则说明这一行中其他数字也一定比 data 小，因此，没有必要再遍历这一行了，可以通过 i++操作排除这一行。以此类推，直到遍历完数组结束。实现代码如下：

```
function findWithBinary(array, rows, columns, data) {
  if (!array || rows < 1 || columns < 1)
    return false;
  //从二维数组右上角开始遍历
  var i = 0,
    j = columns - 1;
  while (i < rows && j >= 0) {
    if (array[i][j] == data) {              //在数组中找到 data，就返回 true
      return true;
    }
    if (array[i][j] > data)
      --j;              //当前遍历到的元素值大于 data，data 肯定不在这一列中
    else
      ++i;              //当前遍历到的元素值小于 data，data 肯定也不在这一行中
  }
  return false;
}

var array = [
  [0, 1, 2, 3, 4],
  [10, 11, 12, 13, 14],
  [20, 21, 22, 23, 24],
  [30, 31, 32, 33, 34],
  [40, 41, 42, 43, 44]
];
console.log(+findWithBinary(array, 5, 5, 17));
console.log(+findWithBinary(array, 5, 5, 14));
```

程序的运行结果为

```
0
1
```

算法性能分析：

这个算法主要从二维数组的右上角遍历到左下角，因此，算法的时间复杂度为 O(M+N)，

此外这个算法没有申请额外的存储空间。

7.16 如何寻找最多的覆盖点

难度系数：★★★☆☆　　　　　　　　　　　　被考查系数：★★★★☆

题目描述：

坐标轴上从左到右依次的点为a[0]、a[1]、a[2]、…、a[n−1]，设一根木棒的长度为L，求L最多能覆盖坐标轴的几个点？

分析与解答：

本题求满足a[j]−a[i]≤L和a[j+1]−a[i]＞L这两个条件的j与i之间所覆盖的点个数的最大值，即(j−i+1)最大。这样题目就简单多了。方法：直接从左到右扫描，使用两个索引i和j，i从位置0开始，j从位置1开始，如果a[j]−a[i]≤L，则j++前进，并记录中间经过的点的个数；如果a[j]−a[i]＞L，则j−−回退，覆盖的点个数减1，回到刚好满足条件的时候，将满足条件的最大值与前面找出的最大值比较，记录下当前的最大值；然后执行 i++、j++，直到求出最大的点个数。

有两点需要注意：

1）这里可能不存在i和j使得a[j]−a[i]刚好等于L的情况发生，所以，判断条件不能为a[j]−a[i]==L。

2）可能存在不同的覆盖点但覆盖长度相同的情况发生，此时只选取第一次覆盖的点。

实现代码如下：

```
function maxCover(a, L) {
    var n = a.length,
        count = 2,
        maxCount = 1,    //覆盖的最大点数
        start,           //覆盖坐标的起始位置
        i = 0,
        j = 1;
    while (i < n && j < n) {
        while ((j < n) && (a[j] - a[i] <= L)) {
            j++;
            count++;
        }
        j--;
        count--;
        if (count > maxCount) {
            start = i;
            maxCount = count;
        }
        i++;
        j++;
    }
    var cover = a.slice(start, start + maxCount);
    console.log("覆盖的坐标点：", cover.join(" "))
```

```
    return maxCount;
}

var a = [1, 3, 7, 8, 10, 11, 12, 13, 15, 16, 17, 19, 25];
console.log("最长覆盖点数：", maxCover(a, 8));
```

程序的运行结果为

```
覆盖的坐标点：7 8 10 11 12 13 15
最长覆盖点数：7
```

算法性能分析：

这个算法的时间复杂度为 O(N)，其中，N 为数组的长度。

7.17 如何判断请求能否在给定的存储条件下完成

难度系数：★★★☆☆　　　　**被考查系数：★★★★☆**

题目描述：

给定一台有 m 个存储空间的机器，有 n 个请求需要在这台机器上运行，第 i 个请求计算时需要占 R[i]空间，计算结果需要占 O[i]个空间（O[i]＜R[i]）。设计一个算法，判断这 n 个请求能否全部完成？若能，给出这 n 个请求的安排顺序。

分析与解答：

这道题的主要思路：首先对请求按照 R[i]-O[i]由大到小进行排序，然后按照由大到小的顺序进行处理，如果按照这个顺序能处理完，则这 n 个请求能被处理完，否则处理不完。那么请求 i 能完成的条件是什么呢？在处理请求 i 的时候前面所有的请求都已经处理完成，那么它们所占的存储空间为 O(0)+O(1)+…+O(i-1)，剩余的存储空间 left 为 left=m-(O(0)+ O(1)+…+O(i-1))。要使请求 i 能被处理，则必须满足 left≥R[i]。只要剩余的存储空间能存放 R[i]，那么在请求处理完成后就可以删除请求从而把处理结果放到存储空间中，由于 O[i]＜R[i]，此时必定有空间存放 O[i]。

为什么用 R[i]-O[i]由大到小的顺序来处理？请看下面的分析：

假设第一步处理 R[i]-O[i]最大的值。使用归纳法（假设每一步都取剩余请求中 R[i]-O[i]最大的值进行处理），如果 n=k 时能处理完成，那么当 n=k+1 时，由于前 k 个请求是按照 R[i]-O[i]从大到小排序的，在处理第 k+1 个请求时，需要的空间为 A=O[1]+…+O[i]+…+O[k]+R[k+1]，只有 A≤m 时才能处理第 k+1 个请求。假设我们把第 k+1 个请求和前面的某个请求 i 交换位置，即不按照 R[i]-O[i]由大到小的顺序来处理，在这种情况下，第 k+1 个请求已经被处理完成，接着要处理第 i 个请求，此时需要的空间为 B=O[1]+…+O[i-1]+O[k+1]+O[i+1]+…+R[i]，如果 B＞A，则说明按顺序处理成功的可能性更大（越往后处理剩余的空间越小，请求需要的空间越小越好）；如果 B＜A，则说明不按顺序更好。根据 R[i]-O[i]有序的特点可知：R[i]-O[i]≥R[k+1]-O[k+1]，即 O[k+1]+R[i]≥O[i]+R[k+1]，所以 B≥A，因此可以得出结论：方案 B 不会比方案 A 更好。即方案 A 是最好的方案，也就是说，按照 R[i]-O[i]从大到小排序处理请求，成功的可能性最大。如果按照这个序列都无法完成请求序列，那么任何顺序都无法完成，设机器的存储空间为[10, 15, 23, 20, 6, 9, 7, 16]，请求为[2, 7, 8, 4, 5, 8, 6, 8]，请求数为 8，剩余可用空间数为 50，实现代码如下：

```
function swap(arr, index) {
    var temp = arr[index];
    arr[index] = arr[index - 1];
    arr[index - 1] = temp;
}
function bubbleSort(R, O, len) {
    for (var i = 0; i < len - 1; ++i) {
        for (var j = len - 1; j > i; --j) {
            if (R[j] - O[j] > R[j - 1] - O[j - 1]) {
                swap(R, j);
                swap(O, j);
            }
        }
    }
}
function schedule(R, O, len, M) {
    bubbleSort(R, O, len);     //按照 R[i]-O[i]由大到小进行排序
    var left = M;
    for (var i = 0; i < len; i++) {
        if (left < R[i])              //剩余的空间无法继续处理第 i 个请求
            return false;
        //剩余的空间能继续处理第 i 个请求，处理完成后将占用 O[i]个空间
        left -= O[i];
    }
    return true;
}

var R = [10, 15, 23, 20, 6, 9, 7, 16],
    O = [2, 7, 8, 4, 5, 8, 6, 8],
    N = 8,           //请求数
    M = 50,               //剩余可用的空间数
    schedueResult = schedule(R, O, N, M);
if (schedueResult) {
    console.log("按照如下请求序列可以完成：");
    var txt = "";
    for (var i = 0; i < N; i++)
        txt += "{" + R[i] + "," + O[i] + "} ";
    console.log(txt);
} else {
    console.log("无法完成调度");
}
```

程序的运行结果为

```
按照如下请求序列可以完成：
{20,4} {23,8} {10,2} {15,7} {16,8} {6,5} {9,8} {7,6}
```

算法性能分析：

这个算法的时间复杂度为 $O(N^2)$。

7.18 如何按要求构造新的数组

难度系数：★★★☆☆　　　　　　　　　　被考查系数：★★★☆☆

题目描述：

给定一个数组 a[N]，构造一个新数组 b[N]，其中 b[i]=a[0]×a[1]×⋯×a[N-1]/a[i]。在构造数组的过程中，有如下几点要求：

1）不允许使用除法。

2）要求 O(1)空间复杂度和 O(N)时间复杂度。

3）除遍历计数器与 a[N]和 b[N]外，不可以使用新的变量（包括栈临时变量、堆空间和全局变量等）。

4）请用程序实现并简单描述。

分析与解答：

如果没有时间复杂度与空间复杂度的要求，算法将非常简单。首先遍历一次数组 a，计算数组 a 中所有元素的乘积，并保存到一个临时变量 tmp 中，然后再遍历一次数组 a 并给数组赋值：b[i]=tmp/a[i]。但是这种方法使用了一个临时变量，因此不满足题目的要求，下面介绍另外一种方法。

在计算 b[i]时，只要将数组 a 中除了 a[i]以外的所有值相乘即可。这种方法的主要思路：首先遍历一次数组 a，在遍历的过程中对数组 b 进行赋值：b[i]=a[i-1]×b[i-1]，这样经过一次遍历后，数组 b 的值为 b[i]=a[0]×a[1]×⋯×a[i-1]。此时只需要将数组中的值 b[i]再乘以 a[i+1]×a[i+2]×⋯×a[N-1]，实现方法为逆向遍历数组 a。把数组后半段值的乘积记录到 b[0]中，通过 b[i]与 b[0]的乘积就可以得到满足题目要求的 b[i]。具体而言，执行 b[i]=b[i]×b[0]（首先执行的目的是为了保证在执行下面一个计算的时候，b[0]中不包含与 b[i]的乘积），接着记录数组后半段的乘积到 b[0]中：b[0]=b[0]×a[i]。以数组[1, 2, 3, 4, 5, 6, 7, 8, 9, 10]为例，实现代码如下：

```
function calculate(a, b, N) {
  b[0] = 1;
  for (var i = 1; i < N; ++i) {              //正向计算乘积
    b[i] = a[i - 1] * b[i - 1];
  }
  b[0] = a[N - 1];
  for (i = N - 2; i >= 1; --i) {             //逆向计算乘积
    b[i] *= b[0];
    b[0] *= a[i];
  }
}

var N = 10,
  a = [1, 2, 3, 4, 5, 6, 7, 8, 9, 10],
  b = [];
calculate(a, b, N);
console.log(b.join(" "));
```

程序的运行结果为

```
36288001814400120960 907200725760 604800 518400 453600 403200 362880
```

7.19 如何获取最好的矩阵链相乘方法

难度系数：★★★☆☆ **被考查系数：★★★☆☆**

题目描述：

给定一个矩阵序列，找到最有效的方式将这些矩阵相乘在一起。给定表示矩阵链的数组 p，使得第 i 个矩阵 Ai 的维数为 p[i-1]×p[i]。编写一个 MatrixChainOrder()函数，该函数应该返回乘法运算所需的最小乘法数。

输入：p=[40，20，30，10，30]

输出：26000

有 4 个大小为 40×20、20×30、30×10 和 10×30 的矩阵。假设这 4 个矩阵为 A、B、C 和 D，并且该函数执行乘法的运算次数要最少。

分析与解答：

该问题实际上并不是执行乘法，而只是决定以哪个顺序执行乘法。由于矩阵乘法是关联的，所以有很多选择来进行矩阵链的乘法运算。换句话说，无论采用哪种方法来执行乘法，结果将是一样的。例如，如果有 4 个矩阵 A、B、C 和 D，可以有如下几种执行乘法的方法：

(ABC)D = (AB)(CD) = A(BCD) = …

虽然这些方法的计算结果相同。但是，不同的方法需要执行乘法的次数是不相同的，因此效率也是不相同的。例如，假设 A 是 10×30 矩阵，B 是 30×5 矩阵，C 是 5×60 矩阵。那么：

(AB)C 执行乘法运算的次数为(10×30×5)+(10×5×60)=1500+3000=4500 次。

A(BC)执行乘法运算的次数为(30×5×60)+(10×30×60)=9000+18000=27000 次。

显然，第一种方法需要执行更少的乘法运算，因此效率更高。对于本题中的示例而言，执行乘法运算的次数最少的方法如下：

(A(BC))D 执行乘法运算的次数为(20×30×10)+(40×20×10)+(40×10×30)

方法一：递归法

最简单的方法就是在所有可能的位置放置括号，计算每个放置的成本并返回最小值。在大小为 n 的矩阵链中，可以用 n-1 种方式放置第一组括号。例如，给定的链是 4 个矩阵，有三种方式放置第一组括号：(A)(BCD)、(AB)(CD)和(ABC)(D)。每个括号内的矩阵链都可以被看作较小尺寸的子问题。因此，可以使用递归方便地求解，递归的实现代码如下：

```
function bestMatrixChainOrder1(p, i, j) {
  if (i == j)
    return 0;
  var min = 2147483647,
    count;
  /*
   ** 通过把括号放在第一个不同的地方来获取最小的代价
```

```
  ** 每个括号内都可以递归地使用相同的方法来计算
  */
 for (var k = i; k < j; k++) {
   count = bestMatrixChainOrder1(p, i, k) +
     bestMatrixChainOrder1(p, k + 1, j) +
     p[i - 1] * p[k] * p[j];
   if (count < min)
     min = count;
 }
 return min;
}

var arr = [1, 5, 2, 4, 6],
  n = arr.length;
console.log("最少的乘法次数为：", bestMatrixChainOrder1(arr, 1, n - 1));
```

程序的运行结果为

```
最少的乘法次数为：42
```

这个算法的时间复杂度是指数级的。可以注意到，这种算法会对一些子问题进行重复计算。例如在计算(A)(BCD)这种方案时会计算 C×D 的代价，而在计算(AB)(CD)这种方案的时候又会重复计算 C×D 的代价。显然子问题是有重叠的，对于这种问题，通常可以用动态规划的方法来降低时间复杂度。

方法二：动态规划

动态规划的典型方法是，使用自下而上的方式来构造临时数组，把子问题的中间结果保存到数组中，从而可以避免大量重复的计算。实现代码如下：

```
function bestMatrixChainOrder2(p) {
  var n = p.length,
    cost = [];
  /*
   ** 申请数组来保存中间结果
   ** A[i] = p[i-1] × p[i]
   ** cost[i,j] = A[i] × A[i+1] ×...× A[j]
   */
  for (var i = 1; i < n; i++) {
    cost[i] = [];
    cost[i][i] = 0;
  }
  var j, k, q,
    cLen;              //cLen 表示矩阵链的长度
  for (cLen = 2; cLen < n; cLen++) {
    for (i = 1; i < n - cLen + 1; i++) {
      j = i + cLen - 1;
      cost[i][j] = Number.MAX_VALUE;
      for (k = i; k <= j - 1; k++) {
        //计算乘法运算的代价
        q = cost[i][k] + cost[k + 1][j] + p[i - 1] * p[k] * p[j];
```

```
            if (q < cost[i][j])
                cost[i][j] = q;
            }
        }
    }
    return cost[1][n - 1];
}

var arr = [1, 5, 2, 4, 6];
console.log("最少的乘法次数为：", bestMatrixChainOrder2(arr));
```

算法性能分析：

这个算法的时间复杂度为 $O(n^3)$，空间复杂度为 $O(n^2)$。

7.20 如何求解迷宫问题

难度系数：★★★★☆　　　　　　**被考查系数：★★★★☆**

题目描述：

给定一个大小为 N×N 的迷宫，一只老鼠需要从迷宫的左上角（对应矩阵的[0][0]）走到迷宫的右下角（对应矩阵的[1][N-1]），老鼠只能往两个方向移动：向右或向下。在迷宫中，0 表示没有路（是死胡同），1 表示有路。如图 7-2 给定的迷宫：

图 7-2 中标粗的路径就是一条合理的路径。请给出算法来找到这样一条合理的路径。

1	0	0	0
1	**1**	0	1
0	**1**	0	0
1	**1**	**1**	**1**

图 7-2　用 0 和 1 表示的迷宫

分析与解答：

最容易想到的方法就是尝试所有可能的路径，找出可达的一条路。显然这种方法效率非常低下，这里重点介绍一种效率更高的回溯法。主要思路为：当碰到死胡同的时候，回溯到前一步，然后从前一步出发继续寻找可达的路径。算法的主要框架为：

申请一个结果矩阵来标记移动的路径
if 到达了目的地
　　打印解决方案矩阵
else
1）在结果矩阵中标记当前为 1（1 表示移动的路径）。
2）向右前进一步，然后递归地检查，走完这一步后，是否存在到终点的可达路线。
3）如果步骤 2）中的移动方法导致没有通往终点的路径，那么选择向下移动一步，然后检查使用这种移动方法后，是否存在到终点的可达路线。
4）如果上面的移动方法都会导致没有可达的路径，那么标记当前单元格在结果矩阵中为 0，返回 false，并回溯到前一步中。

根据以上框架就能很容易的用代码实现了，实现代码如下：

```
var N = 4;
//打印最终结果
function printSolution(sol) {
   var txt;
   for (var i = 0; i < N; i++) {
      txt = "";
      for (var j = 0; j < N; j++)
         txt += sol[i][j] + " ";
      console.log(txt);
   }
}
//判断 x 和 y 是不是合理的可走单元
function isSafe(maze, x, y) {
   return x >= 0 && x < N &&
      y >= 0 && y < N &&
      maze[x][y] == 1;
}
function getPath(maze, x, y, sol) {
   if (x == N - 1 && y == N - 1) {              //走到了目的地
      sol[x][y] = 1;
      return true;
   }
   if (isSafe(maze, x, y)) {                    //检查 maze[x][y]是否是合理的可走单元
      sol[x][y] = 1;                            //标记当前的单元为 1
      if (getPath(maze, x + 1, y, sol))         //向右走一步并判断是否能走到终点
         return true;
      if (getPath(maze, x, y + 1, sol))         //向下走一步并判断是否能走到终点
         return true;
      //如果上面两步都不能走到终点，回溯到上一步
      sol[x][y] = 0;
      return false;
   }
   return false;
}

var maze = [
      [1, 0, 0, 0],
      [1, 1, 0, 1],
      [0, 1, 0, 0],
      [1, 1, 1, 1]
   ],
   sol = [
      [0, 0, 0, 0],
      [0, 0, 0, 0],
      [0, 0, 0, 0],
      [0, 0, 0, 0]
   ];
if (!getPath(maze, 0, 0, sol)) {
```

```
    console.log("不存在合理路径");
  } else {
    printSolution(sol);
  }
```

程序的运行结果为

```
1  0  0  0
1  1  0  0
0  1  0  0
0  1  1  1
```

7.21 如何从三个有序数组中找出它们的公共元素

难度系数：★★★☆☆　　　　　　　　被考查系数：★★★☆☆

题目描述：

给定以非递减顺序排序的三个数组，找出这三个数组中的所有公共元素。例如，给出下面三个数组：ar1=[2, 5, 12, 20, 45, 85]，ar2=[16, 19, 20, 85, 200]，ar3=[3, 4, 15, 20, 39, 72, 85, 190]。那么这三个数组的公共元素为 {20, 85}。

分析与解答：

最容易想到的方法是，先找出两个数组的交集，然后再把这个交集存储在一个临时数组中，最后再找出这个临时数组与第三个数组的交集。这个算法的时间复杂度为 O(N1+N2+N3)，其中 N1、N2 和 N3 分别为三个数组的长度。这种方法不仅需要额外的存储空间，而且还需要额外的两次循环遍历。下面介绍另外一种只需要一次循环遍历，而且不需要额外存储空间的方法，主要思路：假设当前遍历的三个数组的元素分别为 ar1[i]、ar2[j]和 ar3[k]，则存在以下几种可能性。

1）如果 ar1[i]、ar2[j]和 ar3[k]相等，那么说明当前遍历的元素是三个数组的公有元素，可以直接打印出来，然后通过执行 i++、j++、k++，使三个数组同时向后移动，此时继续遍历各数组后面的元素。

2）如果 ar1[i]＜ar2[j]，则执行 i++来继续遍历 ar1 后面的元素，因为 ar1[i]不可能是三个数组公有的元素。

3）如果 ar2[j]＜ar3[k]，同理可以通过 j++来继续遍历 ar2 后面的元素。

4）如果前面的条件都不满足，说明 ar1[i]＞ar2[j]并且 ar2[j]＞ar3[k]，此时可以通过 k++来继续遍历 ar3 后面的元素。

实现代码如下：

```
function findCommon(ar1, ar2, ar3) {
  var i = 0,
    j = 0,
    k = 0,
    n1 = ar1.length,
    n2 = ar2.length,
    n3 = ar3.length,
```

```
        share = "";
    //遍历三个数组
    while (i < n1 && j < n2 && k < n3) {
        if (ar1[i] == ar2[j] && ar2[j] == ar3[k]) {              //找到公有元素就保存
            share += ar1[i] + " ";
            i++;
            j++;
            k++;
        }
        else if (ar1[i] < ar2[j])          //ar1[i]不可能是共有的元素
            i++;
        else if (ar2[j] < ar3[k])          //ar2[j]不可能是共有的元素
            j++;
        else                               //ar3[k]不可能是共有的元素
            k++;
    }
    console.log(share);
}

var ar1 = [2, 5, 12, 20, 45, 85],
    ar2 = [16, 19, 20, 85, 200],
    ar3 = [3, 4, 15, 20, 39, 72, 85, 190];
findCommon(ar1, ar2, ar3);
```

程序的运行结果为

```
2085
```

算法性能分析：

这个算法的时间复杂度为 O(N1+N2+N3)。

第 8 章　基本数字运算

计算机软件技术与数学是不可分割的有机整体，很多企业在招聘求职者的时候，往往非常关注求职者的数学能力。站在企业的角度来看，编程语言是很简单的，只要熟悉了一种语言，那么其他语言也很容易学会，而数学能力的高低却不然，需要长时间的学习与积累，并且直接决定了求职者未来职业生涯的发展。所以，面试官在考察求职者时，他们也比较喜欢出此类题目。

8.1　如何判断一个自然数是否是某个数的二次方

难度系数：★★★☆☆　　　　**被考查系数：★★★★☆**

题目描述：

设计一个算法，判断给定的一个数 n 是否是某个数的次方，不能使用平方根运算。例如，16 就满足条件，因为它是 4 的二次方。而 15 则不满足条件，因为不存在一个数其二次方值为 15。

分析与解答：

方法一：直接计算法

由于不能使用平方根运算，因此最直接的方法就是计算二次方。主要思路：对 1～n 的每个数 i，计算它的二次方 m。如果 m＜n，则继续遍历下一个值（i+1）；如果 m=n，那么就说明 n 是 m 的二次方；如果 m＞n，那么就说明 n 不能表示成某个数的二次方。实现代码如下：

```
function isPower1(n) {
  if (n <= 0) {
    return false;
  }
  for (var i = 1; i < n; i++) {
    m = i * i;
    if (m == n)
      return true;
    else if (m > n)
      return false;
  }
  return false;
}

var n1 = 15,
  n2 = 16;
if (isPower1(n1))
  console.log(n1, "是某个自然数的二次方");
else
  console.log(n1, "不是某个自然数的二次方");
```

```
if (isPower1(n2))
    console.log(n2, "是某个自然数的二次方");
else
    console.log(n2, "不是某个自然数的二次方");
```

程序的运行结果为

```
15 不是某个自然数的二次方
16 是某个自然数的二次方
```

算法性能分析：

由于这个算法只需要从 1 遍历到 n^0.5 就可以得出结果，因此算法的时间复杂度为 O(n^0.5)。

方法二：二分查找法

与方法一类似，这个方法的主要思路还是从 1～n 的数字中，查找是否存在一个数 m，此 m 的二次方为 n。只不过在查找的过程中使用的是二分查找的方法。具体思路为：首先判断 mid=(1+n)/2 的二次方 power 与 m 的大小；如果 power＞m，那么就说明要在[1, mid−1]区间继续查找；否则就在[mid+1, n]区间继续查找。实现代码如下：

```
function isPower2(n) {
  if (n <= 0) {
    return false;
  }
  var low = 1,
    high = n,
    mid,
    power;
  while (low < high) {
    mid = Math.floor((low + high) / 2);
    power = mid * mid;
    if (power > n)                //在 1~mid-1 之间查找
      high = mid - 1;
    else if (power < n)           //在 mid+1~n 之间查找
      low = mid + 1;
    else
      return true;
  }
  return false;
}
```

算法性能分析：

由于这个算法使用了二分查找的方法，因此时间复杂度为 O(logN)，其中 n 为数的大小。

方法三：减法运算法

通过对二次方数进行分析发现有如下规律：

(n+1)^2=n^2+2n+1=(n−1)^2+(2×(n−1)+1)+2×n+1=…=1+(2×1+1)+(2×2+1)+…+(2×n+1)

通过上述公式可以发现，这些项构成了一个公差为 2 的等差数列的和。由此可以得到如下解决方法：对 n 依次减 1、3、5、7、…，如果相减后的值大于 0，则继续减下一项；如果相减后的值等于 0，则说明 n 是某个数的二次方；如果相减后的值小于 0，则说明 n 不是某个数的二次方。根据这个思路实现的代码如下：

```
function isPower3(n) {
  if (n <= 0) {
    return false;
  }
  var minus = 1;
  while (n > 0) {
    n = n - minus;
    if (n == 0)         //n 是某个数的二次方
      return true;
    else if (n < 0)     //n 不是某个数的二次方
      return false;
    else                //每次减数都加 2
      minus += 2;
  }
  return false;
}
```

算法性能分析：

这个算法的时间复杂度仍然为 O(n^0.5)。但由于方法一使用的是乘法操作，而这个算法采用的是减法操作，因此这种方法的执行效率比方法一更高。

8.2 如何判断一个数是否为 2 的 n 次方

难度系数：★★★★☆ **被考查系数：★★★★★**

分析与解答：

方法一：构造法

2 的 n 次方可以表示为：2^0，2^1，2^2，…，2^n，如果一个数是 2 的 n 次方，那么最直观的想法就是对 1 执行了移位操作（每次左移一位），即通过移位得到的值必定是 2 的 n 次方（针对 n 的所有取值构造出所有可能的值）。因此，要想判断一个数是否为 2 的 n 次方，只需要判断该数移位后的值是否与给定的数相等。实现代码如下：

```
function isPower1(n) {
  if (n < 1)
    return false;
  var i = 1;
  while (i <= n) {
    if (i == n)
      return true;
    i <<= 1;
  }
  return false;
}

var arr = [8, 9];
arr.forEach(function (value, index) {
```

```
    if (isPower1(value))
        console.log(value, "能表示成 2 的 n 次方");
    else
        console.log(value, "不能表示成 2 的 n 次方");
});
```

程序的运行结果为

```
8 能表示成 2 的 n 次方
9 不能表示成 2 的 n 次方
```

算法性能分析：

上述算法的时间复杂度为 O(logN)。

方法二："与"操作法

那么是否存在效率更高的算法呢？通过对 2^0, 2^1, 2^2, …, 2^n 进行分析，发现这些数字的二进制形式分别为：1，10，100，…。从二进制的表示可以看出，如果一个数是 2 的 n 次方，那么这个数对应的二进制表示中有且只有一位是 1，其余位都为 0。因此，判断一个数是否为 2 的 n 次方可以转换为这个数对应的二进制表示中是否只有一位为 1。如果一个数的二进制表示中只有一位是 1，例如 num=00010000，那么 num-1 的二进制表示为(num-1)= 00001111。由于 num 与 num-1 的二进制表示中每一位都不相同，因此 num&(num-1)的运算结果为 0。可以利用这种方法来判断一个数是否为 2 的 n 次方。实现代码如下：

```
function isPower2(n) {
    if (n < 1)
        return false;
    var m = n & (n - 1);
    return m == 0;
}
```

算法性能分析：

这个方法的时间复杂度为 O(1)。

8.3 如何不使用除法操作符实现两个正整数的除法

难度系数：★★★★☆　　　　**被考查系数：★★★☆☆**

分析与解答：

方法一：减法

主要思路为：使被除数不断减去除数，直到相减的结果小于除数为止。此时商就为相减的次数，余数为最后相减的差。例如在计算 14 除以 4 时，首先计算 14-4=10，由于 10>4，继续做减法运算：10-4=6，6-4=2，此时，2<4。由于总共进行了 3 次减法操作，最终相减的结果为 2。因此，14 除以 4 的商为 3，余数为 2。如果被除数比除数小，那么商就为 0，余数为被除数。根据这个思路实现的代码如下：

```
/*
```

```
** 函数功能：      计算两个自然数的除法
** 输入参数：m 为被除数，n 为除数
** 返回值：  res 为商，remain 为余数
*/
function devide1(m, n) {
    var res = 0,
        remain = m;
    //被除数减除数，直到相减结果小于除数为止
    while (m > n) {
        m = m - n;
        res += 1;
    }
    remain = m;
    return {
        res: res,
        remain: remain
    };
}

var m = 14,
    n = 4,
    result = devide1(m, n);
console.log(m, "除以", n,
    "商为", result.res, "，余数为", result.remain);
```

程序的运行结果为

```
14 除以 4 商为 3，余数为 2
```

算法性能分析：

这个算法循环的次数为 m/n，因此算法的时间复杂度为 O(m/n)。需要注意的是，这个算法也实现了不用求余运算符（%）实现了求余运算。

方法二：移位法

方法一所采用的减法操作，还可以用等价的加法操作来实现。例如，在计算 17 除以 4 时。可以尝试 4×1、4×2（即 4+4）和 4×3（即 4+4+4）依次进行计算，直到计算结果大于 17 时就可以很容易的求出商与余数。但是这种算法每次都递增 4，效率较低。下面给出另外一种增加递增速度的方法：以 2 的指数进行递增（之所以取 2 的指数是因为该操作可以通过移位来实现，有更高的效率），计算 4×1、4×2、4×4 和 4×8，由于 4×8＞17，所以结束指数递增，计算 17-4×4，再进入下一次循环。实现代码如下：

```
function devide2(m, n) {
    var result = 0,
        multi,
        remain;
    while (m >= n) {
        multi = 1;
        //multi*n > m/2（即 2*multi*n > m）时结束循环
        while (multi * n <= (m >> 1)) {
```

```
            multi <<= 1;
        }
        result += multi;
        //相减的结果进入下次循环
        m -= multi * n;
    }
    remain = m;
    return {
        res: result,
        remain: remain
    };
}
```

算法性能分析：

由于这个算法采用指数级的增长方式不断逼近 m/n，因此算法的时间复杂度为 O(log(m/n))。

引申一：如何不用加减乘除实现加法运算。

分析与解答：由于不能使用加减乘除运算，因此只能使用位运算。首先通过分析十进制加法的规律来找出二进制加法的规律，从而把加法操作转换为二进制的操作来完成。

十进制的加法运算过程可以分为以下 3 个步骤：

1）各个位相加而不考虑进位，计算相加的结果 sum。

2）只计算各个位相加时进位的值 carry。

3）将 sum 与 carry 相加就可以得到这两个数相加的结果。

例如，15+29 的计算方法为：sum=34（不考虑进位），carry=10（只计算进位），因此，15+29=sum+carry=34+10=44。

同理，二进制加法与十进制加法有着相似的原理，唯一不同的是，在二进制加法中，sum 与 carry 的和可能还有进位。因此在二进制加法中会不停地执行 sum 和 carry 之间的加法操作，直到没有进位为止。实现方法如下：

1）二进制各个位相加而不考虑进位。在不考虑进位的时候加法操作可以用异或操作代替。

2）计算进位，由于只有 1+1 才会产生进位，因此，进位的计算可以用与操作代替。进位的计算方法为：先做与运算，再把运算结果左移一位。

3）不断对 1）和 2）两步得到的结果相加，直到进位为 0 时为止。

实现的代码如下：

```
function add(n1, n2) {
    var sum = 0,          //保存不进位的相加结果
        carry = 0;        //保存进位值
    do {
        sum = n1 ^ n2;                //异或代替不进位相加
        carry = (n1 & n2) << 1;       //与操作代替计算进位值
        n1 = sum;
        n2 = carry;
    } while (carry != 0);             //判断进位值是否为 0
    return sum;
}
```

```
console.log(add(2,4));
```

程序的运行结果为

```
6
```

引申二：如何不用加减乘除实现减法运算。

分析与解答：由于减去一个数等于加上这个数的相反数，即-n=~(n-1)=~n+1，因此a-b=a+(-b)=a+(~b)+1。可以利用上面已经实现的加法操作来实现减法操作。实现代码如下：

```
function sub(a, b) {
  return add(a, add(~b, 1));
}
```

引申三：如何不用加减乘除实现乘法运算。

分析与解答：以 11×14 为例介绍乘法运算的规律，11 的二进制可以表示为 1011，14 的二进制可以表示为 1110，二进制相乘的运算过程如下：

```
        1011
  ×     1110
--------------------
      10110 <左移 1 位，乘以 0010
     101100 <左移 2 位，乘以 0100
  +  1011000 <左移 3 位，乘以 1000
--------------------
  10011010
```

二进制数 10011010 的十进制表示为 154=11×14。从这个例子可以看出，乘法运算可以转换为加法运算。计算 a×b 的主要思路为：①初始化运算结果为 0，即 sum=0；②找到 b 对应的二进制中最后一个 1 的位置 i（位置编号从右到左依次为 0, 1, 2, 3, …），并去掉这个 1；③执行加法操作 sum+=a<<i；④循环执行①～③步，直到 b 对应的二进制数中没有更多的 1 为止。

从 8.2 节中可知，对 n 执行 n&(n-1)操作可以去掉 n 的二进制数表示中的最后一位 1，所以 n&~(n-1)的结果为只保留 n 的二进制数中的最后一位 1。因此，可以通过 n&~(n-1)找出 n 中最后一个 1 的位置，然后通过 n&(n-1)去掉最后一个 1。在上述的第②步中，首先执行 lastBit=n&~(n-1)，得到的值 lastBit 只包含 n 对应的二进制表示中最后一位 1，要想确定 1 的位置，需要通过对 1 不断进行左移操作，直到移位的结果等于 lastBit 时，移位的次数就是位置编号。在实现的时候，为了提高程序的运行效率，可以把 1 向左移动的位数（0～31）先计算好并保存起来。实现代码如下：

```
function multi(a, b) {
  var neg = (a > 0) ^ (b > 0);            //标识结果的正负值
  //首先计算两个正数相乘的结果，最后根据 neg 确定结果的正负
  if (b < 0) {
    b = add(~b, 1);                       //-b
  }
```

```
    if (a < 0)
        a = add(~a, 1);          //-a
    var result = 0;
/**
 *数组的 key：1 向左移位后的值，
 *数组的 value：移位的次数即位置编号
**/
    var bit_position = [];
    //计算出 1 向左移动（0~31）位的值
    for (var i = 0; i < 32; i++)
        bit_position[1 << i] = i;
    var position;
    while (b > 0) {
        //计算出最后一位 1 的位置编号
        position = bit_position[b & ~(b - 1)];
        result += (a << position);
        b &= b - 1;              //去掉最后一位 1
    }
    if (neg)
        result = add(~result, 1);
    return result;
}
```

引申四：另外一种除法的实现方式。

分析与解答：由于除法是乘法的逆运算，因此可以很容易地将除法运算转换为乘法运算。实现代码如下：

```
function divid(a, b) {
    var neg = (a > 0) ^ (b > 0);                    //标识结果的正负值
    //首先计算它们绝对值的除法
    if (a < 0)
        a = -a;
    if (b < 0)
        b = -b;
    var tmpMulti = 0,
        result = 1;
    while (true) {
        tmpMulti = multi(b, result);
        if (tmpMulti <= a) {
            result++;
        } else {
            break;
        }
    }
    if (neg)
        return add(~(result - 1), 1);
    else
        return result - 1;
}
```

8.4 如何只使用递增运算符（++）实现加减乘除运算

难度系数：★★★☆☆　　　　　　　　　　被考查系数：★★★☆☆

分析与解答：

本题要求只使用递增操作（++）来实现加减乘除运算，下面重点介绍该操作的计算过程：

1）加法操作。实现 a+b 的基本思路是对 a 执行 b 次递增操作。

2）减法操作。实现 a-b（a≥b）的基本思路是不断地对 b 执行递增操作，直到等于 a 为止，在这个过程中记录执行递增操作的次数。

3）乘法操作。实现 a×b 的基本思路是利用已经实现的加法操作把 a 相加 b 次，就得到了 a×b 的积。

4）除法操作。实现 a/b 的基本思路是利用乘法操作，使 b 不断乘以 1，2，…，n，直到 b×n＞b 时，就可以得到商 n-1。

设 a=2，b=-4，实现的代码如下：

```
/*
 ** 函数功能：用递增实现加法运算（限制条件：至少有一个非负数）
 ** 输入参数：a 和 b 都是整数，且有一个非负数
 */
function add(a, b) {
  if (a < 0 && b < 0) {
    return -1;
  }
  if (b >= 0) {
    for (var i = 0; i < b; i++) {
      a++;
    }
    return a;
  }
  for (i = 0; i < a; i++) {
    b++;
  }
  return b;
}
/*
 ** 函数功能：用递增实现减法运算（限制条件：被减数大于减数）
 ** 输入参数：a 和 b 都是整数且 a≥b
 */
function sub(a, b) {
  if (a < b) {
    return -1;
  }
  for (var result = 0; b != a; b++, result++) {}
  return result;
}
/*
```

```
 ** 函数功能：用递增实现乘法运算（限制条件：两个数都为整数）
 ** 输入参数：a 和 b 都是正整数
 */
function multi(a, b) {
  if (a <= 0 || b <= 0) {
    return -1;
  }
  var result = 0;
  for (var i = 0; i < b; i++) {
    result = add(result, a);
  }
  return result;
}
/*
 ** 函数功能：用递增实现除法运算（限制条件：两个数都为整数）
 ** 输入参数：a 和 b 都是正整数
 */
function divid(a, b) {
  if (a <= 0 || b <= 0) {
    return -1;
  }
  var result = 1,
    tmpMulti = 0;
  while (1) {
    tmpMulti = multi(b, result);
    if (tmpMulti <= a) {
      result++;
    } else {
      break;
    }
  }
  return result - 1;
}

console.log("加法：", add(2, -4));
console.log("减法：", sub(2, -4));
console.log("乘法：", multi(2, 4));
console.log("除法：", divid(8, 4));
```

程序的运行结果为

```
加法：-2
减法：6
乘法：8
除法：2
```

此外，在实现加法操作的时候，如果 a 与 b 都是整数，那么就可以选择比较小的数进行循环，可以提高算法的性能。

8.5 如何根据已知随机数生成函数计算新的随机数

难度系数：★★★★☆　　　　　　　　　　　　被考查系数：★★★★☆

题目描述：

已知随机数生成函数 rand7()能产生的随机数是整数 1～7 的均匀分布，如何构造函数 rand10()，使其产生的随机数是整数 1～10 的均匀分布。

分析与解答：

要保证 rand10()产生的随机数是整数 1～10 的均匀分布，可以构造一个 1～10×n 的均匀分布的随机整数区间（n 为任何正整数）。假设 x 是这个 1～10×n 区间上的一个随机数，那么 x%10+1 就是均匀分布在 1～10 区间上的整数。

根据题意，rand7()返回 1～7 之间的随机数，那么 rand7()-1 则得到一个离散整数集合，该集合为{0，1，2，3，4，5，6}，该集合中每个整数的出现概率都为 1/7。那么(rand7()-1)×7 得到另一个离散整数集合 A，该集合元素为 7 的整数倍，即 A={0，7，14，21，28，35，42}。其中，每个整数的出现概率也都为 1/7。而由于 rand7()得到的集合 B={1，2，3，4，5，6，7}，其中每个整数出现的概率也为 1/7。显然集合 A 与集合 B 中任何两个元素组合相加得到的和可以与 1～49 之间的一个整数一一对应，即 1～49 之间的任何一个数，可以唯一地确定 A 和 B 中两个元素的一种组合方式，这个结论反过来也成立。由于集合 A 和集合 B 中元素可以看成是独立事件，根据独立事件的概率公式 P(AB)=P(A)P(B)，得到每个组合的概率是 1/7×1/7=1/49。因此，(rand7()-1)×7+rand7()生成的整数均匀分布在 1～49 之间，而且每个数的概率都是 1/49。

(rand7()-1)×7+rand7()可以构造出均匀分布在 1～49 之间的随机数，为了将 49 种组合映射为 1～10 之间的 10 种随机数，就需要进行截断。也就是将 41～49 这样的随机数剔除掉，得到的数 1～40 仍然是均匀分布在 1～40 的，这是因为每个数都可以看成一个独立事件。由 1～40 区间上的一个随机数 x，可以通过计算 x%10+1 得到均匀分布在 1～10 区间上的整数。实现代码如下：

```
//产生的随机数是 1~7 之间的整数
function rand7() {
    return Math.floor(Math.random() * 8) % 7 + 1;
}
//产生的随机数是 1~10 之间的整数
function rand10() {
    var x = 0;
    do {
        x = (rand7() - 1) * 7 + rand7();
    } while (x > 40);
    return x % 10 + 1;
}

var txt = "";
for (var i = 0; i != 10; ++i)
    txt += rand10() + " ";
```

```
console.log(txt);
```

程序运行后得到的结果是随机的，下面只列出了其中的一种显示情况。

```
6 10 8 1 8 6 3 8 10 7
```

8.6 如何判断 1024!末尾有多少个 0

难度系数：★★★★☆ **被考查系数：★★★★☆**

分析与解答：

方法一：暴力法

最简单的方法就是计算出 1024!（即 1024 的阶乘）的值，然后判断末尾有多少个 0。但是这种方法有两个非常大的缺点：第一，算法的效率非常低下；第二，当这个数字比较大的时候直接计算阶乘可能会导致数据溢出，从而导致计算结果出现偏差。因此，下面给出另外一种比较巧妙的方法。

方法二：因子法

5 与任何一个偶数相乘都会增加末尾 0 的个数，由于偶数的个数肯定比 5 的个数多，因此 1～1024 之间所有数字中有因子 5 的数字个数决定了 1024!末尾 0 的个数，所以只需要统计因子 5 的个数即可。此外，5 与偶数相乘会使末尾增加一个 0，25（有两个因子 5）与偶数相乘会使末尾增加两个 0，125（有三个因子 5）与偶数相乘会使末尾增加三个 0，625（有四个因子 5）与偶数相乘会使末尾增加四个 0。对于本题而言：

1）是 5 的倍数的数有：a1=1024/5 = 204 个。

2）是 25 的倍数的数有：a2=1024/25 = 40 个（a1 计算了 25 中的一个因子 5）。

3）是 125 的倍数的数有：a3=1024/125 = 8 个（a1、a2 分别计算了 125 中的一个因子 5）。

4）是 625 的倍数的数有：a4=1024/625 = 1 个（a1、a2、a3 分别计算了 625 中的一个因子 5）。

由此可知，1024!中总共有 a1+a2+a3+a4=204+40+8+1=253 个因子 5，末尾总共有 253 个 0。实现的代码如下：

```
function zeroCount(n) {
   var count = 0;
   while (n > 0) {
      n = Math.floor(n / 5);
      count += n;
   }
   return count;
}
console.log("1024!末尾 0 的个数为：", zeroCount(1024));
```

程序的运行结果为

```
1024!末尾 0 的个数为：253
```

算法性能分析：

由于这个算法循环的次数为 n/5，因此算法的时间复杂度为 O(N)。

引申：如何计算 N!末尾有几个 0?

分析与解答：从以上的分析可以得出 N!末尾 0 的个数为 N/5 + N/5^2 + N/5^3+…+N/5^m（5^m<N 且 5^(m+1)>N）。

8.7 如何按要求比较两个数的大小

难度系数：★★★☆☆　　　　被考查系数：★★★★★

题目描述：

请定义一个函数，比较 a、b 两个数的大小，不能使用大于和小于两个比较运算符以及 if 条件语句。

分析与解答：

方法一：绝对值法

根据绝对值的性质可知，如果|a-b|==a-b，那么 max(a,b)=a；否则 max(a,b)=b，实现的代码如下：

```
function maxNum1(a, b) {
  return Math.abs(a - b) == (a - b) ? a : b;
}
console.log(maxNum1(4, 6));
```

程序的运行结果为

```
6
```

方法二：二进制法

如果 a>b，那么 a-b 的二进制最高位为 0，与任何数执行与操作的结果还是 0；如果 a-b 为负数，那么 a-b 的二进制最高位为 1，与 0x80000000（最高位为 1，其他位为 0，假设 a 与 b 都占 4 个字节）执行与操作之后的结果为 1。由此根据两个数的差的二进制最高位的值就可以比较两个数的大小，实现代码如下：

```
function maxNum2(a, b) {
  return (a - b) & (1 << 31) ? b : a;
}
//或
function maxNum3(a, b) {
  return (a - b) & 0x80000000 ? b : a;
}
```

8.8 如何求有序数列的第 1500 个数的值

难度系数：★★★★☆　　　　被考查系数：★★★☆☆

题目描述：

一个有序数列，序列中的每一个值都能够被 2 或者 3 或者 5 所整除，1 是这个序列的第一个元素。求第 1500 个数的值是多少？

分析与解答：

方法一：蛮力法

最简单的方法就是用一个计数器来记录满足条件的整数个数，然后从 1 开始遍历整数，如果当前遍历的数能被 2 或者 3 或者 5 整除，则计数器的值加 1，当计数器的值为 1500 时，当前遍历到的值就是所要求的值。实现的代码如下：

```
function search1(n) {
    var count = 0;
    for (var i = 1;; i++) {
        if (i % 2 == 0 || i % 3 == 0 || i % 5 == 0)
            count++;
        if (count == n)
            break;
    }
    return i;
}
console.log(search1(1500));
```

程序的运行结果为

```
2045
```

方法二：数字规律法

首先可以很容易得到 2、3 和 5 的最小公倍数为 30。此外，1～30 这个区间内满足条件的数有 22 个{2，3，4，5，6，8，9，10，12，14，15，16，18，20，21，22，24，25，26，27，28，30}。由于最小公倍数为 30，可以猜想，满足条件的数字是否具有周期性（周期为 30）呢？通过计算可以发现，31～60 这个区间内满足条件的数也恰好有 22 个{32，33，34，35，36，38，39，40，42，44，45，46，48，50，51，52，54，55，56，57，58，60}，从而发现这些满足条件的数具有周期性（周期为 30）。由于 1500/22=68，1500%68=4，从而可以得出第 1500 个数经过了 68 个周期，然后在第 69 个周期中取第 4 个满足条件的数（即 1～30 这个区间内满足条件的第 4 个数）。从而可以得出第 1500 个数为 68×30+5=2045。实现的代码如下：

```
function search2(n) {
    var a = [0, 2, 3, 4, 5, 6, 8, 9, 10, 12, 14, 15, 16,
        18, 20, 21, 22, 24, 25, 26, 27, 28, 30
    ];
    var ret = Math.floor(n / 22) * 30 + a[n % 22];
    return ret;
}
```

算法性能分析：

方法二的时间复杂度为 O(1)。此外，方法二使用了 22 个额外的存储空间。方法二的计算方法可以用来分析方法一的执行效率。从方法二的实现代码可以得出，方法一中循环执行的次数为(N/22)×30+a[N%22]，其中 a[N%22]的取值范围为 2～30。因此算法一的时间复杂度为

O(N)。

8.9 如何求二进制数中 1 的个数

难度系数：★★★☆☆　　　　　　　　　　被考查系数：★★★★☆

题目描述：

给定一个整数，输出这个整数的二进制表示中 1 的个数。例如，给定整数 7，其二进制表示为 111，因此输出结果为 3。

分析与解答：

方法一：移位法

可以采用位操作来完成。具体思路如下：首先判断这个数的最后一位是否为 1，如果为 1，则计数器加 1。然后通过右移丢弃掉最后一位，循环执行该操作直到这个数等于 0 为止。在判断二进制表示的最后一位是否为 1 时，可以采用“与”运算来达到这个目的。实现代码如下：

```
/*
 ** 函数功能：获取 n 的二进制表示中 1 的个数
 ** 输入参数：n 为自然数
 */
function countOne1(n) {
   var count = 0;              //计数
   while (n > 0) {
      if ((n & 1) == 1)        //判断最后一位是否为 1
         count++;
      n >>= 1;                 //通过移位丢掉最后一位
   }
   return count;
}

console.log(countOne1(7));
console.log(countOne1(8));
```

程序的运行结果为

```
3
1
```

算法性能分析：

这个算法的时间复杂度为 O(N)，其中 N 代表二进制数的位数。

方法二：“与”操作法

给定一个数 n，每进行一次 n&(n−1)计算，其结果中都会少了一位 1，而且是最后一位。例如 n=6，其对应的二进制表示为 110；而 n−1=5，其对应的二进制表示为 101；n&(n−1)运算后的二进制表示为 100，其效果就是去掉了 110 中的最后一位 1。可以通过不断地用 n&(n−1)操作去掉 n 中最后一位 1 的方法求出 n 中 1 的个数。实现代码如下：

```
function countOne2(n) {
    var count = 0;            //计数
    while (n > 0) {
        n = n & (n - 1);
        count++;
    }
    return count;
}
```

算法性能分析：

这个算法的时间复杂度为 O(m)，其中 m 为二进制数中 1 的个数，显然当二进制数中 1 的个数比较少的时候，这个算法有更高的效率。

8.10 如何计算一个数的 n 次方

难度系数：★★★★☆　　　　**被考查系数：★★★★☆**

题目描述：

给定一个数 d 和 n，如何计算 d 的 n 次方？例如，d=2、n=3，d 的 n 次方为 $2^3=8$。

分析与解答：

方法一：蛮力法

可以把 n 的取值分为如下四种情况。

1）当 n=0 时，计算结果肯定为 1。

2）当 n=1 时，计算结果肯定为 d。

3）当 n>0 时，计算方法为：初始化计算结果 result=1，然后对 result 执行 n 次乘以 d 的操作，得到的结果就是 d 的 n 次方。

4）当 n<0 时，计算方法为：初始化计算结果 result=1，然后对 result 执行|n|次除以 d 的操作，得到的结果就是 d 的 n 次方。

以 2 的 3 次方为例，首先初始化 result=1，接着对 result 执行三次乘以 2 的操作：result=result×2=1×2=2，result=result×2=2×2=4，result =result×2=4×2=8。因此，2 的 3 次方等于 8。实现代码如下：

```
function power1(d, n) {
    if (n == 0) return 1;
    if (n == 1) return d;
    var result = 1;
    if (n > 0) {
        for (var i = 1; i <= n; i++) {
            result *= d;
        }
        return result;
    }
    n = Math.abs(n);
    for (i = 1; i <= n; i++) {
        result = result / d;
```

```
    }
    return result;
}

console.log(power1(2, 3));
console.log(power1(-2, 3));
console.log(power1(2, -3));
```

程序的运行结果为

```
8
-8
0.125
```

算法性能分析：

这个算法的时间复杂度为 O(N)。需要注意的是，当 N 非常大时，这种算法的效率是非常低下的。

方法二：递归法

由于方法一没有充分利用中间的计算结果，因此，算法效率还有很大的提升余地。例如，在计算 2 的 100 次方时，假如已经计算出了 2 的 50 次方的值 tmp=2^50，那就没必要对 tmp 再乘以 50 次 2，而可以直接利用 tmp×tmp 就能得到 2^100 的值。通过这个特点可以用递归的方式实现次方的计算，具体过程如下：

1）当 n=0 时，计算结果肯定为 1。

2）当 n=1 时，计算结果肯定为 d。

3）当 n>0 时，首先计算 2^(n/2)的值 tmp；如果 n 为奇数，那么计算结果 result=tmp×tmp×d；如果 n 为偶数，那么计算结果 result=tmp×tmp。

4）当 n<0 时，首先计算 2^(|n/2|)的值 tmp；如果 n 为奇数，那么计算结果 result=1/(tmp×tmp×d)；如果 n 为偶数，那么计算结果 result=1/(tmp×tmp)。

实现的代码如下：

```
function power2(d, n) {
    if (n == 0) return 1;
    if (n == 1) return d;
    var tmp = power2(d, Math.floor(Math.abs(n / 2)));
    if (n > 0) {
        if (n % 2 == 1)
            return tmp * tmp * d;              //n 为奇数
        return tmp * tmp;                      //n 为偶数
    }
    if (n % 2 == 1)
        return 1 / (tmp * tmp * d);
    return 1 / (tmp * tmp);
}
```

算法性能分析：

这个算法的时间复杂度为 O(logN)。

8.11 如何在不能使用库函数的条件下计算正数 n 的算术平方根

难度系数：★★★☆☆　　　　　　　　被考查系数：★★★★☆

题目描述：

给定一个正数 n，求出它的算术平方根，比如 16 的算术平方根为 4。要求不能使用库函数。

分析与解答：

正数 n 的算术平方根可以通过计算一系列近似值来获得，每个近似值都比前一个更加接近准确值，直到找出满足精度要求的那个数为止。具体而言，可以找出的第一个近似值是 1，接下来的近似值则可以通过一个公式来获得：$a_{i+1}=(a_i+n/a_i)/2$。实现代码如下：

```
//获取 n 的算术平方根，e 为精度要求
function squareRoot(n, e) {
  var new_one = n,
    last_one = 1;                              //第一个近似值为 1
  while (new_one - last_one > e) {             //直到满足精度要求为止
    new_one = (new_one + last_one) / 2;        //求下一个近似值
    last_one = n / new_one;
  }
  var precision = e.toString().split(".");     //计算小数的位数
  if (precision.length > 1)
    return new_one.toFixed(precision[1].length);
  return new_one.toFixed(0);
}

var n = 50,
  e = 0.000001;
console.log(n, "的算术平方根为", squareRoot(n, e));
n = 4;
console.log(n, "的算术平方根为", squareRoot(n, e));
```

程序的运行结果为

```
50 的算术平方根为 7.071068
4 的算术平方根为 2.000000
```

8.12 如何不使用“^”符号实现异或运算

难度系数：★★★☆☆　　　　　　　　被考查系数：★★★★☆

题目描述：

不使用“^”符号实现异或运算。

分析与解答：

最简单的方法是遍历两个整数所有的二进制位，如果两个数的某一位相等，那么结果中

这一位的值就为 0，否则结果中这一位的值就为 1。实现代码如下：

```
var BITS = 32;  //以 32 位平台为例
//获取 x 与 y 的异或的结果
function myXOR1(x, y) {
    var res = 0,
        xoredBit, b1, b2;
    for (var i = BITS - 1; i >= 0; i--) {
        //获取 x 与 y 当前的位值
        b1 = (x & (1 << i)) > 0;
        b2 = (y & (1 << i)) > 0;
        //只有这两位都是 1 或 0 的时候结果为 0
        xoredBit = b1 == b2 ? 0 : 1;
        res <<= 1;
        res |= xoredBit;
    }
    return res;
}

var x = 3,
    y = 5;
console.log(myXOR1(x, y));
```

程序的运行结果为

```
6
```

下面介绍另外一种更加简便的实现方法：x^y=(x|y)&(～x|～y)，其中 x|y 表示如果在 x 或 y 中的位值是 1，那么结果中的这个位的值也为 1。显然这个结果包括三部分：这个位只有在 x 中为 1，或只有在 y 中为 1，或在 x 和 y 中都为 1。要在这个基础上计算出异或的结果，显然要去掉第三种情况，也就是说去掉在 x 和 y 中都为 1 的情况，而当一个位在 x 和 y 中都为 1 时“～x|～y”的值为 0，因此 (x|y)&(～x|～y)的值等于 x^y。实现代码如下：

```
function myXOR2(x, y) {
    return (x | y) & (~x | ~y);
}
```

算法性能分析：

这个算法的时间复杂度为 O(N)。

8.13 如何不使用循环输出 1～100

难度系数：★★★☆☆　　　　**被考查系数：**★★★★☆

题目描述：

实现一个函数，要求在不使用循环的前提下输出 1～100。

分析与解答：

很多情况下，循环都可以使用递归来给出等价的实现，实现代码如下：

```
function print_num(n) {
  if (n > 0) {
    print_num(n - 1);
    console.log(n);
  }
}
print_num(100);
```

第 9 章　排列组合与概率

排列组合常用于字符串或序列的排列和组合中，而求解排列组合的方法也比较固定：第一种是类似于动态规划的方法，即保存中间结果，依次附上新元素，产生新的中间结果；第二种是递归法，通常是在递归函数里使用 for 循环，遍历所有排列或组合的可能，然后在 for 循环语句内调用递归函数。本章所涉及的排列组合相关的问题很多都采用了上述方法。

概率论是计算机科学非常重要的基础学科之一，因为概率型面试笔试题可以综合考查求职者的思维能力、应变能力和数学能力，所以概率题也是在程序员求职过程中经常会遇到的题型。

9.1 如何拿到最多金币

难度系数：★★★★☆　　　　**被考查系数：★★★★☆**

题目描述：

10 个房间里放着随机数量的金币。每个房间只能进入一次，并只能在一个房间中拿金币。一个人采取如下策略：前 4 个房间只看不拿。随后的房间只要看到比前 4 个房间都多的金币数就拿。否则就拿最后一个房间的金币。编程计算这种策略拿到最多金币的概率。

分析与解答：

这道题是一个求概率的问题。由于 10 个房间里放的金币数量是随机的，因此在编程实现时首先需要生成 10 个随机数来模拟 10 个房间里的金币数量。然后判断通过这种策略是否能拿到最多的金币。如果仅通过一次模拟来求拿到最多金币的概率显然是不准确的，那么就需要进行多次模拟，通过记录模拟的次数 m，拿到最多金币的次数 n，从而可以计算出拿到最多金币的概率 n/m。显然这个概率与金币的数量以及模拟的次数有关系。模拟的次数越多越能接近真实值。下面以金币数为 1～10 的随机数、模拟次数为 1000 次为例给出实现代码：

```
/*
 ** 函数功能:        判断用指定的策略是否能拿到最多金币
 ** 函数参数:        把数组 a 看成房间，总共 n 个房间
 ** 返回值:          如果能拿到返回 1，否则返回 0
 */
function getMaxNum(a, n) {
  //随机生成 10 个房间里的金币个数
  var rand;
  for (var i = 0; i < n; i++) {
    rand = Math.floor(Math.random() * 10);
    a[i] = rand % 10 + 1;          //生成 1~10 的随机数
  }
  //找出前四个房间中最多的金币个数
  var max4 = 0;
  for (i = 0; i < 4; i++) {
```

```
        if (a[i] > max4)
            max4 = a[i];
    }
    for (i = 4; i < n - 1; i++) {
        if (a[i] > max4)
            return 1;                    //能拿到最多的金币
    }
    return 0;                            //不能拿到最多的金币
}

var a = [],
    monitorCount = 1000,
    success = 0;
for (var i = 0; i < monitorCount; i++) {
    if (getMaxNum(a, 10))
        success++;
}
console.log(success / monitorCount);
```

程序的运行结果为

```
0.421
```

运行结果分析：

运行结果与金币个数以及模拟次数都有关系，而且由于是个随机问题，因此同样的程序每次的运行结果也会不同。

9.2 如何求正整数 n 所有可能的整数组合

难度系数：★★★★☆ **被考查系数：★★★☆☆**

题目描述：

给定一个正整数 n，求解出所有和为 n 的整数组合，要求组合按照递增方式展示，而且唯一。例如，4=1+1+1+1、1+1+2、1+3、2+2、4（即 4+0）。

分析与解答：

以数值 4 为例，和为 4 的所有的整数组合一定都小于 4（1, 2, 3, 4）。首先选择数字 1，然后用递归的方法求和为 3（即 4-1）的组合，一直递归下去直到用递归求和为 0 的组合时，所选的数字序列就是一个和为 4 的数字组合。然后第二次选择 2，接着用递归求和为 2（4-2）的组合；同理下一次选 3，然后用递归求和为 1（即 4-3）的所有组合。以此类推，直到找出所有的组合为止，实现代码如下：

```
/*
 ** 函数功能：求和为 n 的所有整数组合
 ** 输入参数：sum 为正整数，result 为组合结果，count 记录组合中的数字个数
 */
function getAllCombination(sum, result, count) {
    if (sum < 0)
```

```
        return;
    var txt = "";
    //数字的组合满足和为 sum 的条件，打印出所有组合
    if (sum == 0) {
        for (var i = 0; i < count; i++)
            txt += result[i] + " ";
        console.log("满足条件的组合：", txt);
        return;
    }
    txt = "";
    for (i = 0; i < count; i++)
        txt += result[i] + " ";
    console.log("----当前组合：", txt, "----");          //打印 debug 信息，为了便于理解
    i = (count == 0 ? 1 : result[count - 1]);            //确定组合中下一个取值
    console.log("---i=", i, "count=", count, "---");     //打印 debug 信息，为了便于理解
    for (; i <= sum;) {
        result[count++] = i;
        getAllCombination(sum - i, result, count);       //求和为 sum-i 的组合
        count--;             //递归完成后，去掉最后一个组合的数字
        i++;                 //找下一个数字作为组合中的数字
    }
}

var n = 4,
    result = [];         //存储和为 n 的组合方式
//找出和为 4 的所有整数的组合
getAllCombination(n, result, 0);
```

程序的运行结果为

```
----当前组合：----
---i=1 count=0---
----当前组合：1 ----
---i=1 count=1---
----当前组合：1 1 ----
---i=1 count=2---
----当前组合：1 1 1 ----
---i=1 count=3---
满足条件的组合：1 1 1 1
满足条件的组合：1 1 2
----当前组合：1 2 ----
---i=2 count=2---
满足条件的组合：1 3
----当前组合：2 ----
---i=2 count=1---
满足条件的组合：2 2
----当前组合：3 ----
---i=3 count=1---
满足条件的组合：4
```

运行结果分析：

从上面运行结果可以看出，满足条件的组合为：{1,1,1,1}，{1,1,2 }，{1,3}，{2 ,2}，{4}。其他的为调试信息。从打印出的信息可以看出：在求和为 4 的组合中，第一步选择了 1，然后求 3（4-1）的组合也选了 1，求 2（3-1）的组合的第一步也选择了 1，以此类推，找出第一个组合为{1,1,1,1}；再通过 count--和 i++找出最后两个数字 1 与 1 的另外一种组合 2，最后三个数字的另外一种组合 3；接下来用同样的方法分别选择 2、3 作为组合的第一个数字，就可以得到以上结果。

代码 i=(count==0 ? 1 : result[count-1])用来保证组合中的下一个数字一定不会小于前一个数字，从而保证了组合的递增性。如果不要求递增（如把{1, 1, 2}和{2, 1, 1}看作两种组合），那么把上面一行代码改成 i=1 即可。

9.3 如何用一个随机函数得到另外一个随机函数

难度系数：★★★★☆　　　　**被考查系数：**★★★☆☆

题目描述：

有一个函数 fun1()能返回 0 和 1 两个值，并且返回 0 和 1 的概率都是 1/2，怎么利用这个函数得到另一个函数 fun2()，使 fun2()也只能返回 0 和 1，且返回 0 的概率为 1/4，返回 1 的概率为 3/4。

分析与解答：

函数 fun1()得到 1 与 0 的概率都为 1/2。因此，可以调用两次 fun1()，分别生成两个值 a1 与 a2，用这两个数组成一个二进制 a2a1，它取值的可能性为 00，01，10 和 11，并且得到每个值的概率都为(1/2)×(1/2)=1/4。因此，如果得到的结果为 00，则返回 0（概率为 1/4），其他情况则返回 1（概率为 3/4）。实现代码如下：

```
//返回 0 和 1 的概率都为 1/2
function fun1() {
    return Math.floor(Math.random() * 2) % 2;
}
//返回 0 的概率为 1/4，返回 1 的概率为 3/4
function fun2() {
    var a1 = fun1(),
        a2 = fun1(),
        tmp = a1;
    tmp |= (a2 << 1);
    if (tmp == 0)
        return 0;
    return 1;
}

var arr = [];
for (var i = 0; i < 16; i++)
    arr.push(fun2());
console.log(arr.join(" "));
arr = [];
```

```
for (i = 0; i < 16; i++)
    arr.push(func2());
console.log(arr.join(" "));
```

程序的运行结果为

```
1 1 1 0 1 1 0 1 1 0 1 1 1 1 0 1
1 1 1 1 1 1 1 1 1 1 0 0 0 0 1 0
```

由于结果是随机的，调用的次数越大，返回的结果越接近 1/4 与 3/4。

9.4 如何等概率地从大小为 n 的数组中选取 m 个整数

难度系数：★★★★☆ **被考查系数：★★★☆☆**

题目描述：

随机地从大小为 n 的数组中选取 m 个整数，要求每个元素被选中的概率相等。

分析与解答：

从 n个数中随机选出一个数的概率为 1/n，然后在剩下的 n-1 个数中再随机找出一个数的概率也为 1/n（第一次没选中这个数的概率为 (n-1)/n，第二次选中这个数的概率为 1/(n-1)，因此，随机选出第二个数的概率为(n-1)/n)×(1/(n-1))=1/n，依此类推，在剩下的 k 个数中随机选出一个元素的概率都为 1/n。这个算法的思路为：首先从包含 n 个元素的数组中随机选出一个元素，然后把这个选中的数字与数组第一个元素交换，接着从数组后面的 n-1 个数字中随机选出一个数字与数组第二个元素交换，依此类推，直到选出 m 个数字为止，数组前 m 个数字就是随机选出来的 m 个数字，且它们被选中的概率相等。

以数组[1, 2, 3, 4, 5, 6, 7, 8, 9, 10]为例，实现代码如下：

```
function getRandomM(a, n, m) {
    if (n <= 0 || n < m) {
        return;
    }
    var j, rand, tmp;
    for (var i = 0; i < m; ++i) {
        rand = Math.floor(Math.random() * (n - i));
        j = i + rand;                //获取 i 到 n-1 之间的随机数
        //随机选出的元素放到数组的前面
        tmp = a[i];
        a[i] = a[j];
        a[j] = tmp;
    }
}

var a = [1, 2, 3, 4, 5, 6, 7, 8, 9, 10],
    n = a.length,
    m = 6,
    txt = "";
getRandomM(a, n, m);
```

```
for (i = 0; i < m; ++i)
    txt += a[i] + " ";
console.log(txt);
```

程序的运行结果为

```
1 8 9 7 2 4
```

算法性能分析：

这个算法的时间复杂度为 O(m)。

9.5 如何计算 1、2、5 这三个数使其和为 100 的组合个数

难度系数：★★★★☆　　　　**被考查系数：★★★★☆**

题目描述：

求出用 1、2、5 这三个数的不同个数组合的和为 100 的组合个数。为了更好地理解题目的意思，下面给出几组可能的组合：100 个 1、0 个 2、0 个 5 的和为 100；50 个 1、25 个 2、0 个 5 的和也是 100；50 个 1、20 个 2、2 个 5 的和也为 100。

分析与解答：

方法一：蛮力法

最简单的方法就是对所有的组合进行尝试，然后判断组合的结果是否满足和为 100，这些组合有如下限制：1 的个数最多为 100 个，2 的个数最多为 50 个，5 的个数最多为 20 个。实现思路为：遍历所有可能的组合包含 1 的个数 x（0≤x≤100），2 的个数 y（0≤y≤50），5 的个数 z（0≤z≤20），再判断 x+2×y+5×z 是否等于 100，如果等于 100，则满足条件。实现的代码如下：

```
function combinationCount1(n) {
    var count = 0,
        num1 = n,               //1 最多的个数
        num2 = n / 2,           //2 最多的个数
        num5 = n / 5;           //5 最多的个数
    for (var x = 0; x <= num1; x++)
        for (var y = 0; y <= num2; y++)
            for (var z = 0; z <= num5; z++) {
                if (x + 2 * y + 5 * z == n)             //满足条件
                    count++;
            }
    return count;
}
console.log(combinationCount1(100));
```

程序的运行结果为

```
541
```

算法性能分析：

这个算法循环的次数为101×51×21。

方法二：数字规律法

针对这种数学公式的运算，一般都可以通过找出运算规律来简化运算过程。对于本题而言，对 x+2y+5z=100 进行变换可以得到 x+5z=100−2y。从这个表达式可以看出，x+5z 是偶数且 x+5z≤100。因此，求满足 x+2y+5z=100 的组合个数就可以转换为求满足“x+5z 是偶数且 x+5z≤100”的个数。可以通过对 z 的所有可能取值（0≤z≤20）进行遍历从而计算满足条件的 x 的值。

当 z=0 时，x 的取值为 0, 2, 4, …, 100（100 以内的所有偶数），个数为(100+2)/2。

当 z=1 时，x 的取值为 1, 3, 5, …, 95（95 以内的所有奇数），个数为(95+2)/2。

当 z=2 时，x 的取值为 0, 2, 4, …, 90（90 以内的所有偶数），个数为(90+2)/2。

当 z=3 时，x 的取值为 1, 3, 5, …, 85（85 以内的所有奇数），个数为(85+2)/2。

……

当 z=19 时，x 的取值为 5, 3, 1（5 以内的所有奇数），个数为(5+2)/2。

当 z=20 时，x 的取值为 0（0 以内的所有偶数），个数为(0+2)/2。

实现的代码如下：

```
function combinationCount2(n) {
    var count = 0;
    for (var m = 0; m <= n; m += 5) {
        count += Math.floor((m + 2) / 2);
    }
    return count;
}
```

算法性能分析：

这个算法循环的次数为 21。

9.6 如何判断有几盏灯泡还亮着

难度系数：★★★★☆ **被考查系数：★★★★★**

题目描述：

100 个灯泡排成一排，第一轮将所有灯泡打开；第二轮每隔一个灯泡关掉一个，即排在偶数位置的灯泡被关掉，第三轮每隔两盏灯泡，将开着的灯泡关掉，关掉的灯泡打开。依此类推，第 100 轮结束的时候，还有几盏灯泡亮着？

分析与解答：

1）对于每盏灯，当拉动的次数是奇数时，灯就是亮着的；当拉动的次数是偶数时，灯就是关着的。

2）每盏灯拉动的次数与它的编号所含约数的个数有关，它的编号有几个约数，这盏灯就被拉动几次。

3）1～100 这 100 个数中有哪几个数的约数个数是奇数？

一个数的约数都是成对出现的，只有完全平方数的约数个数才是奇数。所以，这 100 盏灯中有 10 盏灯是亮着的，它们的编号分别是：1、4、9、16、25、36、49、64、81、100。实现代码如下：

```
function factorIsOdd(a) {
   var total = 0;
   for (var i = 1; i <= a; i++) {
      if (a % i == 0)
         total++;
   }
   if (total % 2 == 1)
      return 1;
   return 0;
}
function totalCount(num, n) {
   var count = 0;
   for (var i = 0; i < n; i++) {
      //判断因子数是不是奇数，奇数（灯亮）则加 1
      if (factorIsOdd(num[i])) {
         console.log("亮着的灯的编号是：", num[i]);
         count++;
      }
   }
   return count;
}

var num = new Array(101)
   .join("0").split("")
   .map(function (value, index) {
      return index + 1;
   });
var count = totalCount(num, 100);
console.log("最后总共有", count, "盏灯亮着。");
```

程序的运行结果为

```
亮着的灯的编号是：1
亮着的灯的编号是：4
亮着的灯的编号是：9
亮着的灯的编号是：16
亮着的灯的编号是：25
亮着的灯的编号是：36
亮着的灯的编号是：49
亮着的灯的编号是：64
亮着的灯的编号是：81
亮着的灯的编号是：100
最后总共有 10 盏灯亮着。
```

第 10 章　海量数据处理

计算机硬件的扩容确实可以极大地提高程序的处理速度，但考虑到技术、成本等方面的因素，它并非只有一条途径。而随着互联网技术的发展，机器学习、深度学习、大数据、人工智能、云计算、物联网和移动通信技术的发展，每时每刻，数以亿万计的用户产生着数量巨大的信息，海量数据时代已经来临。因为通过对海量数据的挖掘能有效地揭示用户的行为模式，加深对用户需求的理解，提取用户的集体智慧，从而为研发人员决策提供依据，提升产品用户体验，进而占领市场。所以当前各大互联网公司的研究工作都将重点放在了海量数据分析上。但是，只寄希望于硬件扩容是很难满足海量数据的分析需求，如何利用现有条件进行海量信息处理已经成为各大互联网公司亟待解决的问题。所以，海量信息处理正日益成为当前程序员笔试、面试中一个新的亮点。

不同于常规量级数据中提取信息，在海量数据中提取信息，会存在以下几个方面的问题。首先，数据量过大，数据中什么情况都可能存在，如果信息数量只有 20 条，那么人工就可以逐条进行查找、比对。可是当数据规模扩展到上百条、数千条、数亿条甚至更多时，只通过人工已经无法解决存在的问题，必须通过工具或者程序进行处理。其次，对海量数据信息处理，还需要有良好的软硬件配置，合理使用工具，合理分配系统资源。通常情况下，如果需要处理的数据量非常大，超过了 TB 级，小型机、大型工作站是要考虑的，普通的计算机如果有好的处理方法也可以考虑，如通过联机做成工作集群。最后，对海量数据信息进行处理时，要求很好的处理方法和技巧，如何进行数据挖掘算法的设计以及如何进行数据的存储访问等都是研究的难点。

针对海量数据的处理，可以使用的方法非常多，常见的方法有 Hash 法、Bit-map（位图）法、Bloom filter 法、数据库优化法、倒排索引法、外排序法、Trie 树、堆、双层桶法以及 MapReduce 法等。其中，Hash 法、Bit-map（位图）法、Trie 树和堆等方法的考查频率最高、使用范围最为广泛，是读者需要重点掌握的方法。

10.1　如何从大量的 url 中找出相同的 url

难度系数：★★★★☆　　　　**被考查系数：★★★★☆**

题目描述：

给定 a、b 两个文件，各存放 50 亿个 url，每个 url 各占 64 个字节，内存限制是 4GB，请找出 a、b 两个文件共同的 url。

分析与解答：

因为每个 url 需要占 64 个字节，所以 50 亿个 url 占用空间的大小为 50 亿×64=5GB×64=320GB。由于内存大小只有 4GB，因此不可能一次性把所有的 url 都加载到内存中处理。对于这个类型的题目，一般都需要使用分治法，即把一个文件中的 url 按照某一特征分成多个文件，使得每个文件的内容都小于 4GB，这样就可以把这个文件一次性读到内存中进行处理了。对于本题而言，实现思路为以下几点。

1）遍历文件 a，对遍历到的 url 求 hash(url)%500，根据计算结果把遍历到的 url 分别存储到 a0、a1、a2、…、a499（将计算结果为 i 的 url 存储到文件 ai 中）中，这样每个文件的大小约为 600MB。当某一个文件中的 url 大小超过 2GB 时，可以按照类似的思路把这个文件继续分为更小的子文件（例如，如果 a1 大小超过 2GB，那么可以把文件继续分成 a11、a12 等）。

2）使用同样的方法遍历文件 b，把文件 b 中的 url 分别存储到文件 b0、b1、…、b499 中。

3）通过上面的划分，与 ai 中 url 相同的 url 一定在 bi 中。由于 ai 与 bi 中所有的 url 大小都不会超过 4GB，因此可以把它们同时读入内存中进行处理。具体思路：遍历文件 ai，把遍历到的 url 存入到 hash_set 中，接着遍历文件 bi 中的 url，如果这个 url 在 hash_set 中存在，那么说明这个 url 是这两个文件共同的 url，可以把这个 url 保存到另外一个单独的文件中。当把文件 a0～a499 都遍历完成后，就找到了两个文件共同的 url。

10.2 如何从大量数据中找出高频词

难度系数：★★★★☆ **被考查系数：★★★★★**

题目描述：

有一个 1GB 大小的文件，文件里面每一行是一个词，每个词的大小不超过 16 个字节，内存大小限制是 1MB，要求返回频数最高的 100 个词。

分析与解答：

由于文件大小为 1GB，而内存大小只有 1MB，因此不可能一次把所有的词读到内存中处理，需要采用分治的方法，把一个大的文件分解成多个小的子文件，从而保证每个文件的大小都小于 1MB，进而可以直接被读取到内存中处理。具体的思路如下：

1）遍历文件，对遍历到的每一个词，执行如下 hash 操作：hash(x)%2000，将结果为 i 的词存放到文件 ai 中。通过这个分解步骤，可以使每个子文件的大小为 400KB 左右。如果这个操作后某个文件的大小超过 1MB 了，那么就可以采用相同的方法对这个文件继续分解，直到文件小于 1MB 为止。

2）统计出每个文件中出现频率最高的 100 个词。最简单的方法是使用 hash_map 来实现，先遍历文件中的所有词，然后对于遍历到的词，如果在 hash_map 中不存在，那么把这个词存入 hash_map 中（键为这个词，值为 1）；如果这个词在 hash_map 中已经存在了，那么把这个词对应的值加 1。遍历完后可以非常容易地找出出现频率最高的 100 个词。

3）第 2）步找出了每个文件出现频率最高的 100 个词，这一步可以通过维护一个小顶堆来找出所有词中出现频率最高的 100 个。具体方法：先遍历第一个文件，把第一个文件中出现频率最高的 100 个词构建成一个小顶堆如果第一个文件中词的个数小于 100，则可以继续遍历第二个文件，直到构建好包含 100 个结点的小顶堆为止。然后继续遍历，如果遍历到的词的出现次数大于堆顶上词的出现次数，那么可以用新遍历到的词替换堆顶的词，再重新调整这个堆为小顶堆。当遍历完所有文件后，这个小顶堆中的词就是出现频率最高的 100 个词。当然这一步也可以采用类似归并排序的方法把所有文件中出现频率最高的 100 个词排序，最终找出出现频率最高的 100 个词。

引申：怎么在海量数据中找出重复次数最多的一个。

分析与解答：前面的算法是求解 top100，而这道题目只是求解 top1，可以使用同样的思路来求解。唯一不同的是，在求解出每个文件中出现次数最多的数据后，接下来不需要通过小顶堆来找出出现次数最多的数，只需要使用一个变量就可以完成。方法很简单，此处不再赘述。

10.3 如何找出某一天访问百度网站最多的 IP

难度系数：★★★★☆　　　　被考查系数：★★★★★

题目描述：

现有海量日志数据保存在一个超级大的文件中，该文件无法直接读入内存，要求从中提取某天访问百度次数最多的那个 IP。

分析与解答：

由于这道题只关心某一天访问百度最多的 IP，因此可以首先对文件进行一次遍历，把这一天访问百度的 IP 的相关信息记录到一个单独的文件中。接下来可以用上一题找出高频词介绍的方法来求解。由于求解思路是一样的，这里就不再详细介绍了。唯一需要确定的是，把一个大文件分为几个小文件比较合适。以 IPv4 为例，由于一个 IP 地址占用 32 位，因此最多会有 2^{32} 种取值情况。如果使用 hash(IP)%1024，那么就把海量 IP 日志分别存储到 1024 个小文件中。这样的话，每个小文件最多包含 4MB 个 IP 地址；如果使用 2048 个小文件，那么每个文件会最多包含 2MB 个 IP 地址。因此，对于这类题目而言，首先需要确定可用内存的大小，然后确定数据的大小。由这两个参数就可以确定 hash 函数应该怎么设置才能保证每个文件的大小都不超过内存的大小，从而可以保证每个小文件都能被一次性加载到内存中。

10.4 如何在大量的数据中找出不重复的整数

难度系数：★★★★☆　　　　被考查系数：★★★★★

题目描述：

在 2.5 亿个整数中找出不重复的整数。注意：内存不足以容纳这 2.5 亿个整数。

分析与解答：

由于这道题目与前面的题目类似，也是无法一次性把所有数据加载到内存中，因此也可以采用类似的方法求解。

方法一：分治法

采用 Hash 函数的方法，把这 2.5 亿个数划分到更小的文件中，从而保证每个文件的大小不超过可用内存的大小。然后对每个小文件而言，所有的数据都可以一次性的被加载到内存中，因此可以使用 hash_map 或 hash_set 来找到每个小文件中不重复的整数。当处理完所有的文件后就可以找出这 2.5 亿个整数中所有不重复的整数。

方法二：位图法

对于整数相关的算法的求解，位图法是一种非常实用的算法。对本题而言，如果可用的内存空间超过 1GB 就可以使用这种方法。具体思路：假设整数占用 4 个字节（如果占用 8 个字节，则求解思路类似，只不过需要占用更大的内存），4 个字节也就是 32 位，可以表示的整

数个数为 2^{32}。由于本题只查找不重复的数，而不关心具体数字出现的次数，因此可以分别使用 2 个位（bit）来表示各个数字的状态：用 00 表示这个数字没有出现过，01 表示出现过 1 次，10 表示出现了多次，11 暂不使用。

根据上面的逻辑，在遍历这 2.5 亿个整数时，如果这个整数对应位图中的位是 00，那么就修改成 01；如果是 01，则修改为 10；如果是 10，则保持原值不变。这样当所有数据遍历完成后，可以再遍历一次位图，位图中为 01 的对应数字就是没有重复的数字。

10.5 如何在大量的数据中判断一个数是否存在

难度系数：★★★★☆ **被考查系数：★★★★☆**

题目描述：

在 2.5 亿个整数中判断一个数是否存在。注意：内存不足以容纳这 2.5 亿个整数。

分析与解答：

显然 2.5 亿数据量太大，不可能一次性把所有的数据都加载到内存中，那么最容易想到的方法就是分治法。

方法一：分治法

对于大数据相关的算法题，分治法是一个非常好的方法。针对这道题而言，主要的思路：首先根据实际可用内存的情况，确定一个 hash()函数，比如 hash(value)%1000，通过这个 hash()函数可以把这 2.5 亿个数字划分到 1000 个文件中（a1，a2，…，a1000）；然后再对待查找的数字使用相同的 hash()函数求出 hash 值，假设计算出的 hash 值为 i，如果这个数存在，那么它一定在文件 ai 中。通过这种方法就可以把题目的问题转换为文件 ai 中是否存在这个数。那么在接下来的求解过程中可以选用的思路比较多，如下所列：

1）由于划分后的文件比较小，所以可以直接被装载到内存中，先把文件中所有的数字都保存到 hash_set 中，然后判断待查找的数字是否存在。

2）如果这个文件中的数字占用的空间还是太大，那么就可以用相同的方法把这个文件继续划分为更小的文件，然后确定待查找的数字可能存在的文件，最后在相应的文件中继续查找。

方法二：位图法

对于这类判断数字是否存在、判断数字是否重复的问题，位图法是一种非常高效的方法。这里以 32 位整型为例，它可以表示数字的个数为 2^{32}。可以申请一个位图，让每个整数对应位图中的一个位，这样 2^{32} 个数需要位图的大小为 512MB。具体实现的思路：申请一个 512MB 大小的位图，并把所有的位都初始化为 0；接着遍历所有的整数，对遍历到的数字，把相应位置上的位设置为 1。最后判断待查找的数对应的位图上的值是多少，如果是 0，则表示这个数字不存在，如果是 1，则表示这个数字存在。

10.6 如何查询最热门的查询串

难度系数：★★★★☆ **被考查系数：★★★★★**

题目描述：

搜索引擎会通过日志文件把用户每次检索使用的所有查询串都记录下来，每个查询串的长度为 1～255 字节。

假设目前有 1000 万个记录（这些查询串的重复度比较高，虽然总数是 1000 万，但如果除去重复后，则不超过 300 万个），请统计最热门的 10 个查询串（一个查询串的重复度越高，说明查询它的用户越多，也就是越热门），要求使用的内存不能超过 1GB。

分析与解答：

从题目中可以发现，每个查询串最长为 255 个字节，1000 万个字符串需要占用 2.55GB 内存，因此无法把所有的字符串全部读入到内存中处理。对于这种类型的题目，分治法是一个非常实用的方法。

方法一：分治法

对字符串设置一个 hash()函数，通过这个 hash()函数把字符串划分到更多更小的文件中，从而保证每个小文件中的字符串都可以直接被加载到内存中处理，然后求出每个文件中出现次数最多的 10 个字符串；最后通过一个小顶堆统计出所有文件中出现最多的 10 个字符串。

从功能角度出发，这种方法是可行的，但是因为需要对文件遍历两次，而且 hash()函数也需要被调用 1000 万次，所以性能不是很好。针对这道题的特殊性，下面介绍另外一种性能较好的方法。

方法二：hash_map 法

虽然字符串的总数比较多，但是字符串的种类不超过 300 万个，因此可以考虑把所有字符串出现的次数保存在一个 hash_map 中（键为字符串，值为字符串出现的次数）。hash_map 所需要的空间为 300 万×(255+4)=3M×259=777MB（其中，4 表示用来记录字符串出现次数的整数所占用的 4 个字节）。由此可见，1GB 的内存空间是足够用的。基于以上的分析，本题的求解思路如下：

1）遍历字符串，如果字符串在 hash_map 中不存在，则直接存入 hash_map 中，键为这个字符串，值为 1。如果字符串在 hash_map 中已经存在，则把对应的值直接加 1。这一步操作的时间复杂度为 O(N)，其中 N 为字符串的数量。

2）在第一步的基础上找出出现频率最高的 10 个字符串。可以通过小顶堆的方法来完成，遍历 hash_map 的前 10 个元素，并根据字符串出现的次数构建一个小顶堆，然后接着遍历 hash_map，只要遍历到的字符串出现次数大于堆顶字符串的出现次数，就用遍历的字符串替换堆顶的字符串，然后再调整为小顶堆。

3）对所有剩余的字符串都遍历一次，遍历完成后堆中的 10 个字符串就是出现次数最多的字符串。这一步的时间复杂度为 O(Nlog10)。

方法三：trie 树法

方法二中使用 hash_map 来统计每个字符串出现的次数。当这些字符串有大量相同前缀时，可以考虑使用 trie 树来统计字符串出现的次数。在树的结点中保存字符串出现的次数，0 表示没有出现。具体的实现方法：在遍历的时候，从 trie 树中查找，如果找到，则把结点中保存的字符串出现次数加 1；否则为这个字符串构建新的结点，构建完成后把叶子结点中字符串的出现次数设置为 1。这样遍历完字符串后就可以知道每个字符串的出现次数，然后通过遍历这个树就可以找出出现次数最多的字符串。

trie 树经常被用来统计字符串的出现次数。它的另外一个大的用途就是字符串查找，判断是否有重复的字符串等。

10.7 如何统计不同电话号码的个数

难度系数：★★★★☆ **被考查系数：★★★★☆**

题目描述：

已知某个文件内包含一些电话号码，每个号码为 8 位数字，统计不同号码的个数。

分析与解答：

这个题目从本质上而言也是求解数据重复的问题，对于这类问题，首先会考虑位图法。对本题而言，8 位电话号码可以表示的范围是：0000 0000～9999 9999。如果用 1 个位表示一个号码，则总共需要 1 亿个位，大约 100MB 的内存。

通过上面的分析可知，这道题的主要思路：申请一个位图并初始化为 0，然后遍历所有电话号码，把遍历到的电话号码对应位图中的位设置为 1。当遍历完成后，如果位值为 1 则表示这个电话号码在文件中存在，否则这个位对应的电话号码在文件中不存在。所以位值为 1 的数量就是不同电话号码的个数。

那么对于这道题而言，最核心的算法是如何确定电话号码对应的是位图中的哪一位。下面重点介绍这个转化的方法，这里使用下面的对应方法。

00000000 对应位图的最后一位：0x0000…0000001。

00000001 对应位图倒数第二位：0x0000…0000010（1 向左移 1 位）。

00000002 对应位图倒数第三位：0x0000…0000100（1 向左移 2 位）。

00000012 对应位图的倒数第十三位：0x0000…0001 0000 0000 0000。

通常而言，位图都是通过一个整数数组来实现的（这里假设一个整数占用 4 个字节）。由此可以得出，通过电话号码获取位图中对应位置的方法为（假设电话号码为 P）：

1）通过 P/32 就可以计算出该电话号码在 bitmap 数组的下标（因为每个整数占用 32 位，通过这个公式就可以确定这个电话号码需要移动多少个 32 位，也就是可以确定它对应的位在数组中的位置）。

2）通过 P%32 就可以计算出这个电话号码在这个整型数字中具体的位置，也就是 1 这个数字对应的左移次数。因此，可以通过把 1 向左移 P%32 位，然后将得到的值与这个数组中的值做或运算，这样就能把这个电话号码在位图中对应的位设置为 1。

10.8 如何从 5 亿个数中找出中位数

难度系数：★★★★☆ **被考查系数：★★★★☆**

题目描述：

从 5 亿个数中找出中位数。数据排序后，位置在最中间的数就是中位数。当样本数为奇数时，中位数=(N+1)/2；当样本数为偶数时，中位数为 N/2 与 1+N/2 的均值。

分析与解答：

如果这道题目没有内存大小的限制，则可以把所有的数字排序后找出中位数，但是最好的排序算法的时间复杂度都是 O(NlogN)（N 为数字的个数）。这里介绍另外一种求解中位数的算法——双堆法。

方法一：双堆法

这个算法的主要思路是维护两个堆，一个大顶堆和一个小顶堆，且这两个堆需要满足如下两个特性。

特性一：大顶堆中最大的数小于或等于小顶堆中最小的数。

特性一：保证这两个堆中的元素个数的差不能超过 1。

当数据总数为偶数时，在这两个堆建立好以后，中位数显然就是两个堆顶元素的平均值。当数据总数为奇数时，根据两个堆的大小，中位数一定在数据多的堆的堆顶。对本题而言，具体实现思路：维护两个堆 maxHeap 与 minHeap，这两个堆的大小分别为 max_size 和 min_size，然后开始遍历数字，对于遍历到的数字 data 有如下 3 种情况：

1）如果 data＜maxHeap 的堆顶元素，此时为了满足特性一，只能把 data 插入到 maxHeap 中。为了满足特性二，需要分以下几种情况讨论。

① 如果 max_size≤min_size，则说明大顶堆元素个数小于小顶堆元素个数，则把 data 直接插入大顶堆中，并把这个堆调整为大顶堆。

② 如果 max_size＞min_size，为了保持两个堆元素个数的差不超过 1，则需要把 maxHeap 堆顶的元素移动到 minHeap 中，接着把 data 插入到 maxHeap 中。同时通过对堆的调整分别让两个堆保持大顶堆与小顶堆的特性。

2）如果 maxHeap 堆顶元素≤data≤minHeap 堆顶元素，则为了满足特性一，可以把 data 插入任意一个堆中。为了满足特性二，需要分以下几种情况讨论：

① 如果 max_size＜min_size，显然需要把 data 插入到 maxHeap 中；

② 如果 max_size＞min_size，显然需要把 data 插入到 minHeap 中；

③ 如果 max_size=min_size，可以把 data 插入到任意一个堆中。

3）如果 data＞maxHeap 的堆顶元素，此时为了满足特性一，只能把 data 插入到 minHeap 中。为了满足特性二，需要分以下几种情况讨论。

① 如果 max_size≥min_size，那么把 data 插入到 minHeap 中。

② 如果 max_size＜min_size，那么需要把 minHeap 堆顶元素移到 maxHeap 中，然后把 data 插入到 minHeap 中。

通过上述方法可以把 5 亿个数构建两个堆，两个堆顶元素的平均值就是中位数。

这种方法需要把所有的数据都加载到内存中，当数据量很大时，由于无法把数据一次性加载到内存中，因此这种方法比较适用于数据量小的情况。对本题而言，5 亿个数字，每个数字在内存中占 4GB，5 亿个数字需要的内存空间为 2GB 内存。如果可用的内存不足 2GB 时，则显然不能使用这种方法，因此下面介绍另外一种方法。

方法二：分治法

分治法的核心思想为把一个大的问题逐渐转换为规模较小的问题来求解。对本题而言，顺序读取这 5 亿个数字；

1）对于读取到的数字 num，如果它对应的二进制中最高位为 1，则把这个数字写入到 f1 中，如果最高位是 0，则写入到 f0 中。通过这一步就可以把这 5 亿个数字划分成了两部分，而且 f0 中的数字都大于 f1 中的数字（因为最高位是符号位）。

2）通过上面的划分可以非常容易地知道中位数是在 f0 中还是在 f1 中。假设 f1 中有 1 亿个数，那么中位数一定在文件 f0 中，从小到大第 1.5 亿个数与它后面的一个数求平均值。

3）对于 f0 可以用次高位的二进制的值继续把这个文件一分为二，使用同样的思路可以确定中位数是文件中的第几个数。直到划分后的文件可以被加载到内存中为止，接着把数据加载到内存后再进行排序，从而找出中位数。

需要注意的是，这里有一种特殊情况需要考虑，当数据总数为偶数时，如果把文件一分为二后发现两个文件中的数据有相同的个数，那么中位数就是数据比较小的文件中的最大值与数据比较大的文件中的最小值的平均值。对于求一个文件中所有数据的最大值或最小值，可以使用前面介绍的分治法进行求解。

10.9 如何按照 query 的频度排序

难度系数：★★★★☆　　　　　　被考查系数：★★★★★

题目描述：

有 10 个文件，每个文件大小 1GB，每个文件的每一行存放的都是用户的 query，每个文件的 query 都可能重复。要求按照 query 的频度排序。

分析与解答：

对于这种题，如果 query 的重复度比较大，则可以考虑一次性把所有的 query 读入到内存中处理；如果 query 的重复率不高，可用的内存不足以容纳所有的 query，那么就需要使用分治法或者其他的方法来解决。

方法一：hash_map 法

如果 query 的重复率比较高，则说明不同的 query 总数比较小，可以考虑把所有的 query 都加载到内存中的 hash_map 中（由于 hash_map 中针对每个不同的 query 只保存一个键值对，因此这些 query 占用的空间会远小于 10GB，有希望把它们一次性都加载到内存中）。接着就可以对 hash_map 按照 query 出现的次数进行排序。

方法二：分治法

这种方法需要根据数据量的大小以及可用内存的大小来确定问题划分的规模。对本题而言，可以顺序遍历 10 个文件中的 query，通过 hash()函数执行 hash(query)%10 把这些 query 划分到 10 个文件中，这样划分后，每个文件的大小都为 1GB 左右。当然也可以根据实际情况来调整 hash()函数。如果可用内存很小，则可以把这些 query 划分到更多更小的文件中。

如果划分后的文件还是比较大，则可以使用相同的方法继续划分，直到每个文件都可以被读取到内存中进行处理为止，然后对每个划分后的小文件使用 hash_map 统计每个 query 出现的次数，最后再根据出现次数排序，并把排序好的 query 以及出现次数写入到另外一个单独的文件中。这样针对每个文件，都可以得到一个按照 query 出现次数排序的文件。

最后对所有的文件按照 query 的出现次数进行排序，这里可以使用归并排序（由于无法把所有的 query 都读入到内存中，因此这里需要使用外排序）。